Julius Hirschberg

Die Augenheilkunde des Aëtius aus Amida

Julius Hirschberg

Die Augenheilkunde des Aëtius aus Amida

ISBN/EAN: 9783743342675

Hergestellt in Europa, USA, Kanada, Australien, Japan

Cover: Foto ©berggeist007 / pixelio.de

Manufactured and distributed by brebook publishing software (www.brebook.com)

Julius Hirschberg

Die Augenheilkunde des Aëtius aus Amida

DIE AUGENHEILKUNDE

DES

AËTIUS AUS AMIDA.

GRIECHISCH UND DEUTSCH

HERAUSGEGEBEN

VON

J. HIRSCHBERG.

LEIPZIG
VERLAG VON VEIT & COMP.
1899.

VORREDE.

Die unfreiwillige Musse, welche ein kleiner Unfall mir auferlegte, ermöglichte mir die Vollendung einer Arbeit, die ich vor zwölf Jahren begonnen [1] und in der Zwischenzeit gelegentlich gefördert hatte, nämlich die Herausgabe und Übersetzung der vollständigsten Abhandlung über Augenheilkunde, die wir aus dem Alterthum besitzen. Es ist das siebente der 16 Bücher über Heilkunde, die Aëtius aus Amida in Mesopotamien (um 540 n. Chr.) verfasst hat.

Das Werk ist griechisch nur ein Mal, und zwar nur die erste Hälfte des ganzen, 1534 zu Venedig (bei Aldus Manutius und Andr. Asul.) gedruckt.[2] Dieser Druck ist überaus selten geworden, so dass nicht nur die Ärzte und Geschichtschreiber der Heilkunde, sondern sogar Philologen und Alterthumsforscher gewöhnlich nur die lateinische Übersetzung des Werkes aus der Stephan'schen Sammlung (Paris und Frankfurt a. M. 1567) zu citiren pflegen.

Mir war es geglückt, ein Exemplar der Aldinischen Ausgabe zu erwerben. Bei dem Studium derselben konnte ich mich bald überzeugen, dass die systematische Abhandlung des

---

[1] Vgl. auch die unter meiner Leitung angefertigte Dissertation von L. Danelius, Die Augenheilkunde des Aëtius, Berlin 1889.

[2] Ferner das 9. Buch, von Mustachides und Schinas, Venedig 1816; und kritisch das 12., von Kostomoires, Paris 1892.

Aëtius über Augenheilkunde, die natürlich aus der ganzen, ihm bekannten griechischen Literatur zusammengestellt ist, aber auch zahlreiche eigene Bemerkungen, besonders über die Behandlung, einschliesst, das beste, geistreichste und vollständigste Lehrbuch unsres Faches aus dem Alterthum darstellt, das auf unsre Tage gekommen; ja dass wir bis zum achtzehnten Jahrhundert herabsteigen müssen, um Besseres und Lehrreicheres zu finden.

Der einzige Mangel der Schrift besteht darin, dass sie (ich weiss nicht, warum) die Star-Operation (παρακέντησις) völlig mit Stillschweigen übergangen hat. (Dabei kommen im c. XXX des Buches κολλύρια πρὸς τὰς παρακεντήσεις παραλαμβανόμενα vor!) Natürlich theilt sie den allgemeinen Fehler aller alten Darstellungen, durch zu zahlreiche und nicht immer geschmackvolle Arzneivorschriften die Geduld des heutigen Lesers auf die Probe zu stellen. Hiervon abgesehen, ist sie ganz vorzüglich.

So erwuchs in mir der Wunsch, meinen Fachgenossen diese Abhandlung zugänglich zu machen, und zwar in der Urschrift; denn die alten lateinischen Übersetzungen sind so wenig brauchbar, dass an vielen Stellen, wenn auch alle Worte einfach erscheinen, doch der Sinn erst aus dem griechischen Text zu verstehen ist.

Allerdings „mendorum omnis generis foeda colluvies" nennt Henricus Stephanus jene griechische Ausgabe in der Vorrede zu seiner Sammlung der Medicae artis principes (1567). Das klingt ja wenig tröstlich. Als ich aber an die Arbeit ging, merkte ich bald, dass die Aufgabe doch lösbar sei. Zunächst muss man, eingedenk des bekannten Satzes von U. v. Wilamowitz-Möllendorf, eine richtige Interpunktion neu schaffen, indem man die vorhandene der Aldinischen Ausgabe grundsätzlich verwirft. Sodann die Tausende von kleinen Fehlern in der Betonung, Rechtschreibung, Wort-Vereinigung wie -Trennung beseitigen, was keine sonderlichen Schwierigkeiten bereitet.

Dann bleiben noch einige Dutzend [1] wichtigerer Fehler, die derjenige bald herausfindet, welcher mit dem behandelten Stoff, d. h. der Augenheilkunde, durch eigene Erfahrung, nicht blos durch Bücher, vertraut ist; und gleichzeitig von der Darstellung dieses Stoffes in der alten, griechisch-römischen Literatur Kenntniss genommen. Gelegentlich, aber nicht immer, hilft auch die lateinische Übersetzung des Janus Cornarius aus Frankfurt a. M. in der Stephan'schen Sammlung.

So ist denn der ganze Text eindeutig und ziemlich richtig herausgekommen. Handschriften [2] zu Hilfe zunehmen, schien mir ebenso unmöglich für meine Person, wie unnöthig für meinen Zweck. Es handelt sich ja nicht um Pindarische Gesänge, sondern um die nüchterne Darstellung eines praktischen Gegenstandes, wo alles auf den Inhalt ankommt. Durch diesen sind übrigens die Worte hier so sehr bedingt, dass fast niemals ein erheblicher Zweifel übrig bleibt.

Das Griechisch unsres Autor ist gar nicht übel. Zum Theil hängt das auch von seinen Quellen ab, die er, wie das damals in den Büchern über Heilkunde üblich war, ziemlich wörtlich zu benutzen pflegte. Gelegentlich erlaubt er sich eine Freiheit der Construction, die aber wenig stört, wenn man erst einmal darauf aufmerksam geworden. Der Inhalt entrollt ein merkwürdiges Blatt aus der Kulturgeschichte und enthält Hunderte von Beobachtungen und Thatsachen, die kein andrer Grieche uns überliefert hat, von denen so manche, wie ich auch in meiner Geschichte der Augenheilkunde im Alterthum hervorgehoben, überhaupt erst aus dem Studium dieses griechischen Textes klar geworden sind. Meine Übersetzung strebt nicht nach Eleganz, nur nach Genauigkeit, um Ärzten, die im Griechischen weniger geübt sind, das Lesen des griechischen Textes zu erleichtern.

---

[1] 526 Text-Verbesserungen habe ich in dem Folgenden namhaft gemacht.

[2] Über die Handschriften des Aëtius siehe die Einleitung des 12. Buches von Aëtius, herausgegeben von Kostomoires aus Athen, Paris 1892.

Übrigens kann ich auch den Philologen unsren Aëtius empfehlen; sie werden manch' eigenartiges Wort, manche merkwürdige Redewendung bei ihm entdecken. Namentlich möchte ich ihn denjenigen Philologen ans Herz legen, welche für die ärztliche Literatur der Griechen sich interessiren. Vielleicht werden wir dann das erreichen, was Weigel in Dresden († 1845) und Daremberg in Paris († 1872) eifrig erstrebt, aber auszuführen durch den Tod verhindert wurden, nämlich eine vollständige, kritische Ausgabe des ganzen, so wichtigen Werkes von Aëtius Amidenus. Kostomoires aus Athen hat es auch versucht, zu Paris, aber nur ein Buch (das zwölfte) fertig gebracht; er scheint leider durch äussere Verhältnisse an der Vollendung des Werkes behindert zu sein.

Über das Leben des Aëtius wissen wir wenig. Er wurde zu Amida in Mesopotamien geboren, lebte im sechsten Jahrh. n. Chr., hatte in Alexandrien seine ärztliche Bildung erhalten und bekleidete am Hofe zu Byzanz die Würde eines comes obsequii (κόμης ὀψικίου).

Beiläufig möchte ich noch bemerken, dass ich nunmehr die drei wichtigsten griechischen Abhandlungen über die gesammte Augenheilkunde, welche wir aus dem Alterthum besitzen, in lesbarem Text mit deutscher Übersetzung veröffentlicht habe: Aëtius hier, Paullus von Aegina in meiner Geschichte der Augenheilkunde, Joannes Aktuarius im Archiv für Ophthalmologie XXXIII, 1. Zum Schluss will ich nicht verfehlen, der rühmlichst bekannten Verlagsbuchhandlung für die treffliche Ausstattung des Buches, sowie meinem verehrten Freunde, Herrn Geh. Regierungsrath Dr. A. Müller in Hannover, welcher die Güte hatte, die letzte Correctur zu lesen, auch an dieser Stelle meinen verbindlichsten Dank auszusprechen.

Berlin, März 1899.

J. H.

INHALT

			Seite
Cap.	I.	Über den Bau der Augen	3
Cap.	II.	Über die Zahl und Arten der Krankheiten an einem jeden Theil des Auges	5
Cap.	III.	Die Heilung der Bindehaut-Reizung	7
Cap.	IV.	Behandlung der oberflächlichen Augen-Entzündung, nach Galen	9
Cap.	V.	Über die Augen-Entzündung und Bindehautschwellung bei Plethora	11
Cap.	VI.	Über Bäder	13
Cap.	VII.	Über den Weingenuss	15
Cap.	VIII.	Über den Aderlass	19
Cap.	IX.	Über die Ableitung auf den Darm	21
Cap.	X.	Über die Bähung	25
Cap.	XI.	Prüfung der Zink-Blume	25
Cap.	XII.	Über die Milch-Einträuflung in entzündete Augen	29
Cap.	XIII.	Über die kalte Augenkrankheit	31
Cap.	XIV.	Über die Aufblähung. Nach Demosthenes	31
Cap.	XV.	Über die Anschwellung	33
Cap.	XVI.	Über die harte Geschwulst	35
Cap.	XVII.	Gemeinsame Behandlung der an den Augen vorkommenden Geschwüre. Nach Severus	37
Cap.	XVIII.	Über das Hineinfallen von Thierchen, Hülsen, Sandkörnern ins Auge. Nach Demosthenes	41
Cap.	XIX.	Über das Eindringen von ungelöschtem Kalk in das Auge	41
Cap.	XX.	Über Verschwärungen nach Verbrennung	41
Cap.	XXI.	Über die in das Auge eingekeilten Fremdkörper	43
Cap.	XXII.	Über den Blut-Erguss unter die Bindehaut	43
Cap.	XXIII.	Über Stich-Verletzungen am Auge	45
Cap.	XXIV.	Über die tieferen Verletzungen	47
Cap.	XXV.	Über das Ausfliessen des Kammerwassers	49

Inhalt.

			Seite
Cap.	XXVI.	Über den Vorfall des Auges	49
Cap.	XXVII.	Über oberflächliche Geschwüre durch Zustrom von Flüssigkeiten, nämlich über Wolke, Nebel, Aufbrand, Einbrand	51
Cap.	XXVIII.	Über den Weissling	53
Cap.	XXIX.	Über die Gruben- und Hohlgeschwüre	55
Cap.	XXX.	Über Eiterung oder Nagelabscess	55
Cap.	XXXI.	Von den Pusteln	61
Cap.	XXXII.	Über Lid-Karbunkel. Nach Severus	65
Cap.	XXXIII.	Über krebsige Geschwüre in den Augen. Nach Demosthenes	73
Cap.	XXXIV.	Über die bösartigen Geschwüre am Auge	77
Cap.	XXXV.	Über den Fliegenkopf	79
Cap.	XXXVI.	Über das Staphylom (die Beeren-Geschwulst)	83
Cap.	XXXVII.	Die Operation der Staphylome	85
Cap.	XXXVIII.	Über die der Vernarbung bedürftigen Geschwüre	89
Cap.	XXXIX.	Über die Narben oder Leukome	91
Cap.	XL.	Arzneimittel zur Verdünnung der Narben und Leukome. Nach Galen	93
Cap.	XLI.	Hilfsmittel gegen Narben und Leukome	97
Cap.	XLII.	Färbung der Leukome	103
Cap.	XLIII.	Gegen Blau-Augen, um ihnen schwarze Pupillen zu schaffen	105
Cap.	XLIV.	Über die Behandlung der Neugeborenen. Nach Severus	105
Cap.	XLV.	Über Körner, Rauhigkeiten, Feigbildungen und Schwielen. Nach Severus	107
Cap.	XLVI.	Über die Augenschwäche. Nach Demosthenes	115
Cap.	XLVII.	Über die Kurzsichtigkeit	115
Cap.	XLVIII.	Über Nachtblindheit	117
Cap.	XLIX.	Über Amblyopie. Nach Galen	121
Cap.	L.	Von der Amaurose. Nach Demosthenes und Galen	123
Cap.	LI.	Über die Augen-Lähmung	129
Cap.	LII.	Über Glaukom	131
Cap.	LIII.	Über den Star. Nach Demosthenes	133
Cap.	LIV.	Über Mydriasis oder Pupillen-Erweiterung	135
Cap.	LV.	Über Pupillen-Schwund	137
Cap.	LVI.	Über Verkleinerung des Augapfels	139
Cap.	LVII.	Über die Vordrängung des Augapfels (Exophthalmus)	141
Cap.	LVIII.	Über das Zusammenfliessen	143
Cap.	LIX.	Über die Gewächse im Weissen des Auges	143
Cap.	LX.	Vom Flügelfell	145
Cap.	LXI.	Heilmittel gegen Flügelfell	147
Cap.	LXII.	Operation des Flügelfells	149
Cap.	LXIII.	Über die Carunkel-Geschwulst	153

Inhalt.

			Seite
Cap.	LXIV.	Operation der Carunkel-Geschwulst.	153
Cap.	LXV.	Über die Blutung aus den Augen-Winkeln . . .	155
Cap.	LXVI.	Über die Anwachsung der Lider und die Versteifung des Augapfels	155
Cap.	LXVII.	Über die Läuse an den Lidern	157
Cap.	LXVIII.	Über die Haarkrankheit und Doppelreihigkeit der Wimpern und die Einstülpung derselben. Nach Severus	157
Cap.	LXIX.	Mittel gegen das Wiederwachsen der ausgerupften Wimper-Haare	159
Cap.	LXX.	Klebmittel für die Wimper-Haare	163
Cap.	LXXI.	Über die Empornähung und Herabnähung. Nach Leonidas	163
Cap.	LXXII.	Über die Herabnähung	169
Cap.	LXXIII.	Über die Ausstülpung. Nach Demosthenes . . .	169
Cap.	LXXIV.	Die Operation der Ausstülpung. Nach Antyllus .	171
Cap.	LXXV.	Über das Hasen-Auge. Nach Demosthenes . . .	175
Cap.	LXXVI.	Über Lidverhärtung. Nach Demosthenes . . .	177
Cap.	LXXVII.	Über die trockene Augen-Entzündung.	177
Cap.	LXXVIII.	Über die krätzige Augen-Entzündung	177
Cap.	LXXIX.	Behandlung der drei letztgenannten Krankheiten	177
Cap.	LXXX.	Gegen Wimper-Ausfall, Mauserung und Lidrand-Röthung (Madarosis, Ptilosis, Milphosis) . . .	183
Cap.	LXXXI.	Über den Abscess an den Augen. Nach Demosthenes	187
Cap.	LXXXII.	Über Steinbildung in den Lidern	187
Cap.	LXXXIII.	Über die Hagelkörner.	189
Cap.	LXXXIV.	Über das Gerstenkorn oder Vorhäutchen. . . .	191
Cap.	LXXXV.	Über Sehnen-Knoten, Grützbeutel, Talggeschwülste, Honiggeschwülste an den Lidern.	191
Cap.	LXXXVI.	Über Krampfader-Geschwülste auf den Lidern und über bösartige Gewächse der letzteren . . .	193
Cap.	LXXXVII.	Über Aegilops. Nach Severus	193
Cap.	LXXXVIII.	Über das Brennen des Aegilops	199
Cap.	LXXXIX.	Vom Anchilops	201
Cap.	XC.	Von den thränenden Augen	203

DIE ARZNEI-GEWICHTE.

(Nach Galen, Ausg. v. Kühn, XIX, S. 752.)

Ἡ λίτρα λι. ἔχει γο ιβ'.	Das Pfund enthält 12 Unzen.
Ἡ δὲ οὐγγία γο < η'.	Die Unze 8 Drachmen.
Ἡ δὲ δραχμὴ γράμματα γ'.	Die Drachme 3 Scrupel.
Τὸ δὲ γράμμα ℈ ὀβολοὺς β'.	Der Scrupel 2 Obolen.
Ὁ δὲ ὀβολὸς κεράτια γ'	Der Obolus 3 Schoten
ἢ χαλκοῦς η'.	oder 8 Gran. [Also 1 Scr. = 16 Gran.]

Das Gramma (= $\frac{1}{24}$ Unze) ist nicht erheblich verschieden von unsrem Gramm. (ʒj = 30,0.)

Bei uns holt der Kranke die Arznei aus der Apotheke. Bei den Alten verfertigte der Arzt die Arznei und wandte sie an. Deshalb steht am Schluss der griechischen Arzneivorschrift χρῶ „gebrauche es"; statt unseres·da, „gieb es".

BERICHTIGUNGEN.

Seite 2, Zeile 14, lies κυ -κλοτερεῖ.

S. 12, Z. 6, lies περιτεταμένη.

S. 14, Z. 22, lies ἐπὶ τοσοῦτον.

S. 18, Z. 9, lies ὑπερέρυθρός τε.

S. 18, Z. 25, lies ἐπὶ τοσοῦτον.

S. 24, Z. 18, lies Ἥρα.

S. 28, Z. 9, streiche χρή.

S. 28, Z. 15 lies ἀμβλῦναι und γλυκᾶναι.

S. 30, Z. 15, lies πρὸ βραχέων.

S. 36, Z. 9, lies Ἑλκοῦται.

AUGENHEILKUNDE
DES
AËTIUS

Περὶ φύσεως ὀφθαλμῶν. α΄.

Ἡ κατὰ τοὺς ὀφθαλμοὺς θεραπεία ποικίλη πώς ἐστι καὶ διαφέρουσα, ἐπειδὴ καὶ αὐτὸ τὸ μόριον, λέγω δὴ ὁ ὀφθαλμὸς, οὐχ ἁπλοῦν, ἀλλὰ σύνθεσιν πρὸς τὸ εἶναι ἔλαχε, χιτῶσι λέγω
5 καὶ ὑγροῖς καὶ προσέτι τοῖς βλεφάροις κεκοσμημένον· ἡ γὰρ φύσις τὰ ἀπ᾽ ἐγκεφάλου καταφερόμενα νεῦρα ἐπὶ τὰς χώρας τῶν ὀφθαλμῶν, λέγω δὴ τὰ ὀπτικὰ, καὶ τὴν συνδιεξερχομένην αὐτοῖς μοῖραν τῶν περιεχουσῶν τὸν ἐγκέφαλον δύο μηνίγγων διαυξάνουσα καὶ οἷον πλατύνουσα τοῖς ἐν τῷ ὀφθαλμῷ χιτῶσι
10 τὴν ὕπαρξιν ἐδωρήσατο· τὸν μὲν πάντων ἔνδοθεν χιτῶνα, ἀμφιβληστροειδῆ καλούμενον, ἐκ τοῦ ὀπτικοῦ νεύρου κατασκευάσασα, τὸν δὲ τούτου προβεβλημένον χιτῶνα ῥαγοειδῆ καλούμενον ἐκ τῆς λεπτῆς μήνιγγος ἀποφύσασα· ἔοικε γὰρ ῥαγὶ σταφυλῆς¹ τὸ σχῆμα καὶ τὴν χρόαν καὶ τέτρηται κυκ-
15 λοτερεῖ τρήματι κατὰ τὴν κόρην· ὁ δὲ τούτων ἀμφοτέρων ἔξωθεν χιτὼν κερατοειδὴς ὀνομαζόμενος ἐκ τῆς παχείας μήνιγγος ἔχει τὴν ὕπαρξιν· ὁ δὲ τούτων πάντων ἔξωθεν προβεβλημένος ὁ λευκὸς οὗτος, ὃν ἐπιπεφυκότα καλοῦμεν, ἐκ τοῦ περικειμένου ἔξωθεν τῷ τῆς κεφαλῆς ὀστῷ ὑμένος, περιο-
20 στέου καὶ περικρανίου λεγομένου, ἔχει τὴν γένεσιν ⟨καὶ⟩² ἐκ τῶν ἀποφύσεων τῶν περικειμένων τῷ ὀφθαλμῷ σωμάτων. ὑγρὰ δὲ ἔστιν ἐν τῷ ὀφθαλμῷ τρία· ἔνδοθεν μὲν πάντων τὸ περιεχόμενον ἐν τῇ κοιλότητι τοῦ ἀμφιβληστροειδοῦς χιτῶνος ὑελοειδὲς λεγόμενον· προσέοικε γὰρ, καὶ τῇ χροιᾷ καὶ τῇ συστάσει, τῇ
25 κεχυμένῃ ὑέλῳ· τούτου δὲ ἐξωτέρω κεῖται κατὰ τὸ πέρας τοῦ

---

¹ T. ῥαγὶς σταφυλὶς. (T. abgekürzt für Text.)
² ⟨ ⟩ bedeutet, dass das Wort im Text fehlt.

Cap. I. Über den Bau der Augen.

Die Behandlung der Augen ist ziemlich mannigfaltig und verschieden; ist doch schon der Theil selbst, ich meine das Auge, nicht ein einfach Ding, sondern ein seiner Wesenheit nach zusammengesetztes Organ, nämlich mit Häuten und Flüssigkeiten und ausserdem mit den Lidern versehen. Denn die Natur hat die vom Gehirn zur Augenhöhle herabsteigenden Nerven, ich meine die Sehnerven, und gleichzeitig den mit ihnen zusammen herauskommenden Theil der beiden Umhüllungshäute des Gehirns verstärkt und gleichsam ausgebreitet und so die im Auge befindlichen Häute geschaffen, indem sie die innerste Haut, die sogenannte Netzhaut, aus der Substanz des Sehnerven aufbaute; die diese schützend-umgebende Haut, die sogenannte Beerenhaut, aus der weichen Hirnhaut hervorsprossen liess: sie gleicht nämlich einer Weintrauben-Beere an Form und Farbe und ist von einem runden Loch durchbrochen in der Gegend der Pupille. Die nach aussen von diesen beiden gelegene Haut, die sogenannte Hornhaut, nimmt ihren Ursprung von der harten Hirnhaut. Die aber am weitesten nach aussen von diesen allen herumgelegte weisse Haut, die wir Bindehaut nennen, entsteht aus der aussen dem Kopfknochen aufliegenden Haut, dem sogenannten Periost und Perikranium, und aus den Sehnen der das Auge umgebenden Muskeln.

Feuchtigkeiten giebt es in dem Auge drei: nach innen von allen liegt der in der Höhlung der Netzhaut enthaltene Glaskörper; so genannt, da er an Farbe und Beschaffenheit dem geschmolzenen Glase gleicht. Weiter nach aussen von diesem, an der (vorderen) Grenze der Netzhaut, liegt zweitens die

ἀμφιβληστροειδοῦς χιτῶνος τὸ³ κρυσταλλοειδὲς ὑγρόν, ὃ καὶ
δισκοειδὲς καὶ φακοειδὲς καλεῖται· προςέοικε γὰρ τῇ μὲν χροιᾷ
κρυστάλλῳ, τῷ δὲ σχήματι φακῷ· ἔξωθεν δὲ περικέχυται τούτῳ
τὸ ᾠοειδὲς ὑγρόν· προςέοικε γὰρ, τῇ χρόᾳ καὶ τῇ συστάσει,
5 τῷ ἐν τοῖς ᾠοῖς ὑγρῷ τῷ λευκῷ καὶ λεπτῷ· τὸ μὲν οὖν πάντων
ἔνδοθεν τὸ ὑελοειδὲς ὑγρὸν πρὸς τὸ τρέφειν τὸ κρυσταλλοειδὲς
παρεσκεύασται· τὸ δὲ ἔξωθεν αὐτῷ περικεχυμένον τὸ ᾠοειδὲς
πρὸς τὸ ἐπιτέγγειν τοῦτο γεγένηται καὶ μὴ συγχωρεῖν αὐτὸ
ἀδικεῖσθαι ὑπὸ τῆς τοῦ ἡλίου αὐγῆς. τὰ δὲ βλέφαρα συνίστησιν
10 ὁ ἐπιπεφυκὼς ὑμήν. τούτων ἕκαστον ἐκτρεπόμενον τοῦ κατὰ
φύσιν νοσεῖν παρασκευάζει τὸν ὀφθαλμόν.

Πόσα καὶ τίνα πάθη περὶ ἓν ἕκαστον μέρος τοῦ
ὀφθαλμοῦ συνίσταται. βʹ.

Αἱ ἰδίως λεγόμεναι ὀφθαλμίαι καὶ αἱ χημώσεις καὶ ταρά-
15 ξεις, οἰδήματα, ὑποσφάγματα⁴ καὶ πτερύγια πάθη τοῦ ἐπιπεφυκότος εἰσίν· ἀλλὰ καὶ ἑλκοῦται καὶ ἀνθρακοῦται καὶ καρκινώδη διάθεσιν ἴσχει· σκληροφθαλμία δὲ καὶ ξηροφθαλμία
κοινόν ἐστι πάθος βλεφάρων καὶ αὐτοῦ τοῦ ὀφθαλμοῦ. Περὶ
δὲ τὴν ἔξωθεν ἐπιφάνειαν τῶν βλεφάρων ὑδατίδες γίγνονται
20 καὶ μελικηρίδες καὶ στεατώματα. τῶν δὲ περὶ τὴν⁵ ἐντὸς
τῶν βλεφάρων συνισταμένων ἔστι δασύτης καὶ τραχώματα
καὶ συκώσεις, χαλάζιά τε καὶ λιθιάσεις, σύμφυσις καὶ μύσις.
καὶ λαγόφθαλμοι καλοῦνται, οἷς τὸ ἄνω βλέφαρον ἀνέσπασται.
ὡς ἐπικαλύπτειν τὸν ὀφθαλμὸν μὴ δύνασθαι· ἐκτρόπια δὲ.
25 οἷς τὸ κάτω βλέφαρον ἐξέστραπται· ἀλλὰ καὶ κολοβώματα
καὶ διαβρώσεις καὶ ἑλκώσεις ἐν τοῖς βλεφάροις συνίστανται.
περὶ δὲ τοὺς ταρσοὺς γίγνεται ἡ τριχίασις καλουμένη καὶ ἡ
μαδάρωσις τῶν τριχῶν ἤτοι βλεφαρίδων, ἥτις καὶ πτίλωσις
καλεῖται· γίγνεται δὲ καὶ φθειρίασις καὶ πιτυρίασις καὶ κριθή·
30 καὶ ἡ λεγομένη δὲ μίλφωσις τῶν ταρσῶν ἐστι πάθος, ἐρυθροὶ
γὰρ τούτοις εἰσὶν οἱ ταρσοὶ ἐοικότες μίλτῳ τῇ χροιᾷ· οἱ δὲ

---
³ T. καὶ.
⁴ T. ὑποσφάλματα.
⁵ T. τῶν.

krystall-ähnliche Feuchtigkeit, welche auch die scheiben- oder linsen-förmige heisst; sie gleicht an Farbe dem Eise, an Gestalt einer Linse. Nach vorn von dieser ist rings die **eiweissartige Flüssigkeit** ergossen; sie gleicht an Farbe und Consistenz dem dünnen, weissen Theile des Eies. Die innerste Flüssigkeit also von allen, der Glaskörper, dient zur Ernährung der Linse; das aussen um die letztere ergossene Medium dient zu ihrer Befeuchtung und um zu verhindern, dass sie durch den Strahl der Sonne Schaden nimmt. Die Augenlider werden von der Bindehaut gebildet. Ist von diesen Theilen einer aus seiner natürlichen Beschaffenheit gerathen, so verursacht er Erkrankung des Auges.

Cap. II. Über die Zahl und Arten der Krankheiten an einem jeden Theil des Auges.

Die sogenannten eigentlichen Augen-Entzündungen, die Augapfelbindehaut-Schwellungen, die Bindehaut-Reizungen, die Oedeme, die Blut-Ergüsse und Flügelfelle sind Erkrankungen der Bindehaut; sie schwärt auch, erkrankt an Karbunkel und Krebs. Aber der trockne Bindehaut- und Lidrand-Katarrh sind ein den Lidern und dem Auge selbst gemeinsames Leiden. An der äusseren Fläche der Lider entstehen Wasserblasen, Honigsack-Geschwülste und Talg-Geschwülste; an der inneren Lidfläche treten Rauhigkeiten auf mit ihren weiteren Folgen (Körner- und Feigen-Krankheit), Hagelkörner, Verkalkungen, Verwachsung und Verschluss. Und Hasen-Augen heissen diejenigen, bei denen das obere Lid emporgezogen ist, so dass es das Auge nicht bedecken kann. Ausstülpungen heissen diejenigen Leiden, bei denen das untere Lid nach aussen gedreht ist. Aber auch Spaltbildungen, Excoriation und Geschwürs-Bildung tritt an den Lidern auf. An den Lidfugen aber kommt die sogenannte Haarkrankheit vor und der Schwund der Haare, nämlich der Wimpern. Dieses Leiden heisst auch Mauserkrankheit. Ferner treten auf Läusesucht, Kleien-Grind und Gerstenkörner. Auch die sogenannte Milphosis ist ein Leiden der Lidfugen; roth sind dabei die Lidränder, wie Mennige. Die Lidwinkel sind

κανθοὶ πεπόνθασι μὲν κἂν τοῖς αἰγίλωψιν, ἀλλ' οὐ μόνοι·
ἐγκανθίδες δὲ καὶ ῥοιάδες μόνων τῶν κανθῶν εἰσι πάθη·
περὶ δὲ τὸν κερατοειδῆ χιτῶνα συνίσταται ἀχλὺς, νεφέλιον,
ἄργεμον·[6] ἐπίκαυσις, ἕλκωσις, κοίλωμα, βοθρίον, ῥῆξις, πρόπτωσις, ὀνύχια, πύωσις, φλύκταιναι, ἄνθρακες, καρκινώδεις
διαθέσεις. περὶ δὲ τὸν ῥαγοειδῆ χιτῶνα συνίσταται πάθη
πρόπτωσις, μυιοκέφαλα,[7] σταφυλώματα, ἧλοι· μυδρίασίς[8] τε
ἣ καὶ πλατυκορία καλουμένη, φθίσις, σύγχυσις, παρασπασμοὶ
τῆς κόρης· τὸ δὲ ὑπόχυμα συνίσταται κατ' αὐτοῦ τὸ τρῆμα
τοῦ ῥαγοειδοῦς, τουτέστι κατὰ τὴν κόρην λεγομένην·[9] ἀλλὰ
καὶ τὸ ᾠοειδὲς ὑγρὸν πλεῖον ἑαυτοῦ γιγνόμενον ἢ παχύτερον
ἐμποδίζει τὸ ἀκριβῶς ὁρᾶν, καὶ μειούμενον δὲ ξηραίνει τὸ
κρυσταλλοειδὲς ὑγρόν· ἡ γλαύκωσις δὲ λεγομένη ξηρότης ἐστὶ
σφοδρὰ τοῦ κρυσταλλοειδοῦς ὑγροῦ· ἡ δὲ ἀμαύρωσις ἔμφραξίς
ἐστι τοῦ ὀπτικοῦ νεύρου, ὡς μηδόλως ὁρᾶν τὸν οὕτω παθόντα,
καθαρᾶς φαινομένης τῆς κόρης· βεβλαμμένοι δέ εἰσι τοὺς
ὀφθαλμούς, χωρὶς τοῦ φαίνεσθαί τι φαῦλον περὶ τοὺς ὀφθαλμοὺς, καὶ οἱ νυκταλωπιῶντες. ὅλων δὲ τῶν ὀφθαλμῶν βλάβη
φανερά ἐστιν ὁ ἐκπιεσμὸς καλούμενος· ἔστι δὲ προπέτεια
τοῦ ὀφθαλμοῦ οἷον ἔξω ἐκκειμένου.[10] ἀρκτέον δὲ τῆς θεραπείας ἀπὸ τῶν ἁπλουστέρων τε καὶ ἐπιπολαίων ἐν ὀφθαλμοῖς
νοσημάτων.

Θεραπεία ταράξεως. γ'.

Τὰς μὲν οὖν τῶν ὀφθαλμῶν ταράξεις ὑπό τε καπνοῦ
γιγνομένας καὶ ἐγκαύσεως ἢ κονιορτοῦ ἢ τινος παραπλησίου
ἑτέρου θεραπεύσεις ῥᾳδίως, πρῶτον μὲν κελεύων τὸν πάσχοντα
ἀφίστασθαι τῆς βλαπτούσης αἰτίας, οἷον ἡλίου ἢ καπνοῦ ἢ

[6] T. ἄρμα.
[7] T. μυοκέφαλον.
[8] T. μυδριάσεις.
[9] T. λεγόμενα.
[10] T. ἐγκειμένου.

die leidenden Theile bei dem Thränensack-Abscess (Aegilops); aber nicht sie allein. Vergrösserung der Karunkel und Schwund derselben sind Leiden der Lidwinkel allein. An der Hornhaut treten auf neblige und wolkige Flecke, Randgeschwürchen, oberflächliches Geschwür, Abscess, hohles Geschwür, grubiges Geschwür, Durchbruch, Vorfall, Ringabscess, Hypopyon, Pusteln, Karbunkel, Krebs. An der Beerenhaut kommen folgende Leiden vor: Vorfall, Fliegenköpfchen, Traubengeschwulst, Nagel. Ferner Pupillen-Erweiterung, Pupillen-Verengerung, Unregelmässigkeit des Pupillenrandes*, Verzerrung der Pupille. Unterlaufung (Star) tritt auf gerade an der Öffnung der Beerenhaut, das heisst in der sogenannten Pupille. Aber auch der wässrigen Flüssigkeit Vermehrung oder Verdickung hindert das Scharf-Sehen, und ihre Verminderung dörrt den Krystall aus. Glaukosis ist nichts andres, als eine starke Austrocknung des Krystalls. Die Amaurose ist eine Verstopfung des Sehnerven, so dass die daran Leidenden durchaus nichts sehen können, obgleich die Pupille klar erscheint. Geschädigt in ihrem Sehwerkzeug ohne äusserlich sichtbare Veränderung an den Augen sind auch die Nachtblinden. Eine deutliche Schädigung des ganzen Auges ist auch das Herausdrängen des Augapfels; es ist nämlich ein Vorfall des Auges, das nach aussen hervorragt.

Anfangen müssen wir mit der Therapie von den einfacheren und oberflächlichen Augenleiden.

Cap. III. Die Heilung der Bindehaut-Reizung.

Die Bindehaut-Reizungen der Augen, die von Rauch, Erhitzung, Staub oder von irgend einer andren ähnlichen Schädlichkeit herrühren, sind leicht zu heilen: indem man den Kranken anweist, zuerst die schädigende Ursache zu vermeiden, wie Sonne, Rauch oder Ähnliches; sodann die Augen zu baden zunächst mit lauem, süssem Wasser, dann auch mit kaltem; das grelle Licht zu vermeiden und die Augen geschlossen zu halten.

---

* Vgl. das entsprechende Kapitel.

τινὸς ἄλλου παραπλησίου, ἔπειτα ἀπονίπτειν τὰς ὄψεις, πρότερον μὲν χλιαρῷ ὕδατι γλυκεῖ, μετὰ δὲ ταῦτα καὶ ψυχρῷ, καὶ τὴν αὐγὴν ἀποστρεφόμενος* καὶ μύων τοῖς ὀφθαλμοῖς· ἐπὶ τούτοις γὰρ καθίσταται μηδενὸς ἑτέρου προςενεχθέντος,
5 ἀλλὰ μόνον ἐνδεέστερον διαιτηθέντος· ποτῷ δὲ πλείονι χρῆσθαι ἐπὶ τῶν ἐγκαύσεων· εἰ γὰρ ὕπνος ἐπιλάβοι βαθύτερος, καὶ ὀφθαλμία τις προςδοκωμένη πεφθήσεται· διὸ μηδὲ τῶν λουτρῶν ἀπέχεσθαι, διαιτᾶσθαι δὲ ἀκριβέστερον· ἐπιμενούσης δὲ τῆς διαθέσεως, ἡσυχάζειν καὶ ἐπιχρίειν τὰ βλέ-
10 φαρα τοῖς διὰ κρόκου ἢ διὰ ῥόδων κολλυρίοις καὶ μάλιστα τῷ Νείλου διὰ ῥόδων·¹¹ τὰς δὲ λήμας καὶ τὰς ἐν νυκτὶ γιγνομένας περὶ τὰ βλέφαρα κολλήσεις διακαθαίρει τε καὶ ὀνίνησι καλῶς ὀξύκρατον ὑδαρέστατον καὶ αὐτὸ τὸ ὕδωρ καθ᾽ αὑτὸ ψυχρὸν καταντλούμενον καὶ τῶν ξηρῶν τι προςαγόμενον τῶν
15 ἀποδακρυτικῶν καὶ μάλιστα τὸ κροκῶδες προκαταληπτικὸν καλούμενον.

Θεραπεία ἐπιπολαίου φλεγμονῆς ἐν ὀφθαλμοῖς,
Γαληνοῦ. δ'.

Φλεγμονῆς δὲ ἐπιπολαίου γενομένης τοῦ ἐπιπεφυκότος
20 ὑμένος, ὀδύνης σφοδρᾶς μὴ παρούσης, ἀποκρουστικὰ παραληπτέον ἐπ᾽ αὐτῶν κολλύρια, πραΰνοντα τὸ σφοδρὸν αὐτῶν τῆς δήξεως τῇ μίξει τοῦ ᾠοῦ· ὡς τὸ πολὺ γὰρ ἀρκεῖ τὸ λεπτὸν τοῦ ᾠοῦ μετὰ τῶν καλουμένων μονοημέρων κολλυρίων ἐκθεραπεύειν τὰς ἐπιπολαίους καὶ ἀρχομένας ὀφθαλμίας
25 χωρὶς μεγάλης φλεγμονῆς καὶ σφοδρᾶς ὀδύνης· πολλάκις γὰρ οὕτως ἐπράΰνε τὰς φλεγμονάς, ὡς εἰς ἑσπέραν μὲν λουτρῷ χρήσασθαι τὸν ἄνθρωπον, ἐπὶ δὲ τῆς ὑστέρας τῷ ναρδίνῳ κολλυρίῳ πρὸς ἀποκατάστασίν τε καὶ τόνωσιν ὑπαλείψασθαι· παραμίγνυται δὲ τῷ ναρδίνῳ κολλυρίῳ παρὰ μὲν τὴν πρώτην

---

¹¹ T. καὶ μάλιστα τῶν Ἴλον διὰ ῥόδων.

* Diese Unregelmässigkeit der Construction (Nom. statt Acc.) scheint dem Aëtius eigenthümlich zu sein. Sie findet sich auch in einzelnen Handschriften desselben, wie ich aus dem Werk von Kostomoires ersehe.

Denn dadurch hört die Krankheit auf, ohne irgend welche Mittel, wenn nur eine knappere Lebensweise eingehalten wird. Reichlich soll man trinken bei den Erhitzungen; denn, wenn tiefer Schlaf den Kranken befällt, kann sogar eine Entzündung der Augen, die man noch dazu befürchtete, sich legen. Deshalb soll man auch nicht das Bad meiden und muss eine ganz sorgfältige Diät beobachten. Dauert der Krankheitszustand an, so hat man sich ruhig zu verhalten und die Lider mit den Augenmitteln aus Safran oder Rosen zu bestreichen, hauptsächlich mit dem des Nilus. Augenbutter und Verklebungen der Lider, die in der Nacht entstehen, reinigt ganz und gar und heilt vorzüglich der stark verdünnte Essig, ebenso das kalte Wasser für sich, in Umschlägen angewendet; ebenso auch die Anwendung eines der trockenen Mittel aus der Klasse derer, die abthränen, hauptsächlich das aus Safran, welches man „Pfändung" nennt.

Cap. IV. Behandlung der oberflächlichen Augen-Entzündung, nach Galen. (Von d. örtl. Heilm. IV, 3; Band XII, S. 712.)

Wenn eine oberflächliche Entzündung der Bindehaut besteht, ohne heftigen Schmerz; so muss man bei diesen Kranken die adstringirenden Augenheilmittel zu Hilfe nehmen, indem man das starke Beissen derselben durch Beimischen von Eiweiss mildert. Zumeist nämlich genügt das Eiweiss mit den sogenannten Eintags-Mitteln, um die oberflächlichen und beginnenden Bindehaut-Entzündungen auszuheilen, wenn sie ohne sehr starke Entzündung und heftigen Schmerz verlaufen. Und häufig milderte diese Behandlung die Entzündung in solchem Grade, dass der Kranke schon am Abend ein Bad nehmen, am folgenden Tage aber das Narden-Mittel zur vollständigen Wiederherstellung und Stärkung sich einstreichen lassen konnte. Man mischt dem Narden-Mittel bei der ersten Anwendung ein klein wenig von den zusammenziehenden Stoffen bei, bei der zweiten auch noch wenig. Bei denjenigen Collyrien, wo die zusammenziehenden Stoffe überwiegen, muss sehr viel Eiweiss hinzuge-

ὑπάλειψιν ἐλάχιστόν τι τῶν ἀποκρουστικῶν, κατὰ δὲ τὴν
δευτέραν ἔτι βραχύτατον· ἐφ᾽ ὧν μὲν οὖν ἐπικρατεῖ τὰ στύφοντα, πλεῖστον εἶναι δεῖ τὸ ὑγρὸν τοῦ ᾠοῦ, βραχύτατον δὲ
τοῦ κολλυρίου· ἐφ᾽ ὧν δὲ τὰ συμπεπτικὰ ἐπικρατεῖ, οἷόν
5 ἐστι τὸ νάρδινον, κολλυρίῳ[12] παχυτέρῳ χρηστέον. πυρίᾳ δὲ
χρηστέον τούτοις διὰ σπόγγου, μετρίως μὲν ὀδυνωμένου*,
ἅπαξ ἢ δίς· εἰ δὲ σφοδροτέρα εἴη ὀδύνη, ἄμεινόν ἐστι καὶ
πεντάκις χρῆσθαι· προςέχειν μέντοι καὶ τῇ εὐαισθησίᾳ καὶ
δυσαισθησίᾳ τοῦ θεραπευομένου ὀφθαλμοῦ· ὅσοι γὰρ ὀφθαλμοὶ
10 κατὰ φύσιν φλέβας εὐρείας ἔχουσιν αἵματος μεστὰς καὶ ὅσοι
γλαυκοί, οὐδόλως φέρουσι τὴν ἐκ τῶν κολλυρίων στύψιν·
ὅθεν ὑδαρέστερα ἐπὶ τούτων προςακτέον τὰ κολλύρια.

Περὶ τῆς ἐπὶ πλήθει φλεγμονῆς καὶ χημώσεως
ἐν ὀφθαλμοῖς. ε΄.

15 Πλήθους δὲ ὑποκειμένου ἐν ὅλῳ τῷ σώματι, καὶ τῆς ἐν
τοῖς ὀφθαλμοῖς φλεγμονῆς μεγάλης γιγνομένης καὶ ὀδύνης
σφοδρᾶς παρούσης, οὐκέτ᾽ ἐπαρκεῖ ἡ τῶν κολλυρίων χρῆσις
πρὸς τὴν τοιαύτην διάθεσιν· ποικίλης[13] οὖν δεόμεθα ἐπὶ
τούτων ἀγωγῆς· καὶ χρὴ τὰ πρῶτα καὶ μέγιστα βοηθήματα
20 παραλαμβάνειν, ὧν καὶ Ἱπποκράτης ἐν τοῖς ἀφορισμοῖς ἐμνη-
μόνευσεν εἰπών, ὀδύνας ὀφθαλμῶν ἀκρητοποσίη[14] ἢ λουτρὸν
ἢ πυρίη ἢ φαρμακίη ἢ φλεβοτομίη λύει· ἀλλ᾽ οὐ τῷ αὐτῷ
ἀνθρώπῳ πάντα ταῦτα κελεύει προςάγεσθαι βοηθήματα, ἀλλὰ
τούτῳ μὲν φλεβοτομίαν, ἑτέρῳ δὲ καθαρτήριον, ἄλλῳ δὲ τὴν
25 πυρίαν, ἑτέρῳ δὲ τὸ λουτρὸν καὶ ἄλλῳ τὴν τοῦ οἴνου πόσιν·
ἀρξώμεθα δὲ ἀπὸ τοῦ λουτροῦ τοίνυν.

---

[12] T. κολλίρια, und vor οἷον.
[13] T. πικίλης.
[14] T. ἀκροτοποσία.

* oder ὀδυνωμένοις.

gesetzt werden, sehr wenig vom Augenmittel selbst; bei denjenigen, wo die reifenden Stoffe überwiegen, wie z. B. bei dem aus Narden, muss man das Augenmittel dicker anwenden. Schwamm-Bähung müssen diese Kranken anwenden ein- oder zweimal, wenn der Schmerz mässig ist; wenn er heftiger ist, lieber fünfmal (am Tage). Freilich muss man auf die gute oder schlechte Verträglichkeit seitens des behandelten Auges achten. Denn alle Augen, welche von Natur weite und blutgefüllte Venen haben, und alle blauen ertragen gar nicht die zusammenziehende Wirkung seitens der Augenmittel; daher muss man bei diesen Kranken jene Mittel in ganz wässriger Form anwenden.

Cap. V. Über die Augen-Entzündung und Bindehautschwellung bei Plethora.

Wenn im ganzen Körper Blutstauung vorliegt, und die Augen-Entzündung dabei stark wird, verbunden mit heftigem Schmerz; so genügt der Gebrauch von Collyrien keineswegs für einen derartigen Zustand. Da bedürfen wir einer mannigfaltigen Behandlung, und es wird nöthig, die vornehmlichsten und grössten Hilfsmittel herbeizuziehen, deren auch schon Hippokrates* in seinen Denksprüchen Erwähnung thut, mit folgenden Worten: Die Augenleiden heilt das Weintrinken oder das Bad oder die Bähung oder die abführende Arznei oder der Aderlass. Er gebietet aber nicht, bei demselben Kranken alle diese Heilmittel in Anwendung zu' ziehen; sondern bei dem einen den Aderlass, bei dem andren Abführmittel, bei dem dritten die Bähung, bei einem andren das Bad, bei noch einem andren das Weintrinken. Wir wollen nun mit dem Bade beginnen.

---

* Aphor. VI. 31. (Hippokrates, Ausg. von Littré IV, 570; Kühn III, 752; Foës. II, 1257). Aëtius hat nicht genau citirt; Hippokr. setzt φαρμακοποσίη zuletzt.

Περὶ λουτρῶν. ϛ.

Τὸ λουτρὸν, ἐφ' ὧν φλεγμονὴ οἰδηματώδης κατὰ τῶν ὀφθαλμῶν ὑπάρχει· ἔστι δὲ τὸ οἴδημα τῷ μὲν ὄγκῳ σεσομφωμένον, τῇ δὲ ἁφῇ μᾶλλον ψυχρότερον καὶ τῷ χρώματι λευκὸν· καὶ τὸ ἐπιρρέον ῥεῦμα ἀδηκτότερόν ἐστι καὶ ἧττον
5 θερμὸν· ἀλλ' οὐδὲ ἡ κατ' αὐτὸν τὸν ὀφθαλμὸν χήμωσις ὑπερέρυθρός [15] ἐστιν, οὐδὲ περιτεταμμένη. συνεδρεύει δὲ τὸ πάθος τοῦτο ἐν ἡλικίᾳ μᾶλλον πρεσβυτικῇ [16] καὶ ἐν ὥρᾳ χειμερινῇ ὡς ἐπίπαν καὶ μᾶλλον γυναιξὶ ταῖς καταπιμέλοις, καὶ συντόμως εἰπεῖν πᾶσι τοῖς ψυχρὸν καὶ φλεγματικὸν τὸν ἐγκέ-
10 φαλον ἔχουσι συμβαίνει ἡ οἰδηματώδης φλεγμονή. ὅταν οὖν πάντα τὰ εἰρημένα σημεῖα θεάσῃ, θαρρῶν τὸ λουτρὸν παραλάμβανε· εἰς τοσοῦτον γὰρ ῥᾷστον εἰσφέρει τὸν πάσχοντα, ὡς ἑτέρου μὴ δεηθῆναι βοηθήματος· χρονίζειν [17] δὲ προςήκει μᾶλλον ἐν τῷ ἀέρι καὶ πυριᾶν τοὺς ὀφθαλμοὺς ἐπιπλεῖστον
15 ξηροτέρᾳ πυρίᾳ διὰ σπόγγων ἱκανῶς ἐκτεθλιμμένων· [17a] τοῦτο δὲ ποιῶν, θεάσῃ αἰσθητῶς τὸ οἴδημα ἐν τῷ θερμῷ ἀέρι ἀφανὲς γιγνόμενον· καὶ ἐν τοσούτῳ ⟨αὐτοὺς⟩ τελέως ἀπηλλαγμένους [18] τῆς διαθέσεως· εἰ δέ τι ἐγκαταλείπηται πρὸς τὸ εἰς παντελῆ ἀποθεραπείαν ἐνέγκαι τὸν ἄνθρωπον, τῷ ναρδίνῳ
20 κολλυρίῳ μέλλοντι εἰσιέναι ἐν τῷ βαλανείῳ ἐγχυμάτιζε· εἰ δὲ μετρία σοι φαίνοιτο ἡ ὀδύνη, καὶ παχύτερον τὸ κολλύριον παραλαμβάνειν προθερμάνας* αὐτὸ δηλονότι ἐπ' ἀκόνης· εἶτα λούσαντα ὡς προείρηται καὶ ἐξελθόντα ἐπιμελῶς σπογγίζειν τὴν ὑγρότητα καὶ οὕτως ἐπιχρίειν τῷ αὐτῷ κολλυρίῳ παρα-
25 φυλαττόμενος* μή τι αὐτοῦ παρεμπέσῃ εἰς τὸν ὀφθαλμὸν· εἴωθε γὰρ μεγάλην βλάβην κινεῖν, ὅθεν οὐδὲ τοὺς ἱδροῦντας [19] δεῖ ἐπιχρίεσθαι· χύσις γὰρ τῶν ὑγρῶν ἐν τῷ βαλανείῳ γίγνεται καὶ παρεμπεσὸν τὸ κολλύριον καὶ δῆξίν τινα ἐμποιῆσαν ἐπισύρῃ

---

[15] T. ὑπερέρυθρός ἐστιν. [Ὑπέρλευκος ist bezeugt.]
[16] T. πρεσβιτικὴ.
[17] T. χρονίζει. [17a] T. ἐντ.
[18] T. τέλεον ἀπηλλαγμένης.
[19] T. ἱδρῶτας.

* Unregelm. Construction.

Cap. VI. Uber Bäder.

Das Bad kommt in Betracht bei denjenigen Kranken, wo Schwellungs-Katarrh besteht; (es ist aber die Schwellung schwammig in ihrer Erhebung, kühl bei Berührung, hell von Farbe;) wo ferner die zuströmende Absonderung nicht beissend und nicht heiss, und sogar die Schwellung am Augapfel selber weder sehr roth noch sehr stark ist. Dieses Leiden tritt mehr im Greisen-Alter auf, gewöhnlich zur Winterszeit, und befällt mehr fettleibige Frauen; kurz — die ödematöse Entzündung befällt alle Leute, die kühles und schleimiges Gehirn haben. Wenn man nun alle die genannten Zeichen vorfindet, dann nehme man getrost das Bad zu Hilfe; es bringt nämlich den Kranken zu solcher Erleichterung, dass er eine andre Behandlung nicht mehr braucht. Er muss aber länger in der Bad-Atmosphäre sich aufhalten und die Augen häufig bähen mit trockner Bähung, mittelst gut ausgedrückter Schwämme. Bei dieser Behandlung sieht man sinnfällig das Ödem in der warmen Luft verschwinden und gleichzeitig die Kranken gänzlich von der Krankheit befreit. Wenn etwas zu wünschen bleibt rücksichtlich der völligen Ausheilung, dann träufle man den Kranken, bevor er hineinsteigt, im Bade mit dem Narden-Mittel ein. Wenn der Schmerz mässig erscheint, soll man das Mittel auch dicker wählen, nachdem man es natürlich auf dem Reibstein erwärmt hat. Danach soll man, wenn er, wie oben erwähnt, gebadet und das Bad verlassen hat, ihm die Flüssigkeit sorgfältig mit Schwämmen abtrocknen und so dasselbe Mittel (auf die Lider) streichen und dabei sich in Acht nehmen, dass ihm nicht etwas davon in's Auge hineinkomme; denn das pflegt grossen Schaden zu verursachen. Daher dürfen auch Schwitzende nicht die Lidsalbe bekommen; es tritt nämlich ein Flüssigkeits-Erguss in dem Bade ein und das Augenmittel kann, wenn es in's Auge dringt und eine beissende Empfindung veranlasst, die Materie leicht an sich zum Auge ziehen und die Entzündung verdoppeln. Wenn die beschriebene Krankheit länger andauert und der Zustand der Absonderung sich zum kühleren wendet, dann ziehe man Einreibungen des

πρὸς τὸν ὀφθαλμὸν τὰς ὕλας ῥαδίως καὶ διπλασιάσῃ τὰς
φλεγμονάς. εἰ δὲ συμβαίη μονιμωτέραν γενέσθαι τὴν εἰρημένην
διάθεσιν καὶ τὴν τοῦ ῥεύματος οὐσίαν ἐπὶ τὸ ψυχρότερον
μᾶλλον ἀχθῆναι, καὶ τὸ τηνικαῦτα παραλαμβάνειν σμήγματα τῆς κεφαλῆς ἐν τῷ λουτρῷ καὶ πάσματα²⁰ μετὰ τὸ
λουτρὸν· καὶ πρῶτον μὲν τοῖς ἁπλοῖς κεχρῆσθαι· εἰ δὲ ἐπιμένοι
ἡ αἰτία, καὶ ἐπὶ τὰ σύνθετα μεταβαίνειν, ὧν ἡ ὕλη
τοιαύτη· δαφνίδες, νίτρον ὀπτὸν οἴνῳ ἐσβεσμένον, σάμψυχον*,
τρὺξ κεκαυμένη, καὶ τὰ ὅμοια· τὰ δὲ πάσματα²¹ ἐπὶ τῶν
γυναικῶν μάλιστα παραλαμβάνειν²² τὰ συνήθη· οἷά ἐστι τὰ
διὰ τῆς ἴρεως σελίνου τε σπέρματος καὶ κυπαρίσσου σφαιρίων
καὶ τῶν ξηρῶν μόρων· δεῖ γὰρ μὴ ἀμέτρως ᾖ θερμὰ
μηδὲ δριμέα τὰ προςφερόμενα, ἀλλ' ἠπίως²³ θερμά, συμμεμιγμένην
ἔχοντα τὴν στύψιν· αἱ δὲ τούτων συνθέσεις ἤδη προείρηνται
ἐν τῷ πρὸ τούτου λόγῳ· ἐμβαλεῖν μὲν οὖν χρὴ τὰ
μὲν σμήγματα ἐν τῷ λουτρῷ τῷ βρέγματι, διαστέλλοντα τὰς
τρίχας ἀπ' ἀλλήλων, ἵνα προςομιλήσῃ τῷ σώματι τὸ βοήθημα,
καὶ προςτάττειν ἐν τῷ βαλανείῳ μύειν τὸ στόμα, ἵνα διὰ τῶν
μυκτήρων σφοδρῶς ἐπισυρόμενοι τὸν θερμὸν ἀέρα θᾶττον
μεταβάλλωσι τὴν ὑποκειμένην ὕλην· μετὰ δὲ τὸ λουτρὸν
ἀπομάξαντα τὰς τρίχας ἐπιπάσσειν ὡς εἴρηται τὰ πάσματα²⁴.
Καὶ περὶ μὲν λουτρῶν ἐπιτοσοῦτον· ῥητέον δὲ περὶ οἰνοποσίας.

Περὶ οἰνοποσίας. ζ.

Ὁ οἶνος λεπτύνει καὶ μεταβάλλει τὰ πεπαχυμένα τῶν
ὑγρῶν καὶ πολλάκις κατά τι συμβεβηκὸς τὴν τούτων κίνησιν
ποιεῖται· προςήκει δὲ εἶναι τὸν οἶνον κιρρὸν²⁵ τῷ χρώματι
καὶ λεπτὸν τῇ συστάσει· καὶ μὴ πάνυ παλαιὸν μηδὲ στύφοντα
σφοδρῶς· διδόναι δὲ τὸν οἶνον τοῖς ἐν ἔθει αὐτοῦ ὑπάρχουσι

---

20 T. σπάσματα.
21 T. πλάσματα.
22 T. παραλαμβάνει.
23 T. ἠπίως.
24 T. σπέρματα.
25 T. κιρρῷ.

* Dioskorides, mat. med. VII, c. 41

Kopfes im Bade, Streupulver nach dem Bade zu Hilfe. Dazu wende man zuerst die einfachen Mittel an; wenn aber die schädigende Ursache andauert, gehe man zu den zusammengesetzten über, deren Stoff der folgende ist: Lorbeer-Körner, geröstete Soda, in Wein gelöscht, Majoran, gebrannte Weinhefe und Ähnliches. Von Pulvern muss man die bei Frauen meist gebräuchlichen nehmen, wie z. B. das aus Lilien, Eppich-Samen, Cypressen-Körnern und trockenen Maulbeeren*. Die angewandten Mittel dürfen weder zu stark erhitzend noch zu scharf sein, sondern angenehm erhitzend mit einer Beimischung von zusammenziehender Wirkung. Die Zusammensetzung dieser Mittel ist schon im vorhergehenden Buche besprochen. Man muss nun die Seife während des Bades auf den Kopf einreiben, indem man die Haare von einander trennt, damit sich das Heilmittel dem Körper mittheile; ferner muss man im Bade den Mund schliessen lassen, damit die Kranken durch die Nase stark die warme Luft einziehen und somit schneller den zu Grunde liegenden Krankheits-Stoff umwandeln. Nach dem Bade muss man die Haare abtrocknen und die Pulver, wie erwähnt, aufstreuen. Soweit über die Bäder; jetzt wollen wir über das Weintrinken sprechen.

Cap. VII. Über den Weingenuss.

Der Wein verdünnt und verbessert die verdickten Säfte; und öfters, unter gewissen Umständen, bewirkt er das Flottwerden derselben. Es sei aber der Wein gelb von Farbe, dünn von Consistenz, nicht allzu alt und nicht zu herb. Geben soll man den Wein hauptsächlich solchen Leuten, die daran gewöhnt sind und die ein mehr trockenes und vorwiegend kaltes Tem-

---

* (τῶν) μόρων hat Unglück in der lateinischen Übersetzung; hier bei Aëtius wird es von Corn. mit unguentis gegeben, bei Paullus mit partium. (Die englische Übersetzung des Paull. ist aus der falschen lateinischen angefertigt.) Es heisst τὸ μόρον die Maulbeere, τὸ μύρον die Salbe, τὸ μόριον der Theil.

μάλιστα καὶ τοῖς ξηρὰν μᾶλλον ἔχουσι δυσκρασίαν καὶ τοῖς
ψυχρὰν μᾶλλον ἐπικρατοῦσαν ἔχουσι· δοκεῖ γὰρ κοινωνίαν
τινὰ ἔχειν πρὸς τὸ λουτρὸν ὁ οἶνος· ὅταν οὖν κενώσεως
ὑγρῶν καὶ μεταβολῆς γένηται χρεία, τὸ λουτρὸν παραληπτέον·
5 ὅτε δὲ μεταβολῆς καὶ ἀναθρέψεως καὶ ὑγράνσεως καὶ θερμάν-
σεως καὶ μετρίας κενώσεως, οἴνου δεόμεθα· κεράσαι οὖν δεῖ
τὸν οἶνον ὕδατι θερμῷ μὴ πολλῷ καὶ ἀκρατότερος²⁶ ἤτω*
τῆς συνήθους κράσεως καὶ τὸ ἐμβαλλόμενον ὕδωρ καθαρώτατον καὶ ἄκαπνον καὶ ἄοσμον καὶ σφόδρα ζέον, ἵνα καὶ
10 λεπτομερέστερον ἑαυτοῦ γένηται καὶ ἐπαρκέσῃ εἰς τὴν τοῦ
πλείονος οἴνου κρᾶσιν· ἤτω δὲ ἡ προςαγομένη²⁷ κύλιξ πλα-
τυτέρα· καὶ πειραθῇ²⁸ ὁ πάσχων διανοίγειν τοὺς ὀφθαλμοὺς
ἐν τῇ πόσει· οὕτως γὰρ λυθείσης τῆς σφηνώσεως²⁹, καὶ ἐπιρ-
ρυέντος δακρύου πολλοῦ φυσικοῦ καὶ ὑγιεινοτάτου, ἀπαλλα-
15 γήσεται τῆς ὀδύνης· παρ' αὐτὰ γὰρ χαλῶνται τὰ βλέφαρα
καὶ εὐκινητότερα ἑαυτῶν γίγνονται καὶ κουφότερα· ἐπιβλέπειν
δὲ χρὴ, μή πως ἡ κεφαλὴ τοῦ ἀνθρώπου εὐπαθὴς ὑπάρχῃ·
πλήττεται γὰρ τῶν τοιούτων ῥᾳδίως ἡ κεφαλὴ ὑπὸ τῆς τοῦ
οἴνου πόσεως. πρὸς δὲ τὸ λείψανον τῆς κακώσεως τοῦ
20 ὀφθαλμοῦ χρῆσθαι δεῖ κολλυρίῳ, πρῶτον μὲν ἀδήκτῳ³⁰ τε
καὶ γλυκεῖ ἐγχυματίζοντα, πρὸς τῷ καὶ τὴν προςγενομένην
ταραχὴν ἐκθεραπεῦσαι· καὶ ὅταν ἐν καταστάσει οἱ ὀφθαλμοὶ
γένωνται, καὶ τῆς πυρώσεως ἀπαλλαγῶσι, τότε ἀποκρουστικὸν
κολλύριον προςαγέσθω· οἷός ἐστιν ὁ Ἑρμόλαος** καὶ τὰ παρα-
25 πλήσια στατικὰ καλούμενα· ἐρεύθους γὰρ ὄντος καὶ φλεγμονῆς,
οὐ δεῖ τοῖς στύφουσι κολλυρίοις κεχρῆσθαι· ἀποκλείσαντες***
γὰρ τῇ στύψει τὸ λείψανον τῆς ὕλης μεγεθοποιοῦσι τὴν
ὀδύνην· καὶ περὶ μὲν οὖν τῆς τοῦ οἴνου πόσεως ἐπὶ τοσοῦτον·
ῥητέον δὲ περὶ φλεβοτομίας.

---

²⁶ T. ἀκρατέστερος, schwächer.　　²⁷ T. πρωςαγομένη.
²⁸ T. πειρασθῆ.　　²⁹ T. σφιν.　　³⁰ T. ἀδείκτῳ.

* Dies kommt im Neuen Testament für ἔστω vor.
** Ueber d. Hermolaus vgl. Gorraei def. med. S. 156; das Wesent-
liche in diesem Mittel ist gerbsaures Zink.
*** oder ἀποκλείσαντα. Allerdings ist zu bemerken, dass Aëtius
doch nur ausnahmsweise das Zeitwort in der Mehrzahl setzt, wenn es
sich auf 3. P. Pl. neutr. bezieht.

perament besitzen; denn es scheint eine Verwandtschaft zu bestehen zwischen Bad und Wein. Sobald nun das Bedürfniss zur **Entleerung** und Umwandlung der Säfte vorliegt, nehme man das Bad zu Hilfe; wenn aber das Bedürfniss vorliegt zur **Umwandlung, Ernährung, Verflüssigung, Erwärmung und mässigen Entleerung**, so bedürfen wir des Weines. Zu mischen hat man den **Wein mit warmem Wasser in mässiger Menge**, und er sei stärker, als bei der gewöhnlichen Mischung. Das hinzugefügte Wasser sei vollkommen rein, ohne Rauch, ohne Geruch und stark siedend, damit es auch dünner werde und zur Mischung einer grösseren Weinmenge genüge. Es sei aber der dargereichte Becher ziemlich breit, und es versuche der Kranke beim **Trunk die Augen offen zu halten**. So nämlich wird die Verstopfung gelöst und, wenn reichlich normale und gesunde Thränen zufliessen, der Kranke von seinen Schmerzen befreit werden. Denn dabei lösen sich die Lider, werden besser beweglich, als sonst, und gehobener. Zusehen muss man aber, ob nicht eine Anlage zu Kopf-Leiden vorliegt; denn bei diesen Kranken kann leicht ein Hirnschlag eintreten von dem Genuss des Weines. Aber für das Überbleibsel des Augenleidens hat man **örtliche Mittel** anzuwenden; zuerst träufle man ein reizloses und mildes ein, um noch vorhandene Reizung vollständig zu beseitigen. Und, wenn dann die Augen in Ordnung sind und von der Entzündung befreit, dann wende man ein zurücktreibendes (adstringirendes) Mittel an, wie z. B. den sogenannten Hermolaus und die ähnlichen, die sogenannten hemmenden Mittel. Denn, so lange Röthe und Entzündung besteht, darf man zusammenziehende Mittel nicht anwenden; wenn man durch die Zusammenziehung den Rest der Materie einsperrt, so vermehrt man den Schmerz. Soweit über den Weingenuss; jetzt müssen wir über den Aderlass sprechen.

Περὶ φλεβοτομίας. η΄.

Προσακτέον τοίνυν τὸ φλεβοτόμον [31], εἰ μηδὲν ἕτερον κωλύει τῶν πλειστάκις εἰρημένων, ἐπὶ τῆς τῶν ὀφθαλμῶν περιωδυνίας· ἐφ᾽ ὧν πολλὴ μὲν ἡ διάτασίς ἐστι τῶν ὀφθαλμῶν καὶ ἔρευθος πολὺ [32] καὶ τῇ ἀφῇ ἀντιτυπία καὶ φλόγωσις καὶ δάκρυον πολὺ καὶ θερμὸν καὶ χήμωσις κατὰ τὸν κερατοειδῆ καὶ τὸν ἐπιπεφυκότα χιτῶνα, ὥστε ὑπὸ τῆς φλεγμονῆς σφοδρᾶς γιγνομένης τὰ βλέφαρα ἐκτρέπεσθαι ὡς μόγις τοὺς ὀφθαλμοὺς καλύπτεσθαι*· ὑπερερυθρός [33] τε φαίνεται ὁ ἐπιπεφυκὼς ὑμὴν καὶ ἐν ὄγκῳ μείζονι γίγνεται καὶ τὸ πᾶν σῶμα πεπληρωμένον αἵματος. τμητέον δὲ μᾶλλον τὴν ἀνωτέραν ἐν τῷ ἀγκῶνι φλέβα, τὴν ὠμιαίαν [34] καλουμένην, καὶ μείζονα τὴν διαίρεσιν ποιητέον, πρὸς τῷ καὶ ⟨τὸ⟩ παχύτερον ἐν τῷ αἵματι κενωθῆναι, καὶ ταχεῖαν τὴν λειποθυμίαν γενέσθαι, πρὸς τὴν καθαίρεσιν τῆς ὀδύνης καὶ τὴν σβέσιν τῆς πυρώσεως· κενουμένου δὲ τοῦ παντὸς σώματος, ἀποθεραπεύειν τὸ λείψανον τοῦ πάθους κολλυρίοις καὶ τῇ λοιπῇ ἐπιμελείᾳ· κολλυρίοις δὲ χρηστέον ἐπὶ τούτων, οἷά ἐστι τὰ κυκνάρια**, καὶ τὰ λιβιανά***, ἐγχυματίζοντας [35] συνεχῶς ὑδαρεστέροις θερμοῖς· πυρίας δὲ ἐπὶ τούτων οὐ πάνυ τι προσακτέον, ἀλλὰ πράως ἀποσπογγίζειν ὕδατι χλιαρῷ· τροφὰς δὲ δοτέον ἀδήκτους, εὐαναδότους, εὐκοιλίους, οὐρητικάς, μηδὲν δριμὺ καὶ ἁλυκὸν ἐχούσας ἢ παχύχυμον ἢ δύσπεπτον. μετὰ δὲ τὴν ἀποκατάστασιν τῆς φλεγμονῆς τῷ ναρδίνῳ ὑδαρεστάτῳ ἐγχυματίζειν μέχρι τελείας ὑγείας· καὶ περὶ μὲν φλεβοτομίας ἐπιτοσοῦτον· ῥητέον δὲ περὶ καθάρσεως.

---

[31] T. φλεβότομον. [32] T. πολύς. [33] T. ὑπέρρυθρος.
[34] T. ὠμιαίαν. (Vena cephalica. Vgl. Gorr. p. 520.)
[35] T. ἐγχυματίζοντες. Möglicher Weise hat A. so geschrieben.

* aperiant, Corn., der die Krankheit nicht kennt.
** Vgl. Gorr. S. 253. Weisse Collyrien aus Bleiweiss, Kreide, Mehl u. A.
*** Vgl. Gorr. S. 268 (λιβυανά). Ähnlich dem „Schwan". Man darf nicht λιβάνιον schreiben. Erstlich enthalten die λιβανά keinen Weihrauch, zweitens heissen die Weihrauchmittel niemals λιβάνια, sondern stets τὰ διὰ λιβάνου.

Cap. VIII. Über den Aderlass.

Anwenden muss man die Lancette, falls keiner der oft erwähnten Hinderungs-Gründe vorliegt, bei übermässigem Augenschmerz; nämlich bei denjenigen Kranken, wo starke Spannung der Augen besteht und viel Röthung und Widerstand bei der Betastung und Entzündung und starker, heisser Thränenfluss und Chemosis auf (dem Randtheil) der Hornhaut und in der Bindehaut, so dass von der starken Entzündung die Lider sich nach aussen kehren, und folglich die Augen kaum bedeckt werden; dabei auch die Bindehaut stark geröthet erscheint und mächtig geschwollen ist, und der ganze Körper von Blut strotzt. Eröffnen muss man aber lieber die obere Vene in der Ellenbeuge, die sogenannte Schulter-Vene; und den Schnitt grösser machen, damit auch die dicklicheren Bestandtheile im Blut entleert werden, und die Ohnmacht schnell eintritt, zur Beseitigung des Schmerzes und zur Dämpfung der Entzündung. Wenn aber so der ganze Körper entleert ist, muss man das Überbleibsel des Leidens durch örtliche Mittel und die sonstige Kur beseitigen. Von den Augenmitteln gebrauche man hierbei solche, wie die Schwanensalbe und die libyschen; man träufle sie stetig ein, verdünnt mit warmem Wasser. Bähung aber darf man in keiner Weise hierbei anwenden, sondern nur vorsichtig waschen mit Schwämmen, die in laues Wasser getaucht sind. Nahrung aber muss man geben, die reizlos, leicht verdaulich, gut für den Leib, harntreibend; die frei ist von scharfen, salzigen, die Säfte verdickenden und Appetitlosigkeit verursachenden Stoffen. Wenn aber die Entzündung ganz steht, träufle man das Narden-Mittel verdünnt ein bis zur vollständigen Genesung. Soweit über den Aderlass; jetzt wollen wir über die Ableitung auf den Darm sprechen.

Περὶ καθάρσεως. θ΄.

Εἰ μήτε ἡλικία, μήτε ὥρα, μήτε στομάχου μάλιστα ἀσθένεια ἢ ἑτέρου τινὸς τῶν σπλάγχνων, μήτε ἕτερόν τι μέγιστον κώλυμα εἴη, παραλαμβάνειν τὴν κάθαρσιν· ἐφ᾽ ὧν λεπτὸν καὶ πολὺ τὸ δάκρυον φέρεται ἢ ἁλυκὸν ἢ δριμὺ ἢ ψυχρόν, καὶ τὸ σύμπαν σῶμα κακόχυμον καὶ ἡ κεφαλὴ περιττωματικὴ καὶ ἡ γαστὴρ συνεχῶς ἐπεχομένη καὶ πλῆθος περιττωμάτων μοχθηρῶν ἐκ τούτου ἀθροίζουσα καὶ περιωδυνία σφοδρὰ πρόςεστιν· ἐπὶ γὰρ τῶν φλεβοτομουμένων τὴν πληθώραν τοῦ παντὸς σώματος ὑφορώμεθα, ἐπὶ δὲ τῆς καθάρσεως τὴν κακοχυμίαν φεύγομεν. ἡ δὲ τῶν καθαρτηρίων φύσις οὐ μία, ἀλλὰ πλείονες· πρὸς γὰρ τὸν πλεονάζοντα καὶ λυποῦντα χυμὸν ἐξαλλάττεται ἡ τῶν φαρμάκων ὕλη· εἰ μὲν οὖν γαστρὸς εἴη συνεχὴς σχέσις, δοτέον αὐτοῖς τὴν ἀλόην λειωθεῖσαν μετὰ χυλοῦ κράμβης καὶ ἀναπλασθεῖσαν εἰς καταπότια· εἰ δὲ φλέγμα μᾶλλον πλεονάζοι τὸ ὑδατῶδες, δίδου τὸ δι᾽ εὐφορβίου καὶ πεπέρεως καὶ ἁλῶν ἀμμωνιακῶν σκευαζόμενον· εἰ δὲ χολὴ πλεονεκτῇ, διδόναι τὴν δι᾽ ἀλόης πικρὰν προσπλέκοντα τῇ δόσει σκαμμωνίας λειοτάτης γράμματα β΄ ἢ ἔλαττον πρὸς τὴν δύναμιν· εἰ δὲ ὁ μελαγχολικὸς ἐπικρατεῖ χυμός*, προσπλέκειν τῇ δόσει ἐπιθύμου γράμματα ζ΄ καὶ σκαμμωνίας ὀβολοὺς γ΄. μετὰ δὲ τὴν διὰ τοῦ καθαρτηρίου γιγνομένην ἱκανὴν κένωσιν, εἰ μὲν ἁπλῆ καὶ ἀτραυμάτιστος εἴη ἡ διάθεσις, τοῖς στύφουσι κολλυρίοις κεχρῆσθαι, οἷός ἐστιν ὁ Ἑρμόλαος καὶ τὰ παραπλήσια καὶ τούτων δι᾽ ἐγχυματισμὸν παραλαμβανομένων· εἰ δὲ συμβῇ τραυματισθῆναι τὸν ὀφθαλμόν, τοῖς ἁπαλοῖς χρηστέον, οἷά εἰσι τὰ κυκνάρια καὶ τὰ λιβιανά· ὁ μὲν οὖν πρὸς τὴν παροῦσαν χρείαν σκοπὸς τοῦ ἀφορισμοῦ Ἱπποκράτους[36] ἤδη προείρηται· τουτέστιν ὅπως δεῖ πρὸς τὰς μεγίστας ὀδύνας καὶ φλεγμονὰς ὀξέως ἐνίστασθαι· ἐπειδὴ δὲ ἐπὶ πολλῶν παραλιμπάνεται τὰ μέγιστα βοηθήματα, μάλιστα

---

[36] T. Ἱπποκράτης.

* Erst folgt nach εἰ der Opt., dann der Conj., zuletzt der Ind.

Cap. IX. Über die Ableitung auf den Darm.

Wenn weder Lebensalter noch Jahreszeit, noch vor Allem Schwäche des Magens oder eines andren Eingeweides, noch irgend ein andrer Umstand eine wichtige Behinderung setzt; so muss man die Ableitung auf den Darm zu Hilfe nehmen, bei denjenigen Kranken, bei welchen der Thränenfluss dünn und reichlich oder salzig oder scharf oder kalt, und der ganze Körper schlechte Säfte hat, und der Kopf voll von Absonderung und der Leib hartnäckig verstopft ist, und infolge dessen eine Menge belästigender Absonderungen ansammelt, und dazu heftige Schmerzen an den Augen auftreten. Denn in den Fällen, wo der Aderlass gemacht wird, nehmen wir an Blut-Überfüllung des ganzen Körpers; bei der Ableitung auf den Darm aber wollen wir die Säfte-Entmischung beseitigen. Aber die Natur der Abführmittel ist nicht ein und dieselbe, sondern eine mehrfache; denn mit Rücksicht auf den gerade überwiegenden und störenden Saft muss der Stoff der Heilmittel abgeändert werden. Wenn nämlich hartnäckige Verstopfung des Leibes besteht, so muss man den Kranken Aloë geben, verrieben mit Kohl-Saft und zu Pillen geformt. Wenn aber der wässrige Schleim mehr im Überschuss vorhanden ist, so gebe man das Mittel aus Wolfsmilch-Harz und Pfeffer und Steinsalz. Wenn aber die Galle überwiegt, so gebe man das Bittermittel aus Aloë und füge zur Einzelgabe gepulvertes Skammonium, zwei Scrupel oder etwas weniger, im Verhältniss zum Kräfte-Zustand. Wenn aber die schwarze Galle vorherrscht, so füge man zur Gabe (des Bittermittels) 7 Scrupel Thymseidenkraut und 3 Obolen Skammonium. Sowie nun durch das Abführmittel eine genügende Entleerung erfolgt ist, und wenn die Augen-Krankheit einfach und nicht Folge einer Verletzung ist; müss man von den zusammenziehenden Augenmitteln Gebrauch machen, wie z. B. vom Hermolaus und ähnlichen; und zwar werden sie als Einträuflung angewandt. Hingegen im Falle einer Augenverletzung wende man die milden Augenmittel, z. B. die Schwanensalbe und die libyschen

φλεβοτομία καὶ κάθαρσις, σκοπητέον δὴ ὅπως τοὺς τοιούτους μεταχειρίζεσθαι· σὺν τοῖς καθολικοῖς τοίνυν σημείοις τοῖς προειρημένοις καὶ ἰδικά τινα κατὰ τὸν ὀφθαλμόν ἐστιν ἰδεῖν σημεῖα πᾶσαν τὴν νόσον ἐξελέγχοντα· λῆμαι δὲ καὶ δάκρυον
5 ἐπιφαίνεται ποτὲ μὲν καὶ κολλῶδες καὶ παχύ, ποτὲ δὲ λεπτὸν καὶ συντόμως ῥέον, καὶ ἄλλοτε μὲν ἁλμυρὸν ἄλλοτε δὲ δριμὺ καὶ δακνῶδες, καὶ ποτὲ μὲν θερμὸν ποτὲ δὲ ψυχρόν· ἐν ἀρχῇ δὲ τῆς ὀφθαλμίας εὐθὺς ἡ λήμη φανεῖσα μᾶλλον ἀπεψίας ἐστὶ γνώρισμα· καὶ χρονίαν τὴν ὀφθαλμίαν γίγνεσθαι συμβαίνει·
10 δεῖ οὖν ἐπὶ τῶν τοιούτων παρηγορικῶς θεραπεύειν γλυκέσι κολλυρίοις δι' ἐγχυματισμῶν καὶ τῆς λοιπῆς ἀγωγῆς, ἵνα τῷ χρόνῳ ἡ σύμπεψις ἀληθῶς γένηται· τὰ γὰρ ἀποκρουστικὰ κολλύρια ὡς ἐπίπαν ψυχρότερα ὄντα τῇ δυνάμει πίλησιν ἢ πύκνωσιν τῶν σωμάτων ποιεῖται καὶ ἀποκλείοντα τὰς ὕλας
15 φλεγμονὰς μεγίστας καὶ ὀδύνας χαλεπὰς ἐπιφέρει, ἐνίοτε δὲ καὶ ῥῆξιν τοῦ κερατοειδοῦς χιτῶνος διὰ τὴν ἐκ τῶν ὑγρῶν περίτασιν [37], καὶ μάλιστα ἐρεύθους ὄντος [38] καὶ φλεγμονῆς καὶ πλήθους ὕλης ὑποκειμένου ἐν τοῖς ὀφθαλμοῖς· τοιαῦτά ἐστι κολλύρια τὰ διὰ πλείονος ὀπίου καὶ ἀκακίας σκευαζόμενα,
20 οἷός ἐστιν ὁ Ἀντωνῖνος καὶ ὁ Ἑρμόλαος καὶ τὰ πηλάρια καλούμενα καὶ τὰ τούτοις παραπλήσια· τινὲς γὰρ ἐπὶ πλεῖον τῷ Ἀντωνίνῳ κολλυρίῳ χρησάμενοι μετὰ τῆς προςθήκης τῶν ὀδυνῶν καὶ τὴν ὀπτικὴν δύναμιν ἠδίκησαν· τῇ γὰρ ἀμέτρῳ ψύξει νέκρωσιν μᾶλλον τοῦ μορίου εἰργάσαντο.

[37] T. περίστασιν. [στάσις u. τάσις werden in den ärztlichen Texten nur allzu häufig verwechselt.]
[38] T. ὄντως.

Collyrien, an. Die Bezugnahme des hippokratischen Aphorismus auf die vorliegende Indication ist schon angegeben, dass man nämlich bei den heftigsten Schmerzen und Entzündungen energisch eintreten muss. Da aber bei vielen Kranken die grossen Mittel, besonders Aderlass und Ableitung auf den Darm, unterlassen werden müssen; so hat man zu überlegen, was man mit diesen Kranken anfangen soll. Neben den auf den ganzen Körper bezüglichen Zeichen, die schon erwähnt wurden, sind selbstverständlich auch gewisse besondere an den Augen zu beachten, welche die ganze Erkrankung offenbaren. Absonderung und Thränen ist sichtbar, bald klebrig und dick, bald dünn und stracks herabfliessend; bald salzig, bald aber scharf und beissend; bald heiss, bald aber kalt. Wenn gleich zu Beginn der Augenentzündung Schleim auftritt, so ist dies mehr ein Erkennungszeichen, dass das Krankheitsproduct noch roh ist: langwierig pflegt diese Augen-Entzündung zu sein. Man muss unter diesen Umständen eine beschwichtigende Therapie anwenden durch gelinde Augenmittel, mittelst der Einträuflung und dem sonstigen Verfahren, auf dass mit der Zeit die Reifung zur Wahrheit werde. Denn die zurücktreibenden (adstringirenden) Augenmittel, die gewöhnlich eine kühlende Wirkung haben, verursachen eine Verfilzung oder Verdichtung der Organe; und, da sie die Materie einsperren, so bewirken sie die grösste Entzündung und heftige Schmerzen, mitunter sogar einen Durchbruch der Hornhaut durch die allseitige Spannung seitens der Flüssigkeiten, besonders wenn Röthe und Entzündung herrscht, und wenn sehr viel Materie in den Augen sitzt. Hierzu gehören die Mittel aus Opium in grösserer Menge und Akazien-Gummi, z. B. der Antoninus und der Hermolaus und die sogenannten Hefe-Mittel*) und ähnliche. Einige Ärzte, die von dem Antoninus-Collyr zu reichlichen Gebrauch machten, haben ausser der Vermehrung der Schmerzen auch Schädigung der Sehkraft verursacht; denn durch unmässige Abkühlung bewirkten sie ein Absterben des Theiles.

---

* Vgl. Gorr. S. 372. (Galen. sec. loc., IV.)

Περὶ πυρίας. ί.

Πυρίᾳ μὲν οὖν χρηστέον πολλῇ, εἴγε μάλιστα ἐν ἀρχῇ φανείη ἡ παχυτάτη λήμη, πρὸς τὸ ἀπολεπτύνειν αὐτήν. λουτρῶν δὲ παντάπασιν ἀπέχεσθαι, ἐνίοτε δὲ καὶ οἴνου, καὶ τροφὰς διδόναι ὀλίγας καὶ εὐκοιλίους καὶ λεπτυνούσας· εἰ δὲ σκληροκοίλιοι, ἐκκλύζειν σεύτλων καὶ πιτύρων[39] ἀφεψήματι σὺν μέλιτι καὶ ἁλσί· καὶ διαχριστέον τὸ στόμα τῇ[40] διὰ μόρων πρὸς τὴν τῆς ὕλης κένωσιν ἤ τινι διακλύσματι ἀποφλεγματίζειν· οἱ πλείους γὰρ εὐπαθεῖς ἔχοντες τοὺς σιαγονίτας μῦς δυσφόρως πρὸς τὴν μάσησιν ἔχουσι· μετὰ δὲ ταῦτα καθὼς προείρηται τοῖς ἁπλοῖς κολλυρίοις ἐγχυματίζειν· καὶ εἰ μὲν θερμὴ διάθεσις εἴη, τοῖς λιβανίοις[40a] κολλυρίοις χρηστέον, οἷόν ἐστι τὸ ὑφ' ἡμῶν πρὸς τὰς τοιαύτας διαθέσεις δεδοκιμασμένον, ἐν δὲ τοῖς τοῦ Ἥρα* τόμοις ἀναγεγραμμένον· τοῦτο δὲ καὶ τέφριον[41] πρὸς αὐτοῦ ὠνόμασται, πομφόλυγος μὴ λαμβάνον**· ὅθεν καὶ ἡμεῖς ἐπελεξάμεθα τὴν τούτου γραφήν· ὁ γὰρ πομφόλυξ σπανίως μὲν εὑρίσκεται, ἑτοίμως δὲ νοθεύεται.

Δοκιμασία πομφόλυγος. ια´***

Ἔστι δὲ τῷ χρώματι τὸ κάλλιστον οὐ λευκὸν ἀλλὰ μᾶλλον ἐπὶ τὸ πελιδνότερον[42] ῥέπον. δοκιμασία δὲ αὐτοῦ ἀρίστη·

[39] T. πυτήρων.   [40] T. τῆς.   [40a] Vgl. S. 18 ***.
[41] T. τέφρον. Lies entweder τεφρόν oder τέφριον.
[42] T. πελιδρότερον.

* Vgl. Galen. XIII, 441.
** In der That enthält das von Aëtius (VII, ρῆ, S. 145, b) beschriebene τέφριον: Galmei, Spiessglanz, Samische Erde, Bleiweiss, Opium, Gummi, Eiweiss, Wasser.
*** In dem Capitel-Verzeichniss des Aët. (S. 123) ist die Überschrift περὶ θερμῆς δυσκρασίας καὶ δοκιμασίας πομφόλυγος. In der That ist die Überschrift δοκ. πομφ. nicht bezeichnend für den Inhalt des Capitels.

Cap. X. Über die Bähung.

Bähung muss man nun reichlich gebrauchen, wenn, zumal im Beginn, ganz dicker Augenschleim sich zeigt, um denselben zu verdünnen. Hierbei muss man die Bäder gänzlich vermeiden, mitunter auch den Wein; und nur wenig Speisen geben, solche, die offenen Leib bewirken und dünn machen. Bei hartem Leib aber muss man ein Klystir geben aus einer Abkochung von Mangold-Wurzeln und Kleie, mit Honig und Salz; und den Mund bestreichen mit der Salbe aus Maulbeeren, zur Entleerung der Materie, oder ihn mit einem Spülwasser entschleimen: denn die meisten Kranken der Art haben empfindliche Kinnbacken-Muskeln und Beschwerden beim Kauen. Hierauf träufle man, wie schon früher erwähnt, die einfachen Augenmittel ein; und wenn eine Erkrankung mit Hitze vorliegt, wende man die libyschen Mittel an, wie z. B. das von uns gegen derartige Zustände erprobte, das in den Werken des Heras beschrieben ist.

Dieses wird von ihm auch die aschgraue Salbe genannt und enthält nichts von Zink-Blume. Aus dieser Stelle haben wir übrigens (bei dieser Gelegenheit***) die Beschreibung der Zink-Blume geschöpft; denn sie findet sich nur selten und wird gern verfälscht.

Cap. XI. Prüfung der Zink-Blume.

Die schönste Zink-Blume ist nicht weiss, sondern mehr ins bläuliche ziehend. Beste Probe derselben: auf glühende Kohlen gestreut, bringt sie das goldige Bild des Feuers hervor. Anzuwenden ist nun das sogenannte aschgraue Mittel bei der durch hitzige Säfte entstandenen Augen-Entzündung. Wenn man jenes aber nicht zur Hand hat, muss man eines von den andern libyschen Mitteln gebrauchen oder die Schwanensalbe; wenn aber Entzündung mit heissem Thränenschuss besteht, ist

---

*** Eigentlich ist die Prüfung der Zink-Blume nur eine Anmerkung, die wir unter dem Text anbringen würden.

ἐπ᾽ ἀνθράκων ἐπιπαττόμενος χρυσίζουσαν τοῦ πυρὸς τὴν ἰδέαν ἀπεργάζεται.

χρηστέον οὖν τῷ τεφρίῳ καλουμένῳ κολλυρίῳ πρὸς τὴν ὑπὸ θερμοῦ χυμοῦ συνισταμένην ὀφθαλμίαν· εἰ δὲ μὴ παρείη
5 τοῦτο, τινὶ τῶν ἄλλων λιβιανῶν καλουμένων χρηστέον ἢ τῷ κυκναρίῳ· εἰ δὲ φλεγμονὴ παρείη, μετὰ δακρύου θερμοῦ ἐπιρροῆς, τὸ ἑκατοντάρχιον* ὑδαρέστερον ἐγχυματίζειν συμφέρει, εἰ μὴ ἡλκωμένος εἴη ὁ ὀφθαλμός· καὶ εἰ μὲν ἡ φλεγμονὴ ἐπικρατεῖ, προσπλέκειν τῷ ἑκατονταρχίῳ τι⁴³ τῶν ἀστύφων κολλυρίων· εἰ
10 δὲ τὸ ῥεῦμα μᾶλλον ἐπικρατεῖ, αὐτὸ καθ᾽ αὑτὸ ὑδαρέστερον ἐγχυματίζεσθαι· πάντων δὲ κρεῖττον ποιεῖ, ἐφ᾽ ὧν λῆμαί εἰσι παχεῖαι καὶ γλίσχραι, τὸ δι᾽ οἴνου ἰσόθεον ἐπιγραφόμενον μετὰ τοῦ λευκοῦ ᾠοῦ ἐγχυματιζόμενον ὑδαρέστερον ⟨ὡς⟩ ἀχρωσθῆναι μόνον τῷ κολλυρίῳ τὸ ᾠόν· καὶ γὰρ ταχίστην ἀπαλλαγὴν φέρει
15 χωρὶς ἑτέρου τινὸς βοηθήματος· μετὰ δὲ τὴν τῶν κολλυρίων χρῆσιν, εἰ μὲν νύξεώς τινος ἢ δήξεως ἢ θερμασίας ἐπαισθάνοιτο, τῷ λευκῷ τοῦ ᾠοῦ ψιλῷ ἐγχυματίζειν θερμανθέντι· φερόμενον γὰρ τὸ δάκρυον ἐκ τῶν ὑπερκειμένων μερῶν, πρὸς τῷ βλεφάρῳ τὴν σύστασιν ποιεῖται καὶ φαντασίαν ψάμμου ἐνδείκνυται·
20 καί τινες τῶν ἰατρῶν πιστεύσαντες τοῖς ὑπὸ τοῦ κάμνοντος λεγομένοις, ὡς εἶναί τι ὑπὸ τὸ βλέφαρον ψαμμίον, εἶτα στρέψαντες σπόγγῳ ὑποξέουσι τὸ βλέφαρον· καὶ δοκοῦσι μὲν πρὸς τὸ παρὸν τῆς ὑπονοίας ἀπαλλάττειν τὸν πάσχοντα, ὕστερον δὲ μεγίστης βλάβης αὐτῷ πρόξενοι γίγνονται· τραχύνοντες
25 γὰρ τὸ βλέφαρον, διπλασιάζουσι⁴⁴ τὸ νυγματῶδες ἄλγημα· δεῖ οὖν μὴ πάνυ⁴⁵ τοῖς παρὰ τῶν καμνόντων λεγομένοις προσέχειν· ἐπιθολούμενοι γὰρ ταῖς ὀδύναις ἀγνοοῦσι τὸ βλάπτον· προσήκει οὖν μετὰ τὴν τοῦ κολλυρίου χρῆσιν πυριᾶν δαψιλέστερον· διάλυσις γὰρ ἔσται τῆς ἐνστάσεως τοῦ δακρύου· ἔπειτα τῷ
30 ψιλῷ ᾠῷ ἐγχυματίζειν προθερμανθέντι· παρ᾽ αὐτὰ γὰρ ἀπαλλάττονται τῆς νύξεως.

---

⁴³ T. τινά, was auch zulässig.
⁴⁴ T. διση.
⁴⁵ T. πάνη.

* Das Wort fehlt im Thesaur. ling. graec. Vgl. aber Gorr. S. 126 u. m. Gesch. d. Augenheilk. S. 236.

es nützlich, das Hundertloth-Mittel verdünnt einzuträufeln, falls das Auge nicht geschwürig ist. Wenn Entzündung vorwiegt, muss man dem Hundertloth-Mittel eines von den nicht zusammenziehenden Augenmitteln hinzusetzen; wenn dagegen Fluss vorherrscht, muss jenes selbst, so wie es ist, verdünnt eingeträufelt werden.

Besser, als alle andren Mittel, wirkt bei den Kranken, bei welchen dicker und zäher Schleim an den Augen sich findet, das aus Wein bereitete Augenmittel, welches die Aufschrift „göttergleich" trägt, mit Eiweiss eingeträufelt, so verdünnt, dass soeben durch das Mittel das Eiweiss gelblich gefärbt wird; denn es bringt die schnellste Umänderung zum bessren herbei, ohne Anwendung eines weiteren Hilfsmittels. Aber nach dem Gebrauch der Augenmittel, wenn der Kranke dann etwas Stechen oder Beissen oder Hitze empfinden sollte, träufle man das reine Eiweiss erwärmt ein; denn die von den oberen Theilen herabströmenden Thränen sammeln sich am Lidrande und erzeugen die Trug-Empfindung eines Sandkorns. Und manche Ärzte vertrauen den Worten des Kranken, es liege ein Sandkorn unter dem Lide; wenden das letztere um und reiben es mit einem Schwamme ab; und scheinbar befreien sie den Leidenden für die Gegenwart von seiner Einbildung, sind aber für später die Vermittler grössten Schadens. Denn, da sie die Innenfläche des Lides rauh machen, verdoppeln sie die stechenden Schmerzen. Man darf also nicht ganz und gar den Worten der Leidenden Aufmerksamkeit schenken; denn durch die Schmerzen sind sie im Urtheil getrübt und verkennen die wirklich schädigende Ursache. Es empfiehlt sich nun nach dem Gebrauch des Collyr eine reichlichere Bähung; denn Lösung wird erfolgen der Thränenstauung. Hierauf träufle man blos erwärmtes Eiweiss ein; alsbald werden die Kranken von den stechenden Schmerzen befreit.

Περὶ τοῦ λευκοῦ τοῦ ὠοῦ.

Ἀραιοὶ μὲν γὰρ τοὺς πόρους τὸ τοῦ ὠοῦ λευκὸν καὶ τῇ γλισχρότητι ῥαδίως ἐκκενοῖ τὸ δάκρυον καὶ ἐκπλάττει⁴⁶ τοὺς πόρους καὶ κατακεράννυσι τὴν τῶν ὑγρῶν δριμύτητα· καὶ
5 τὴν αὐτῶν λεπτότητα πρὸς τὴν οἰκείαν παχύτητα μεταβάλλει· καὶ συντόμως φάναι, κἄν τε νύξις παρενοχλῇ κἄν τε μὴ, ἐγχυματίζειν τῷ ὠῷ καθ᾽ ἑαυτὸ μετὰ τὴν τῶν κολλυρίων χρῆσιν⁴⁷ σοι προσφέρει· ἀποσμήχει μὲν γὰρ πᾶσαν τὴν ἔννοσον σαπρίαν· καὶ γὰρ ἡ τῶν κολλυρίων χρὴ οὐσία ὅπως ἂν ᾖ
10 λεπτομερὴς ὑφιζάνουσα τοῖς τε χιτῶσι τῶν ὀφθαλμῶν καὶ τοῖς βλεφάροις φέρει τινὰ τραχύτητα· καὶ ταύτην προςπελάζουσαν⁴⁸ τῷ ὀφθαλμῷ οὐκ ἀγαθὴν νομιστέον.

Περὶ τῶν γάλα ἐγχυματιζόντων⁴⁹ τοὺς φλεγμαίνοντας ὀφθαλμούς. ιβ'.

15 Τινὲς δὲ βουλόμενοι ἀμβλῦναι τὴν ὀδύνην, ἢ⁵⁰ γλυκᾶναι τὴν θερμότητα ⟨ἢ⟩ δριμύτητα, γάλακτι ἀντὶ τοῦ ὠοῦ ἐγχυματίζουσιν, ἔλαθον δὲ ἑαυτοὺς ἀντὶ μικρᾶς⁵⁰ᵃ παραμυθίας χρονίας διαθέσεως τῷ πάσχοντι πρόξενοι γιγνόμενοι· τὸ αὐτὸ γὰρ πάσχουσι τοῖς τραῦμα λιπαίνουσι καὶ τὰ ὑπερσαρκώματα ἐπαύ-
20 ξουσιν· ἀλλὰ καὶ εὐαλλοίωτον ὑπάρχον⁵¹ τὸ γάλα ὑπὸ τῆς παρὰ φύσιν ἐν τῷ ὀφθαλμῷ θερμασίας ἐπὶ τὸ δριμύτερον μεταβάλλεται· καὶ περὶ μὲν τῆς θερμῆς ὀφθαλμίας ἱκανὰ τὰ εἰρημένα. ἑπομένως·⁵² δὲ περὶ τῆς ψυχρᾶς ῥητέον.

---

⁴⁶ T. ἐμπλάττει, verstopft. Corn. meatus obducit. Das ist sachlich nicht zulässig.
⁴⁷ T. χῆσιν.
⁴⁸ T. προςπιλάζουσαν.
⁴⁹ T. ἐγχυματιζομένων. (Γάλα, indecl., = γάλακτι.)
⁵⁰ T. ἤ.   ⁵⁰ᵃ T. μικρῆς.
⁵¹ T. ὑπάχον.
⁵² T. ἑπομένης.

Über das Eiweiss.

Das Eiweiss lockert die Poren auf und entleert leicht durch seine Klebrigkeit die angesammelten Thränen, formt die Poren und stumpft die Schärfe der Flüssigkeiten ab, und ändert die Dünne der letzteren zu seiner eigenen Dicklichkeit um; und, um es kurz zu sagen, ob stechende Schmerzen da sind oder nicht, Einträuflung von Eiweiss für sich nach dem Gebrauch der Collyrien ist von gutem Nutzen; denn es entfernt die ganze krankhafte Fäulniss. Die Substanz der Collyrien nämlich wird, mag sie noch so feintheilig sein, indem sie sich in den Häuten und Lidern des Auges niederschlägt, eine gewisse Unebenheit mit sich bringen; sowie diese das Auge selber berührt, ist es offenbar schädlich.

Cap. XII. Über die Milch-Einträuflung in entzündete Augen.

Manche Ärzte pflegen in der Absicht, den Schmerz abzustumpfen oder die Hitze oder die Schärfe zu mildern, Milch statt des Eiweisses einzuträufeln. Sie übersehen aber hierbei, dass sie dem Kranken statt einer kleinen Linderung ein langwieriges Leiden vermitteln. Sie machen dasselbe, wie jene, welche Wunden einsalben und so das wilde Fleisch im Wachsthum begünstigen. Dazu kommt, dass die Milch leicht zersetzlich ist und durch die im (entzündeten) Auge abnorm gesteigerte Hitze in Schärfe sich umsetzt. So viel über die heisse Augen-Entzündung; folgerichtig müssen wir jetzt über die kalte sprechen.

Περὶ τῆς κατὰ τοὺς ὀφθαλμοὺς ψυχρᾶς δυσκρασίας. ιγ΄.

Ἐπὶ δὲ τῆς ἐν τοῖς [53] ὀφθαλμοῖς ψυχρᾶς δυσκρασίας ἧττον [54] τῆς θερμῆς οἱ πόνοι γίγνονται· χρονίζει δὲ μᾶλλον ἐν τῇ θεραπείᾳ καί, εἰ ἐπιγένοιτο ἐπὶ τούτων φλεγμονή, οἰδηματῶδες γίγνεται καὶ οἱονεὶ μολιβδῶδες τὴν χρόαν*· ὡς ἐπίπαν δὲ τούτοις ὁ ὀφθαλμὸς οὐ πάνυ τεταραγμένος οὐδὲ ἐνερευθὴς εὑρίσκεται, δάκρυον δὲ αὐτοῖς ἀπορρεῖ, διὰ τοῦ μικροῦ κανθοῦ [55] ἔσθ' ὅτε δὲ καὶ διὰ τοῦ μεγάλου, βραχύτατον καὶ ψυχρότατον· προβαίνοντος δὲ τοῦ χρόνου, καὶ ὑποφλεγμαίνει τὰ βλέφαρα καὶ νυγμοὶ παρακολουθοῦσι· συνίσταται δὲ τὸ πάθος, φλεγματικῶν καὶ ψυχρῶν ἐν τῇ κεφαλῇ πλεονασάντων· ἐνίοτε δὲ καὶ ἀέρι ψυχρῷ ἐνδιατριψάντων καὶ μάλιστα μετὰ βαλανεῖον· τούτοις μὲν εὐκαίρως προκεκενωμένοις [56] κλυστῆρι τὴν κοιλίαν καὶ τὸ λουτρὸν προσαγέσθω ἀλλὰ καὶ οἶνον δοτέον, καθὼς [57] προβραχέων ἐν τοῖς τοῦ Ἱπποκράτου ἀφορισμοῖς προείρηται. ἐγχυματιστέον δὲ αὐτοὺς ἀρχομένης τῆς ὀφθαλμίας τῷ ναρδίνῳ [58] Ζωΐλου ὑδαρεστέραν τὴν σύστασιν ποιοῦντες** ἐν τῇ ἀνέσει· καὶ ὅσον ἀπομειοῦται τὰ τοῦ δακρύου, παχύνειν καὶ τὴν τοῦ κολλυρίου σύστασιν· ἔσται δέ σοι οὗτος καθολικὸς ὅρος τῆς κατὰ τοὺς ὀφθαλμοὺς θεραπείας τὸ τῇ μειώσει τῶν ἐπιφερομένων παχύνειν τὴν τῶν προσαγομένων κολλυρίων σύστασιν, παρακμαζούσης δὲ τῆς ὀφθαλμίας ὕδατι ἀνέσαντες** τὸ νάρδινον ὑπαλείφειν [59] τῷ πυρῆνι τῆς μήλης τὸ βλέφαρον.

Περὶ ἐμφυσήματος, ἐκ τῶν Δημοσθένους. ιδ΄.

Ἐμφυσᾶσθαι τὸν ὀφθαλμὸν λέγουσιν, ὅταν χωρὶς φανερᾶς αἰτίας οἰδήσας ὁ ὀφθαλμὸς ἀχρούστερός τε καὶ φλεγματω-

---

[53] T. αὐτοῖς.   [54] T. ἧττοι.   [55] T. καθοῦ.   [56] T. προσχ.
[57] T. καθὸς.   [58] T. ναρδίνου.   [59] T. ὑπαλύφειν.

* Scleritis tumida.
** Es bleibt Jedem unbenommen, *ποιοῦντας* zu setzen. Doch mag Aëtius *ποιοῦντες* geschrieben haben und bald darauf *ἀνέσαντες*.

Cap. XIII. Über die kalte Augenkrankheit.

Bei der kalten Augenkrankheit sind die Schmerzen geringer, als bei der heissen; die erstere wurzelt aber mehr ein trotz der Behandlung und, wenn noch Entzündung hinzukommt, tritt Schwellung auf und Bleifarbe. Meistens ist aber das Auge hierbei gar nicht sehr gereizt, auch findet sich keine Röthe; aber Thränenfluss am kleinen Augenwinkel, manchmal auch am grossen, doch in geringer Menge und von ganz kalter Beschaffenheit. Bei längerer Dauer aber entzünden sich die Lider ein wenig und stechende Schmerzen folgen. Es entsteht aber das Übel, wenn die schleimige und kalte Absonderung im Kopfe vorwiegt, bisweilen nach Aufenthalt in kalter Luft, zumal nach dem Bade. Bei diesen Zuständen muss man den Darm zur rechten Zeit durch ein Klystir entleeren und dann noch das Bad anwenden und auch Wein reichen, wie es schon kurz vorher nach den Denksprüchen des Hippokrates erwähnt ist. Man muss ihnen aber bei Beginn der Entzündung das Narden-Mittel des Zoïlus einträufeln, indem man beim Zerlassen eine wässrige Consistenz herstellt; und mit der Abnahme des Thränenflusses die Consistenz des Augenmittels verdicken. Dies gelte als allgemeines Gesetz bei der Behandlung aller Augenkrankheiten: Mit der Verminderung der Absonderung soll man die Consistenz der örtlich angewendeten Mittel verdicken; wenn aber die Entzündung des Auges abnimmt, soll man das Narden-Mittel in Wasser zerlassen und mit dem Sondenknopf etwas unter das Lid streichen.

Cap. XIV. Über die Aufblähung. Nach Demosthenes.

Von einer Aufblähung des Auges (der Lider) spricht man, wenn das Auge ohne offenkundige Ursache aufschwillt, verfärbt, etwas entzündet ist und stark juckt, mit Thränenfluss. Dies tritt meist im vorgerückten Lebensalter auf, indem das Jucken an dem inneren Augenwinkel beginnt, als ob man von einer Fliege oder Mücke gestochen wird. Häufig tritt dieses Leiden im Sommer auf. Die Behandlung besteht in Schwamm-Bähung;

δέστερος καὶ κνησμώδης ἰσχυρῶς μετὰ ῥεύματος γίγνεται· συμβαίνει δὲ τοῦτο ὡς ἐπίπαν τοῖς πρεσβυτέροις μάλιστα, ἀπὸ τοῦ πρὸς τῇ ῥινὶ κανθοῦ κνησμοῦ ἀρχομένου, ὥσπερ ὑπὸ μυίας [60] δακνομένου ἢ κώνωπος· προσπλεονάζει δὲ ἐν θέρει· θεραπεύεται δὲ πυριῶντα διὰ σπόγγων· εἶτα ὑπόχριε ἔνδοθεν τὸ βλέφαρον μέλιτι κατ᾽ ἰδίαν [61] καὶ μετὰ κρόκου λείου· καὶ ἡ Ἐρασιστράτειος καὶ πάγχρηστος ὑγρὰ εὐθετεῖ· ἐπιχρίειν δὲ ἔξωθεν τὰ βλέφαρα τῷ μέλιτι· συμφέρει δὲ καὶ κενοῦν τὴν κοιλίαν εἶτα καὶ λούειν καὶ καταχεῖν κατὰ τῆς κεφαλῆς εὔκρατον θερμὸν ὕδωρ. καὶ μετὰ τὸ λουτρὸν οἶνον διδόναι· ἐπὶ δὲ τῶν ἄγαν κνησμωδῶν, εἰ ἐπιτρέποι ἡλικία καὶ τὰ ἑξῆς καὶ μηδὲν ἕτερον ἀντιπράττει, φλεβοτομεῖν ἀπ᾽ ἀγκῶνος ἢ προκενώσαντα τὴν κοιλίαν [62] καθαίρειν· καὶ θάλαττα δὲ ἡ θερμὴ ὠφελεῖ καταντλουμένη μάλιστα χειμῶνος.

Περὶ οἰδήματος. ιε΄.

Οἰδαίνειν τὸν ὀφθαλμὸν λέγουσιν, ὅταν συμβῇ ἐπῆρθαι τὸ βλέφαρον ἔξωθεν καὶ ἀχρούστερον εἶναι καὶ βαρύτερον καὶ δυσκινητότερον καὶ ὠχρότερον φαίνεσθαι· ἐνίοτε δὲ καὶ τὸ λευκὸν τοῦ ὀφθαλμοῦ [63] ὑπεραίρει ἐπὶ ποσὸν τοῦ μέλανος· ἔστι δὲ σομφὸν οἴδημα ἔξωθεν περὶ τὸ βλέφαρον γιγνόμενον, ὃ πιέζοντι [64] μὲν τῷ δακτύλῳ ταχέως ὑποχωρεῖ καὶ ταχέως ἀναπληροῦται· καὶ ἔστιν ἄπονον ὡς ἐπὶ τὸ πολὺ καὶ ὁμόχρουν τῷ κατὰ φύσιν, γίγνεται δὲ ὡς ἐπίπαν ὑπὸ ῥεύματος ὑδαροῦς. θεραπευτέον δὲ, ὅσα ἔξωθεν περὶ τὰ βλέφαρα μόνα ἐστὶν οἰδήματα, χωρὶς τῆς τοῦ ὀφθαλμοῦ συμπαθείας, προκενωθείσης τῆς κοιλίας κλυστῆρι, τοῖς ἐπιχρίστοις μόνοις προπυριάσαντα διὰ σπόγγου [65]. τὰ δὲ σομφὰ οἰδήματα καὶ ὁμόχροα, προκενώσαντα ὁμοίως τὴν κοιλίαν καὶ πυριάσαντα, μέλιτι ὑποχρίειν ἔνδοθεν τὸ βλέφαρον· ὠφελοῦνται δὲ καὶ οὗτοι ὑποχριόμενοι τῇ Ἐρασιστράτου ὑγρᾷ· χρηστέον δὲ ἐπ᾽ αὐτῶν καὶ ἀποφλεγ-

---

[60] μύας.   [61] μέλι καὶ ἰδίαν.   [62] T. κοῖλον.
[63] T. βλεφάρου. Corn. palpebrae. Das ist sachlich nicht zulässig.
[64] T. πιέζοντα.
[65] T. δὲ σπόγγον.

dann bestreiche man die Innenfläche des Lides mit Honig, für sich und mit Safran-Pulver gemischt. Auch das allnützliche Augenwasser des Erasistratus thut gut. Ferner muss man auch die Aussenfläche der Lider mit Honig bestreichen. Es nützt auch, den Darm zu entleeren, darauf zu baden und den Kopf mit warmem, mildem Wasser zu begiessen und nach dem Bade Wein zu reichen. Wenn aber das Jucken heftig wird, und das Alter und die übrigen Umstände es gestatten, und keine andre Gegen-Anzeige vorliegt; so kann man den Aderlass am Ellenbug machen oder nach vorbereitender Entleerung des Darms Abführmittel geben. Auch Übergiessen mit warmem Meerwasser ist nützlich, besonders zur Winterszeit.

Cap. XV. Über die Anschwellung.

Von Anschwellung des Auges spricht man, wenn das Lid aussen emporgehoben, verfärbt, schwer, schlecht beweglich ist und blass erscheint. Bisweilen erhebt sich auch das Weisse des Auges auf eine gewisse Strecke über das Schwarze. Schwammig ist die an der Aussenfläche des Lides entstandene Anschwellung, da sie auf Fingerdruck schnell nachgiebt, aber auch schnell wieder sich füllt. Meistens ist sie schmerzlos und hat dieselbe Farbe, wie in der Norm; sie entsteht gewöhnlich durch wässrigen Fluss. Man behandle alle Anschwellungen, die nur das Lid aussen, ohne Mitleidenschaft des Auges, betreffen, nachdem der Darm durch Klystir entleert worden, lediglich durch Lidsalben, nach Schwammbähung. Die schwammigen und gleichfarbigen Lidschwellungen muss man, gleichfalls nach Entleerung des Darms und Bähung, mit Honig bestreichen, an der Innenfläche des Lides. Nutzen haben auch diese Kranken, wenn man ihnen das Augenwasser des Erasistratus einstreicht. Ferner muss man bei ihnen auch die entschleimenden Mittel (Gurgelwässer) gebrauchen, aus gekochtem Honig, Rosinen, Thymian und Polei; die schärferen Mittel aber vermeiden, wie die wilde Weinbeere und

ματισμοῖς διὰ μέλιτος ἑφθοῦ καὶ σταφίδος ἡμέρου καὶ θύμου
καὶ γλήχωνος· τὰ δὲ δριμύτερα παραιτητέον, καθάπερ σταφίδα
ἀγρίαν καὶ τὰ ὅμοια. ἐφ' ὧν δὲ καὶ ὀφθαλμὸς συμπέπονθε
τῷ βλεφάρῳ, προκενώσαντα τὴν κοιλίαν καὶ ἐν ἀσιτίᾳ τηρή-
5 σαντα πυριᾶν σπόγγοις· ἐνίοτε καὶ προκαταντλήσει τοῦ προσ-
ώπου χρῆσθαι· καὶ μάλιστα, ἐφ' ὧν κνησμὸς παρέπεται· ἔπειτα
ἀψίνθιον λεῖον ἢ ὕσσωπον μετὰ μέλιτος ἐπιχρίειν ἄνωθεν·
ἐὰν δὲ ὁ χρὼς ἀσθενὴς ὑπάρχοι, φακὸν ἑψήσας καὶ δι' ἠθμοῦ
μαγειρικοῦ ἢ διὰ κοσκίνου ἢ ῥάκους ἀραιοῦ ἐκθλίψας καὶ μέ-
10 λιτι μίξας τὸ ἀπόθλιμμα ἐπίχριε· ἐὰν δὲ θέρος εἴη, κρόκον
μετ' οἰνομέλιτος ἐπιχρίειν ἢ διὰ χυλοῦ κόρεως[66] ἢ στρύχνου
ἢ σέρεως· ποιεῖ δὲ καὶ τὸ γλαύκιον· τὸν δὲ ὀφθαλμὸν ὑποχρίειν τῇ τοῦ Ἐρασιστράτου ὑγρᾷ ἤ τινι ἑτέρῳ, ὑγρασίαν
πλείστην ἐκ τῶν ὀφθαλμῶν ἄγειν δυναμένῳ.

15 Περὶ σκιρρώδους οἰδήματος. ιζ'.

Γίγνεται δὲ καὶ σκιρρώδη οἰδήματα περὶ τὸν ὀφθαλμὸν
ἔξωθεν ὡς ἐπίπαν ἀντίτυπα καὶ σκληρά, προσερχόμενα μέχρι
μήλων καὶ τῶν ὀφρύων· μάλιστα δὲ τοῦτο ἐπισυμβαίνει ἐκ
τῶν ἀνθρακώσεων καὶ τῶν πολυχρονίων ὀφθαλμιῶν[67]· πλεο-
20 νάζει δὲ μάλιστα γυναιξί. δεῖ οὖν ἐὰν μετὰ ⟨τῶν ἔξωθεν⟩
τὰ βλέφαρα ἅμα ἔνδοθεν παχυνθῇ, ἐκστρέφοντα παρατρίβειν
κατὰ τὸ ἔθος τοῖς τραχωματικοῖς κολλυρίοις· ἐὰν δὲ ἔξωθεν
ἢ μόνον ἡ διάθεσις, μηδόλως ὑποχρίειν τὸν ὀφθαλμὸν, ἀλλὰ
τρίψιν παραλαμβάνειν[68] τοῦ παντὸς σώματος καὶ αὐτοῦ τοῦ
25 σκιρρωθέντος μέρους· μετὰ ταῦτα κελεύοντα μύειν τοὺς
ὀφθαλμοὺς καὶ ἀνατρίβοντα πλείονι χρόνῳ, εἶτ' ἐγχρίειν τοὺς
ὀφθαλμοὺς τῷ ὑποκειμένῳ κολλυρίῳ· περίχριστον· λιβάνου,
δραχ. ς', κόμεως δραχ. ς', στυπτηρίας σχιστῆς δραχ. α', σιδίων

---

[66] Vielleicht ἢ μετὰ χ. Corn. hat coriandri.
[67] T. ὀφθαλμῶν u. vorher ἀνθρακώσων.
[68] T. τρίψει περιλαμβάνειν. (Das hiesse „mit Reibung umzingeln",
den Augapfel.)

ähnliche. Bei denen aber das Auge mit dem Lide zugleich gelitten hat, muss man den Darm vorher entleeren, den Kranken im Fasten halten und Schwammbähung machen. Bisweilen ist auch vorher eine Übergiessung des Gesichtes zu gebrauchen, besonders wenn Jucken daneben besteht. Ferner soll man Wermuthpulver oder Ysop mit Honig aussen einstreichen. Wenn aber der ganze Körper krank ist*, koche man Linsen ab, drücke sie durch ein Kochsieb oder ein gewöhnliches Sieb oder einen dünnen Lappen durch, mische das Ausgepresste mit Honig und salbe es ein. Zur Zeit der Sommerhitze aber streiche man Safran mit Weinhonig oder mit dem Saft des Johanniskrauts oder des Nachtschatten oder der Endivie ein; wirksam ist auch das Schöllkraut. Das Auge selbst bestreiche man mit dem Augenwasser des Erasistratus oder mit einem andren, das viel Feuchtigkeit aus den Augen abzuziehen vermag.

Cap. XVI. Über die harte Geschwulst.

Es kommt auch harte Geschwulst aussen am Auge vor, welche gewöhnlich dem Druck Widerstand leistet und hart anzufühlen ist und bis zu den Wangen und Augenbrauen sich erstreckt. Dies tritt meist nach Karbunkel-Krankheiten und langwierigen Augen-Entzündungen hinzu, besonders häufig bei Frauen. Man muss nun, wenn nebst den äusseren Theilen die Lider gleichzeitig an der Innenfläche verdickt sind, die Lider umstülpen und, wie üblich, die Mittel gegen Körner-Krankheit einreiben. Wenn aber die Krankheit auf die Aussenfläche der Lider sich beschränkt, darf man keineswegs das Auge einsalben, sondern muss Massage des ganzen Körpers und des verhärteten Theiles selber anwenden. Hierauf lasse man die Augen schliessen und massire dieselben längere Zeit; sodann salbe man folgende Augensalbe ein. Lidsalbe: 6 Drachmen Weihrauch, 6 Drachmen Gummi, 1 Drachme Faser-Alaun, 1 Drachme Granatapfel-Schale. Das Pulver reibe man mit Wasser auf und

---

* Lid-Ödem kommt vor bei Nierenleiden.

δραχ. α΄, λείοις ὕδατι παράχριε καὶ ἔα ξηραίνεσθαι· ἑσπέρας δὲ ὀθόνιον μαλακὸν καὶ ἔριον ἐπιδεσμεῖν· ἐὰν δὲ καρτερῶσι, καὶ ἡμέρας· περιπάτῳ δὲ χρῆσθαι πλείονι ἠρεμαίῳ· παραιτεῖσθαι βαλανεῖα καὶ ἥλιον καὶ τὰ λοιπὰ πυριατήρια ὄσπριά τε
5 καὶ τραγήματα, θυμούς τε καὶ κατοχὰς πνεύματος καὶ ἐμέτους καὶ συνουσίας περίστασθαι.

Κοινὴ θεραπεία τῶν ἐν ὀφθαλμοῖς ἑλκῶν, Σεβήρου. ιζ΄.

Ἑλκοῦται ὁ ὀφθαλμός, ὁτὲ μὲν ἔξωθέν τινος προσπίπ-
10 τοντος, ὁτὲ δὲ ἐξ ἐπιφορᾶς ὑγρῶν [69] ἢ ἀναβρώσεως, εἴτε τοῦ ἐπιπεφυκότος ὑμένος εἴτε τοῦ κερατοειδοῦς ἢ τῶν βλεφάρων ἐστὶν ἢ τῶν κανθῶν· θεραπευτέον δὲ κοινῶς καθόλου πάντα τὰ ἐν ὀφθαλμῷ ὁπωσοῦν γιγνόμενα ἕλκη· πρὸ [70] πάντων τοῦ ὅλου σώματος προνοοῦντας ὅπως τὸ πλεονάζον ἐν τῇ ἕξει
15 συναιρεθῇ διὰ φλεβοτομίας ἢ καθάρσεως ἢ κλυστῆρος· εἰ δὲ καὶ πάντων τούτων ἡ περίστασις δέοιτο, πᾶσι χρηστέον· τὴν δὲ δίαιταν τυποῦν ἐναντίαν τῷ ἐνοχλοῦντι, τὸ μὲν λεπτὸν ῥεῦμα παχύνοντες*, τὸ δὲ παχὺ λεπτύνοντες, τὸ δὲ γλίσχρον τέμνοντες, τῶν διεφθορότων καὶ δριμέων ἐπίκρασιν ἐργαζό-
20 μενοι καὶ πάντοθεν τὴν κατὰ φύσιν εὐκρασίαν τῷ κάμνοντι ποριζόμενοι· τὴν δὲ κοιλίαν εὔλυτον ἀεὶ ταῖς τροφαῖς ποιητέον, τρίψει δὲ πλείονι χρῆσθαι [71] τῶν κάτω μερῶν καὶ περιπάτοις πλείοσιν ἠρεμαίοις, ὑδροποσίᾳ δὲ χρῆσθαι καὶ σπανιαίτατα λούειν· κολλυρίοις δὲ ἁπαλοῖς χρῆσθαι ἐγχυματίζοντες τὸν
25 ἡλκωμένον ὀφθαλμόν· οἷός ἐστιν ὁ ἀστήρ, εὐδοκιμώτατον πρὸς ἕλκη φάρμακον, καὶ τὰ λευκὰ δὲ τὰ κυκνάρια ἐκ τῆς χροιᾶς προσαγορευόμενα· καὶ μάλιστα τὰ διὰ χυλοῦ τήλεως [72] σκευαζόμενα· εἰ δὲ ῥυπαρὸν εἴη τὸ ἕλκος, μετὰ χυλοῦ τήλεως

---

[69] T. ἑλκῶν.   [70] T. πρός.
[71] T. χρεῖσθαι.   [72] T. τίλεως. (Und so weiterhin.)

* Hier u. weiterhin erwartet man den Accus. der Participia: παχύνοντας, λεπτύνοντας, ἐργαζομένους, ποριζομένους.

und lasse es trocken werden. Abends aber binde man ein Stück weichen Linnens und Wolle darüber; wenn die Kranken es ertragen, auch am Tage. Sie müssen aber ruhige Spaziergänge reichlich vornehmen. Dagegen meiden Bäder, Sonne und die übrigen Erhitzungen, Bohnen und Naschwerk und der Aufregungen, der gewaltsamen Athmung, des Erbrechens und des Coïtus sich enthalten.

Cap. XVII. Gemeinsame Behandlung der an den Augen vorkommenden Geschwüre. Nach Severus.

Es schwärt das Auge, in einigen Fällen, wenn von aussen etwas hineinfällt; in andren durch Zustrom von Materie oder durch Erosion, sei es der Binde- oder Hornhaut, der Lider oder Augenwinkel. Die gemeinsame Behandlung aller am Auge auftretenden Geschwüre, auf welche Weise sie auch entstanden sein mögen, besteht in Folgendem: Vor Allem muss man vorher auf den ganzen Körper Acht geben, damit das in der Constitution Überschüssige beseitigt werde durch Aderlass, Abführmittel oder Klystir. Wenn aber der Zustand diese alle erheischt, muss man auch alle in Anwendung ziehen. Die Lebensweise aber muss man entgegengesetzt dem störenden Momente gestalten, indem man dünne Absonderung verdickt, dicke verdünnt, zähe zertheilt (zerschneidet), bei verdorbenem und scharfem Milderung bewirkt und überhaupt die natürliche Mischung (Temperament) dem Kranken wiederverschafft. Den Leib muss man flüssig halten und Massage der unteren Gliedmassen gehörig anwenden, ferner häufiges, ruhiges Spazierengehen; Wasser trinken und nur selten baden lassen. Von Augenmitteln sind nur die zarteren zu gebrauchen zur Einträuflung in das geschwürige Auge, wie z. B. der Stern, das berühmteste Mittel gegen Geschwüre, und die weissen Salben, die man Schwanen-Salben nach ihrer Farbe nennt, und hauptsächlich die aus dem Saft des Bockshorn bereiteten. Wenn aber das Geschwür belegt ist, muss man mit dem Saft des Bockshorn die Augenmittel zerlassen und so einträufeln; denn seine zähe Beschaffen-

ἀνιέναι τὰ κολλύρια χρὴ καὶ οὕτως ἐγχυματίζειν· τὸ γὰρ γλίσχρον αὐτῆς ῥᾳδίαν τὴν ἀποβολὴν ποιεῖται τοῦ ῥύπου· κέκτηται δὲ σὺν τῷ γλίσχρῳ καὶ χαλαστικὴν δύναμιν, ὥστε πολλάκις ἐπὶ τῶν ἑλκῶν αὐτῷ μόνῳ τῷ τῆς τήλεως χυλῷ χρησάμενοι ἠνύσαμεν τὸ δέον· εἰ δὲ πολὺς εἴη ὁ ῥύπος, προςπλέκειν τῷ τῆς τήλεως χυλῷ καὶ μέλιτος βραχὺ προςήκει.

Σκευασία τῆς τήλεως.*

Καθαίρειν δὲ χρὴ τὴν τῆλιν ἀκριβέστατα καὶ ἀποπλύνοντα αὐτὴν πλειστάκις ἀποβρέχειν ὕδατι γλυκεῖ καθαρῷ ἐν ὀστρακίνῳ ἀγγείῳ καλῶς ὠπτημένῳ [73]· παραιτεῖσθαι δὲ χαλκοῦν σκεῦος πρὸς τὴν ἕψησιν· τῇ δ' ἑξῆς ἀποχέας [74] τὸ ὕδωρ καὶ ἕτερον καθαρὸν ἐπιβάλλων ἕψε πυρὶ μαλθακῷ ἀκάπνῳ χρώμενος· ἀποβαλλέσθω δὲ τὸ πρῶτον καὶ τὸ δεύτερον ἀφέψημα πρὸς τὸ τὴν πικρότητα πᾶσαν ἀποβληθῆναι· ἔπειτα καθαρώτατον ὕδωρ ἐπιβαλὼν καὶ σκεπάσας ἐπιμελῶς ἕψε ἕως ἔχει σύστασιν μέλιτος ὑγροτέραν· ἔπειτα διηθήσας δι' ὀθονίου μὴ ἀποπιέζων τὴν τῆλιν, ἀλλ' ἀρκούμενος τῷ αὐτομάτως ἀπορρέοντι χυλῷ χρῶ ὡς καὶ [75] προείρηται· δεῖ δὲ ἕως τῆς δευτέρας ἢ τὸ μήκιστον τρίτης φυλάττειν τὸ ἀφέψημα· δριμύτερον γὰρ γίγνεται χρονίσαν· καθαρῶν δὲ γιγνομένων τῶν ἑλκῶν ἀπέχεσθαι χρὴ τοῦ χυλοῦ τῆς τήλεως καί, εἰ μὲν βαθύτερα εἴη τὰ ἑλκώδη, χρῆσθαι [76] τῷ λιβιανῷ ἢ μᾶλλον τῷ διὰ λιβάνου κολλυρίῳ· σαρκωθέντων δὲ τῶν ἑλκῶν, ἰσοπέδων γιγνομένων ἢ καὶ ἔτι βαθυτέρων [77] ὑπαρχόντων βραχύ, προςάγειν τὰ ἐπουλοῦν δυνάμενα κολλύρια, οἷόν ἐστι τὸ τοῦ Κλέωνος. καὶ ἐπὶ μὲν τῆς κοινῆς τῶν ἑλκῶν ἐπιμελείας [78] ἱκανὰ τὰ εἰρημένα· ἑπόμενα δέ ἐστι λέγειν, ὅπως χρὴ πρὸς ἑκάστην διάθεσιν ἰδίᾳ [79] ἐνίστασθαι· πρότερον δὲ ῥητέον περὶ τῶν ἐκ τῶν ἔξωθεν προςπιπτόντων γιγνομένων ἑλκῶν.

---

[73] T. ὀπτημένω.   [74] T. ὑποχέας.   [75] T. καὶ ὡς.
[76] T. χρῦσθαι.   [77] T. καθυτέρων.   [78] T. ἐπιμενείας.
[79] T. ἰδία.

* Vgl. G. d. Augenheilk. i. A. S. 212, Anm. 2; Galen X, 938; Orib. II, 232.

heit macht die Entfernung des Belags leicht. Er besitzt aber neben seiner Zähigkeit auch noch die Fähigkeit zu erschlaffen, so dass wir bei den Geschwüren oft allein durch den Gebrauch des Bockshornsaftes das Nöthige geleistet haben. Wenn der Belag aber beträchtlich ist, so muss man dem Bockshornsaft auch noch etwas Honig zusetzen.

Bereitung des Bockshorn-Saftes.

Reinigen muss man das Bockshornkraut auf das Genaueste und sehr häufig abspülen und aufweichen mit süssem, reinem Wasser in einem irdenen, gut gebrannten Gefäss und ein ehernes Gefäss vermeiden bei der Abkochung. Am folgenden Tage aber giesse man das Wasser ab, füge wieder reines zu und koche über mildem, rauchlosem Feuer. Die erste und zweite Abkochung muss man wegschütten zu dem Zweck, den ganzen Herbstoff zu entfernen. Darauf giesse man ganz reines Wasser zu, bedecke sorgfältig und koche, bis es die flüssigere Honig-Consistenz erhält; dann seie man es durch ein Stück Linnen, ohne das Bockshornkraut auszupressen, sondern begnüge sich mit dem von selbst abfliessenden Saft und brauche ihn, wie vorher erwähnt. Aufbewahren darf man die Abkochung nur bis zum zweiten, höchstens bis zum dritten Tage; denn sie wird zu scharf, wenn sie länger steht. Wenn aber die Geschwüre rein werden, muss man sich des Bockshornsaftes enthalten; und, wenn die Verschwärungen noch tief sind, das libyanische Collyr anwenden oder besser das aus Weihrauch. Wenn aber die Geschwüre sich füllen, eben werden oder noch ein klein wenig vertieft sind, muss man diejenigen Collyrien anwenden, welche Vernarbung zu befördern im Stande sind, wie z. B. das des Kleon. Über die gemeinsame Behandlung der Geschwüre genügt das Gesagte; jetzt aber muss ich darüber reden, wie man gegen jede einzelne Krankheit besonders einzutreten hat. Zuerst habe ich über diejenigen Geschwüre zu reden, die durch das Eindringen äusserer Schädlichkeiten entstehen.

Περὶ τῶν ἐμπιπτόντων εἰς τὸν ὀφθαλμὸν ζῳϋφίων
ἢ ἀχύρου ἢ ψάμμου· Δημοσθένους. ιη´.

Ἐὰν εἰς τὸν ὀφθαλμὸν κώνωψ ἤ τι ἕτερον ζῳΰφιον ἐμπέσῃ, μύσας τὸν ἕτερον ὀφθαλμὸν καὶ διανοίγων τὸν πεπονθότα ἐξελεύσεται αὐτομάτως τὸ ζῳΰφιον*· ἐὰν δὲ ἄχυρον ἢ ψάμμος ἤ τι τοιοῦτον ἐμπέσῃ, πειράθητι μὲν καὶ τότε τὸ αὐτὸ ποιεῖν [80]· εἰ δὲ ἐμμείνῃ, δακτύλῳ [81] ἔξελε, ἢ ὕδωρ ἢ γάλα ἢ μελίκρατον μᾶλλον ἐγχυμάτιζε· ἐὰν δὲ μᾶλλον προςέχηται [82] τῷ ὀφθαλμῷ, φαρμάκῳ τινὶ τῶν ἀμολύντων καὶ μὴ [83] δριμέων ἀναρπάζειν, οἷόν ἐστι τὸ διὰ μέλιτος.

Περὶ τῆς εἰς τὸν ὀφθαλμὸν ἐμπεσούσης ἀσβέστου. ιθ´.

Εἰ δὲ ἄσβεστος ἐμπέσῃ εἰς τὸν ὀφθαλμόν, ὕδωρ μὲν καὶ γάλα ἐγχυματισθὲν προςέλκει καὶ ἐκκαίει**· ἀμαυροῖ δὲ τὴν καυστικὴν δύναμιν ᾠοῦ τὸ λευκὸν ἐγχεόμενον καὶ μᾶλλον τὸ ῥόδινον ἔλαιον.

Περὶ τῶν ἀπὸ πυρὸς ἑλκώσεων. κ´.

Ὅσα δὲ ἀπὸ πυρὸς γίγνεται ἕλκη, σκληροτέρας ἐσχάρας ποιεῖ· ἐνυγραντέον οὖν αὐτὰς συνεχέστερον ἐγχυματίζοντα γάλακτι σὺν τῷ λευκῷ τοῦ ᾠοῦ· κολλυρίοις δὲ χρηστέον τοῖς διὰ στίμμεως [83a] καὶ τοῖς Κλέωνος.

[80] T. αὐτοποιεῖν.
[81] T. δακτυλίῳ (= Ring, After).
[82] T. προςέσχηται. [83] T. μὺ. [83a] T. στίμμεων.

* Unregelmässige Construction, die wohl von Aët. herrühren mag. Es ist der „anakolouthe Nominativ des Particips". (Krüger, § 56, 10, 4.)
** So Eurip. Cycl. 633; Plat. Reip. 2, p. 361, 7; Gorg. p. 473. — Corn. aqua et lac infusa attrahunt et adurunt. — Zur Sache vgl. Cass. Felic. d. med. 1., S. 55.

Cap. XVIII. Über das Hineinfallen von Thierchen, Hülsen, Sandkörnern ins Auge. Nach Demosthenes.

Wenn in das Auge eine Mücke oder ein andres Thierchen hineingekommen ist, so schliesse man das gesunde Auge, öffne das leidende: und so wird das Thierchen von selbst herauskommen. Wenn aber eine Hülse, Sand oder etwas derartiges hineingefallen ist, versuche man auch dann dasselbe zu thun. Wenn es jedoch drin geblieben, nehme man es mit dem Finger heraus, oder giesse wiederholt Wasser, Milch oder lieber Honigwasser hinein. Wenn es aber fester am Auge haftet, dann muss man es mit einem von denjenigen Mitteln, die pflaster-zäh, jedoch nicht scharf sind, z. B. dem aus Honig, herausziehen.

Cap. XIX. Über das Eindringen von ungelöschtem Kalk in das Auge.

Wenn ungelöschter Kalk in das Auge gekommen ist, und man träufelt Wasser und Milch ein; so zieht jener sie (die Feuchtigkeit) an und brennt (das Auge) aus. Geschwächt wird die ätzende Kraft desselben durch Eingiessen von Eiweiss und noch mehr von Rosen-Öl.

Cap. XX. Über Verschwärungen nach Verbrennung.

Alle Geschwüre nach Verbrennung machen härtere Brandschorfe; deshalb muss man sie unaufhörlich anfeuchten, indem man Milch mit Eiweiss einträufelt. Von Augenmitteln muss man die aus Spiessglanz und die des Kleon gebrauchen.

Περὶ τῶν ἐμπλησσομένων εἰς τὸν ὀφθαλμόν. κα´.

Ἐὰν δὲ ἐμπαγῇ εἰς τὸν ὀφθαλμὸν ἤτοι σκολόπιον ἢ ὀστά ριον, λαβιδίῳ ἐξελκέσθω, προςεχόντως⁸⁴ κατ᾽ εὐθὺ μὴ ἀπο κλασθῇ. εἰ δὲ μηδὲν ἐξέχοι ἀλλ᾽ ἰσόπεδον τῷ σώματι εἴη μήλας β´ λαβὼν αἶρε τοὺς πυρῆνας ἔνθεν καὶ ἔνθεν καὶ προσ πίεζε τὸν ὀφθαλμόν, μεσολαβουμένου τοῦ ἐμπαγέντος⁸⁵· ὅταν δὲ προκύψῃ, τῷ λαβιδίῳ ἐξελκέσθω. εἶτα ἐγχυματιζέσθω αἷματ τρυγόνος⁸⁶ ἢ περιστερᾶς ἢ ᾠοῦ τῷ λευκῷ. εἰ δὲ παραχρῆμι κομισθῆναι μὴ δυνηθείη, ἐγχυματιζέσθω ὁ ὀφθαλμὸς καὶ κα ταπλασσέσθω τοῖς πρὸς φλεγμονὰς καταπλάσμασι· μετὰ γάι τινας ἡμέρας πυωθέντος τοῦ νύγματος⁸⁷ ἀναπλεῖ τὸ κατα παγέν⁸⁸.

Περὶ ὑποσφάγματος. κβ´.

Ὑπόσφαγμα λέγεται, ὅταν ἐκ πληγῆς τινος ῥαγέντων ἢ θλασθέντων τῶν ἐν τοῖς χιτῶσι τοῦ ὀφθαλμοῦ ἀγγείων κα μεταξὺ τοῦ χιτῶνος⁸⁹ τὸ αἷμα ὑπέλθῃ καὶ παραχρῆμα μένε αἱμοφανὲς τὸ χρῶμα τοῦ ὀφθαλμοῦ, ὕστερον δὲ πελιδνόν θεραπευτέον δὲ τούτους, σὺν τῇ προρρηθείσῃ κοινῇ τῶν ἑλκῶν ἐπιμελείᾳ τῇ διὰ φλεβοτομίας ἢ καθάρσεως καὶ τῶν ἀκολού θων, ᾠοῦ τὸ λευκὸν χλιαρὸν ἐγχυματίζοντα ἢ αἷμα τρυγόνος ἢ περιστερᾶς· ἄνωθεν δὲ ἐπιθετέον ἔριον οἴνῳ καὶ ῥοδίνῳ καὶ ᾠῷ διάβροχον, καὶ ἐπιδέσμῳ κούφῳ χρηστέον· τῇ δ᾽ ἑξῆς πυριατέον πολλάκις τὸν ὀφθαλμὸν σπόγγῳ δι᾽ ἀφεψήματος

---

⁸⁴ T. προσέχοντος.   ⁸⁵ T. ἐμπαρέντος.   ⁸⁶ T. τρυγόνον.
⁸⁷ T. μύγματος.   ⁸⁸ T. καταπαρέν.
⁸⁹ T. χειτῶνος. — μεταξὺ τῶν χιτώνων wäre besser, „zwischen Binde- u. Leder-Haut". Vgl. C. XXX.

Cap. XXI. Über die in das Auge eingekeilten Fremdkörper.

Wenn aber ein Splitter oder eine Gräte fest in das Auge eingebettet ist, muss man sie mit einem Zänglein herausziehen, mit aller Sorgfalt in grader Richtung, damit der Fremdkörper nicht abricht. Wenn er aber nicht hervorragt, sondern in der gleichen Ebene mit dem Körper sich befindet; nehme man zwei Sonden und bringe die Knöpfe derselben dahin und dorthin und drücke den Augapfel so dagegen, dass der Fremdkörper in die Mitte genommen wird. Sobald er aber hervorguckt, muss er mit dem Zänglein herausgezogen werden. Dann träufle man Blut der Turteltaube oder der gemeinen Taube oder Eiweiss ein. Wenn der Fremdkörper aber nicht sogleich entfernt werden kann, muss das Auge eingeträufelt werden und Umschläge bekommen mit den Mitteln gegen Entzündung; denn nach einigen Tagen, wenn der Stich in Eiterung übergegangen ist, kommt der eingepflanzte Fremdkörper von selbst heraus.

Cap. XXII. Über den Blut-Erguss unter die Bindehaut.

Von Blut-Erguss spricht man, wenn infolge eines Schlages die Gefässe in den Augenhäuten zerrissen oder zerquetscht sind, und das Blut zwischen die (Binde-)Haut tritt; und sofort die Farbe des Auges blutig bleibt, später aber schwarzblau wird. Behandeln muss man diese Kranken, unter Zuhilfenahme der vorher erwähnten allgemeinen Therapie der Geschwüre, durch Aderlass oder Abführmittel und Zubehör, indem man Eiweiss lauwarm oder das Blut einer Turtel- oder gewöhnlichen Taube einträufelt. Aussen muss man Wolle, mit Wein, Rosen-Öl und Eiweiss benetzt, und einen leichten Verband auflegen. Am folgenden Tage aber muss man häufig Schwammbähungen des Auges machen, mit einer Abkochung aus Wermuth oder am besten aus Ysop, und aussen Wolle auflegen. Wenn aber das Auge entzündungsfrei geworden, muss

ἀψινθίου ἢ ὑσσώπου μάλιστα, ἔξωθεν δὲ ἔριον ἐπιτιθέσθω
ὅταν δὲ ὁ ὀφθαλμὸς ἀφλέγμαντος γένηται, μέλιτι ὑπαλειφέσθα
ἢ τῇ Ἐρασιστράτου ὑγρᾷ ἢ τῷ ἀρωματικῷ κολλυρίῳ [90]. κα
λῶς δὲ ποιεῖ καὶ στρύχνου χυλὸς μετὰ μέλιτος ἐγχεόμενος κα
5 λίβανος ὑποθυμιώμενος μετὰ ἀσφάλτου ἴσης. πρὸς δὲ τι
κεχρονικότα ὑποσφάγματα καλῶς ποιεῖ τοῦτο· εἰς χαλκοῦ
ἐρυθρὸν βαλὼν παιδὸς ἀφθόρου οὖρον, λείου δοίδυκι [91] χαλκῷ [9]
ἐν ἡλίῳ ἐφ' ἱκανὰς ἡμέρας, ὡς ἱκανὸν χυλὸν ἀνέσῃ, καὶ ἐάσα
ξηρανθῆναι ἀναλαβὼν καὶ μέλιτι μίξας χρῶ· Ἀπολλώνιος δ
10 Μεμφίτης [93] πρὸς ὑποσφάγματα καὶ μώλωπας κολλύριο
τοιοῦτον ἐκτίθεται· λίθον αἱματίτου, αἵματος ὀνείου ἀπὸ καρ
δίας, ξηρανθέντα ἐν ἡλίῳ ἴσα, οὔρῳ παιδὸς ἀφθόρου λείου
καὶ καρδαμέας [94] τῆς ἰβηρίδος καλουμένης χυλὸν ἐπιβαλὼν κα
συλλεάνας [95] ἐγχυμάτιζε· πλὴν κολλύρια ἀνάπλασσε τοιαῦτ
15 καὶ ἐπὶ τῆς χρείας μετὰ ἅλμης ἐγχυμάτιζε· Ἄλλο· Λίθου αἱ
ματίτου δραχμὰς δ', αἵματος περιστερᾶς ξηροῦ δραχμὰς δ'
ὀνείου [96] αἵματος δραχμὰς δ', κόμεως δραχμὰς β', λείου ὡς προ
είρηται καὶ χρῶ.

Περὶ νυγμάτων. κγ'.

20 Πάντα τὰ ἐπὶ τὸν ὀφθαλμὸν νύγματα, οἷα συμβαίνε
ἀπὸ γραφείων [97] ἤ τινος τοιούτου, μετὰ τὴν προειρημένη
κοινὴν ἐπιμέλειαν αἵματι τρυγόνος ἢ περιστερᾶς ἐγχυματίζεσθ
εὐθὺς ἐξ ἀρχῆς ἢ ᾠοῦ τῷ λευκῷ [98]· καὶ καταρχὰς μὲν παρ
αιτητέον τὰς πυρίας καὶ τὰ θερμὰ καταπλάσματα· μετὰ δ
25 τὴν τρίτην ἢ τετάρτην ἡμέραν προκενωθέντος τοῦ παντὸ
σώματος σπόγγοις ἀποπυριᾶν καὶ καταπλάσσειν τοῖς πρὸ

---

[90] T. κολληρίω.   [91] T. δίδυκι.   [92] T. χαλκῶ.
[93] T. ὀμφίτης. Vgl. Galen XIX, 347; XIV, 188, 700.
[94] richtiger ist καρδαμίδος oder καρδαμίνης.
[95] T. σβαλεάνας.
[96] T. ἀνείου.   [97] T. ἀπογραφίων.   [98] T. τὸ λευκόν.

man Honig oder das Augenwasser des Erasistratus oder das wohlriechende Collyr einstreichen. Von guter Wirkung ist auch die Einträuflung des Nachtschatten-Saftes mit Honig und Räucherungen von Weihrauch und Erdpech, zu gleichen Theilen. Gegen sehr lange bestehende Blutergüsse wirkt folgendes gut: In ein Kupfergefäss giesse man den Harn eines unschuldigen Knaben und rühre ihn mit einer ehernen Mörserkeule in der Sonne etliche Tage durch, bis er genügend Saft abgiebt; und, nachdem man ihn hat eintrocknen lassen, löse man ihn auf, mische ihn mit Honig und gebrauche die Mischung. Apollonius aus Memphis giebt gegen Blutergüsse und Brauschen folgendes Mittel an: Blutstein, Esel-Blut vom Herzen, zu gleichen Theilen, in der Sonne getrocknet, verreibe man mit dem Harn eines unschuldigen Knaben; setze den Saft der iberischen Kresse hinzu, verreibe es zusammen und träufle es ein. Oder man stelle sich derartige Collyrien her und träufle davon beim Gebrauch, mit Salzwasser, in das Auge. Ein andres der Art ist folgendes: 4 Drachmen Blutstein, 4 Drachmen getrocknetes Taubenblut, 4 Drachmen Eselblut, 2 Drachmen Gummi verreibe, wie oben erwähnt, und wende es an.

Cap. XXIII. Über Stich-Verletzungen am Auge.

Alle Stich-Verletzungen am Auge, welche von dem Schreib-Griffel oder etwas derartigem herrühren, behandle man, nach Anwendung der erwähnten Allgemein-Kur, durch Einträuflung vom Blut einer Turtel- oder gewöhnlichen Taube oder von Eiweiss, sogleich bei Beginn des Leidens. Im Anfang muss man die Bähungen und warmen Umschläge vermeiden; nach dem 3. oder 4. Tage aber soll man, nach Entleerung des gesammten Körpers, mit Schwämmen bähen und Umschläge machen mit den Mitteln gegen Entzündung, die noch beschrieben werden sollen. Augenmittel muss man anwenden, die möglichst wenig reizen, auch wenn die Geschwüre unrein erscheinen; also muss man das Mittel aus Metall-Asche, das Asch-Collyr und das Stern-Mittel

φλεγμονὰς ἀναγραφησομένοις, κολλύρια δὲ προςάγειν ἀδηκτότατα, κἂν ἀκάθαρτα φαίνηται τὰ ἕλκη· χρηστέον οὖν τῷ τε σποδιακῷ καὶ τῷ τεφρῷ[99] καὶ τῷ ἀστέρι καὶ τοῖς ὁμοίοις· ποιεῖ[100] δὲ καὶ τὸ Νείλου[101] διάρροδον ὑδαρὲς μετὰ ᾠοῦ ἐγχυματιζόμενον.

Περὶ τραυμάτων βαθυτέρων. κδ´.

Ὅταν δὲ βαθύτερον καὶ μεῖζον γένηται ἐν ὀφθαλμῷ τραῦμα, ὡς ἐκρυῆναι κινδυνεύει τὰ ἐν τῷ ὀφθαλμῷ ὑγρά, προςεκτέον, μὴ φλεγμονὴ ἐπιγένηται καὶ παρέπηται[102] πυρετός. πρὸ πάντων οὖν τῇ ἀγκῶνος φλεβοτομίᾳ χρηστέον, εἴγε ἀντέχοι ἡ δύναμις· οὐδὲν γὰρ ἐνεργέστερον βοήθημα καταρχάς· παραλιμπανομένης δὲ τῆς φλεβοτομίας, καθαρτηρίῳ ἐπιτηδείῳ χρηστέον· εἰ δὲ μή, κλυστῆρσιν ὑπακτικοῖς τὴν κοιλίαν κενωτέον· τὸν δὲ ὀφθαλμὸν ἐγχυματιστέον τῷ λευκῷ τοῦ ᾠοῦ· καὶ καταπλαστέον[103] ᾠοῦ ἀνακεκομμένου[104] τῷ πυρρῷ μετὰ ῥοδίνου καὶ οἴνου, ἐγχέοντα καὶ χλιαίνοντα ἡσυχῇ καὶ εἰς ἔριον ἀναλαβόντα· ταῖς δὲ ἑξῆς ἡμέραις πυριᾶν δι' ἀφεψήματος ῥόδων ἢ μελιλώτων καὶ ἐγχυματίζειν γάλακτι γυναικείῳ μετ' ᾠοῖ χλιαροῖς· καταπλάσμασι δὲ χρηστέον τοῖς πρὸς φλεγμονὰς ἀναγεγραμμένοις καὶ μάλιστα τῷ διὰ κωδύων καὶ μελιλώτωι καὶ κρόκου καὶ ἄρτου· καταχριστέον[105] δὲ καὶ ὀπίῳ ὀλίγῳ μετὰ κρόκου δαψιλοῦς μέτωπον καὶ κροτάφους· κοῦφα δὲ ἔστω τὰ καταπλάσματα καὶ τὸ ἄνω βλέφαρον μόνον καταπλαττέσθα πρὸς τὸ δύνασθαι ἀνοίγειν καὶ ἐκκρίνειν τὸ ἐπιφερόμενοι δάκρυον· ἐπιδείσθω δὲ ὁ ὀφθαλμὸς κούφως· εἰ δέ τινες μὴ φέροιεν τὰ καταπλάσματα, ἐπιχριέσθωσαν τῷ Νείλου διαρρόδῳ τὰ βλέφαρα καὶ τοὺς κροτάφους καὶ τὸ μέτωπον· σφοδροτέρων δὲ γιγνομένων τῶν ὀδυνῶν, παραληπτέον ψίλωσιν τῶι τριχῶν τῆς κεφαλῆς καὶ σικύαν κολλᾶν τῷ ἰνίῳ καὶ τῇ κορυφῇ· καὶ ποτιστέον εἰς νύκτα τινὰ τῶν ἀνοδύνων· περὶ δὲ τετάρτην ἢ ἑβδόμην ἡμέραν ἐγχυματιστέον τῷ Νείλου διαρρόδῳ

[99] T. τέφρῳ.   [100] T. ποίει.   [101] T. τὸν ἧλον.
[102] T. παρέπεται.   [103] T. καταπλαστέων.
[104] T. ᾠῷ ἀνακεκομμένα.   [105] T. καταχρηστέον.

und ähnliche gebrauchen. Es wirkt aber auch des Nilus Rosen-Collyr, verdünnt mit Eiweiss eingeträufelt.

Cap. XXIV. Über die tieferen Verletzungen.

Wenn aber eine tiefere und grössere Verletzung am Auge entstanden ist, so dass die Gefahr besteht, es könne das Auge auslaufen; dann muss man aufpassen, dass nicht eine heftige Entzündung entsteht und Fieber nachfolgt. Vor Allem brauche man also den Aderlass am Ellenbug, wenigstens wenn die Körperkraft hinreicht; denn kein wirksameres Hilfsmittel giebt es für den Anfang. Wenn man aber von dem Aderlass Abstand nehmen muss, soll man ein geeignetes Abführmittel anwenden, oder wenigstens den Leib durch abführende Klystire entleeren. In das Auge aber träufle man das Weisse vom Ei und mache Umschläge mit dem Gelben vom aufgeschlagenen Ei, vermischt mit Rosen-Öl und Wein, indem man dies (in ein Gefäss) giesst und langsam erwärmt und in Wolle aufnimmt. An den folgenden Tagen mache man Bähungen mit einer Abkochung von Rosen oder Honigklee und träufle Frauenmilch mit Ei warm ein. Von Umschlägen gebrauche man die gegen Entzündung beschriebenen, besonders den aus Mohnköpfen, Honigklee, Safran und Brot bereiteten. Man salbe ferner ein wenig Opium mit viel Safran auf Stirn und Schläfen ein. Nur leicht dürfen die Umschläge sein und nur das Oberlid soll Umschläge erhalten, damit der Kranke das Auge öffnen und die zufliessenden Thränen ausscheiden kann. Auch der Verband des Auges muss leicht sein. Wenn aber einige Kranken die Umschläge nicht vertragen, muss man sie an den Lidern, an den Schläfen und an der Stirn mit des Nilus Rosen-Mittel einsalben. Wenn aber die Schmerzen zu heftig werden, muss man noch das Scheeren des Haupthaares zu Hilfe nehmen und einen Schröpfkopf ansetzen am Nacken und am Scheitel und für die Nacht eins von den schmerzstillen-

ὑδαρεστάτῳ μέχρις ἀποθεραπείας· τροφὴν δὲ διδόναι ῥοφηματώδη, εὔχυμον καὶ εὐκοίλιον· δεῖ γὰρ εὔλυτον εἶναι τὴν κοιλίαν ἀεί· ἀφεκτέον δὲ οἴνου μέχρι παρακμῆς· παραφυλακτέα δὲ, καὶ ὅσα πληροῖ τὴν κεφαλὴν καὶ ἐρεθίζει τὸν ῥευματισμόν

Περὶ τῆς τοῦ ὠοειδοῦς ἐκκρίσεως. κε΄.

Εἰ δὲ νυγέντος τοῦ ὀφθαλμοῦ ἔκκρισις τοῦ ὠοειδοῦς ὑγροῦ γένηται, ὥστε καὶ συσταλῆναι ἐπὶ ποσὸν τὸν ὀφθαλμόν, τὰ μὲν ἄλλα παραπλήσια τοῖς εἰρημένοις γιγνέσθω, πρὸς τὸ μὴ φλεγμονὴν ἐπιγίγνεσθαι· μετὰ δὲ τὴν τῆς φλεγμονῆς παρακμὴν καὶ τῆς ἑλκώσεως, βαλανεῖον συνοίσει καὶ οἶνος λεπτὸς σύμμετρος καὶ εὔχυμος πρὸς τὸ εὐτροφῆσαι [106] καὶ ἀναπληρωθῆναι τὸ ὑγρόν.

Περὶ τῆς τοῦ ὀφθαλμοῦ προπτώσεως. κς΄.

Ἡ πρόπτωσις τοῦ ὅλου ὀφθαλμοῦ συμβαίνει ἔκ τινος βιαίου πληγῆς τῆς κεφαλῆς ἢ ἑλκῶν ἀνθρακωδῶν ἢ τῶν ἐντὸς ἀγγείων καὶ ὑμένων, οἷς προσπέφυκεν [107] ὁ ὀφθαλμός, ἀπορρηγνυμένων ἢ χαλωμένων· προπίπτει [108] γὰρ ἐπ' ἐνίων ὅλος ὁ ὀφθαλμὸς εἰς τὸ ἐκτός, ὡς μὴ δύνασθαι ὑπὸ τῶν βλεφάρων καλύπτεσθαι· ἐνίοτε δὲ καὶ μέχρι μήλων καὶ ὀφρύων προπίπτει [108]. καὶ μάλιστα τοῦτο συμβαίνει ταῖς ἐξ ὑψηλῶν καταπτώσεσιν [109] ἢ ταῖς βιαίαις κατὰ κεφαλῆς πληγαῖς· κινδυνῶδες δὲ τὸ πάθος. θεραπευτέον οὖν παραχρῆμα φλεβοτομίᾳ ἢ καθάρσει καὶ τὰ λοιπὰ πρακτέον τὰ [110] προρρηθέντα ἐν τῇ κοινῇ τῶν ἑλκῶν ἐπιμελείᾳ καὶ τὴν τροφὴν περιαιρετέον· ἔπειτα ᾠῷ ἀνακεκομμένῳ [111] καὶ ῥοδίνῳ καὶ οἴνῳ ἔριον βρέχων ἐπιτίθει· μετὰ δὲ ταῦτα κατάπλαττε τῷ διὰ μελιλώτων καὶ

---

[106] T. εὐτροπῆσαι.   [107] T. προσπέφυμεν.   [168] T. προσπίπτει.
[109] T. καταπτώσεως.   [110] T. πρακτέοντα.
[111] ἀνακεκομμένῳ steht im Text nach οἴνῳ.

den Mitteln verabreichen. Um den 4. oder 7. Tag aber muss man das Rosen-Mittel des Nilus, stark verdünnt, einträufeln bis zur Ausheilung. Die Nahrung gebe man halbflüssig, gut nährend und leicht verdaulich; denn der Leib muss immer offen sein. Des Weingenusses muss man sich enthalten bis zur Abnahme der Entzündung und daneben alles vermeiden, was den Kopf voll macht und zur Absonderung reizt.

Cap. XXV. Über das Ausfliessen des Kammerwassers.

Wenn nach einer Stich-Verletzung des Auges das Kammerwasser ausgeflossen ist, so dass das Auge etwas zusammenfällt, muss das andere, so wie erwähnt, geschehen, damit keine Entzündung dazutritt. Wenn aber die Entzündung und die Geschwürsbildung vorüber ist, dann wird ein Bad von Nutzen sein und dünner Wein, in mässiger Menge und nahrhaft*, um die Flüssigkeit wieder gut heran zu bilden und sich ansammeln zu lassen.

Cap. XXVI. Über den Vorfall des Auges.

Der Vorfall des ganzen Auges tritt ein infolge einer gewaltsamen Verletzung am Kopf, oder von Milzbrand-Geschwüren, oder wenn die tieferen Gefässe und Häute, an welche das Auge angewachsen ist, abreissen oder erschlaffen. Also bei einigen Kranken fällt das ganze Auge nach aussen, so dass es von den Lidern nicht mehr bedeckt werden kann; manchmal fällt es sogar vor bis zu den Wangen und Augenbrauen. Dies erfolgt meist durch Sturz aus der Höhe oder bei gewaltigen Schlägen auf den Kopf. Gefahrvoll ist das Leiden. Man muss es deshalb sofort mit dem Aderlass oder Abführmitteln behandeln und die übrigen Maassregeln treffen, die vorher bei der allgemeinen Behandlung der Geschwüre beschrieben sind, und die Diät beschränken. Ferner benetze man Wolle mit aufgeschlagenem Ei, Rosen-Öl und Wein, und lege sie auf. Hierauf wende man

---

* Corn.: et cibus boni suci, als ob stände καὶ τροφὴ εὔχυμος.

κωδύων καταπλάσματι καὶ ὑοσκυάμου φύλλοις [112], σὺν ἄρτῳ
ἢ ψυλλίῳ, ἐπ᾽ ὀλίγον βραχέντι· συνεχῶς δὲ ἀλλασσέσθω τὰ
καταπλάσματα, ἵνα μὴ θερμανθέντα τὰ μέρη διαπνήσῃ· ταῖς
δὲ ἑξῆς ἡμέραις ἐνδιδούσης τῆς φλεγμονῆς σικύαν προσβλη-
5 τέον [113] τῷ ἰνίῳ μετὰ κατασχασμοῦ [114]· παρούσης δὲ τῆς φλεγμονῆς, ἀνάρμοστοι αἱ σικύαι· ἐγχυματιστέον δὲ συνεχῶς ᾠῷ
καὶ γάλακτι χλιαροῖς· ἐνδιδούσης δὲ τῆς φλεγμονῆς, τῷ Νίλου
διαρρόδῳ μετ᾽ ᾠοῦ χρηστέον ἢ καὶ μέλιτος βραχὺ ἀκάπνου
προσμίγειν αὐτῷ πρὸς τὸ ἐκκρίνεσθαι τοὺς ἰχῶρας· ἅμα δὲ
10 καὶ τὸν πυρῆνα τῆς μήλης ὑποβλητέον ὑπὸ τὸ βλέφαρον εἰς
τὸ μὴ πρόσφυσίν τινα γενέσθαι· τῆς δὲ προπτώσεως ἐπὶ πολὺ
γεγενημένης μηδὲ μιᾶς ἐλπίδος οὔσης ἀποκαταστῆναι τὴν ὅρα-
σιν, καταπλάσμασι χρηστέον τοῖς ἐκπνοῦν [115] δυναμένοις, οἷά
ἐστι τὰ διὰ γύρεως· ἀλλὰ καὶ φακῷ καταπλαστέον μετὰ μέλι-
15 τος· ἐνδιδούσης δὲ τῆς φλεγμονῆς, ἐπὶ λουτρὸν ἄγειν.

Περὶ τῶν ἐξ ἐπιφορᾶς ὑγρῶν γιγνομένων ἑλκώσεων
ἐπιπολαίων· νεφελίου, ἀχλύος, ἐπικαύματος, ἐγκαύ-
ματος [116]. κζ΄.

Αἱ δὲ ἐκ τῆς τῶν ὑγρῶν ἐπιφορᾶς γιγνόμεναι ἐπιπολαι-
20 ότεραι ἑλκώσεις διαφόρως ὀνομάζονται· ἡ μὲν γὰρ ἀχλὺς ἐπι-
πόλαιός ἐστιν ἕλκωσις ἐπὶ τοῦ μέλανος γιγνομένη, παραπλησία
ἀχλυώδει ἀέρι τῷ χρώματι κυανῷ, πολὺν [117] τόπον ἐπέχουσα
τοῦ μέλανος· ὅταν δὲ ἐπὶ τῆς κόρης γένηται, οὐ ῥᾳδίως ὁρῶσι.
νεφέλιον καλεῖται τὸ ἐπὶ τοῦ μέλανος βαθύτερον τῆς ἀχλύος
25 ἕλκος καὶ μικρότερον, τῇ δὲ χρόᾳ λευκότερον*· ἐπίκαυμα δὲ
λέγεται, ὅταν τὸ μέλαν τοῦ ὀφθαλμοῦ τραχυνθὲν ἐπιπολῆς

---

[112] T. φύλοις. (Besser -ων.)   [113] T. προβλητέον.   [114] T. καταχασμοῦ.
[115] T. ἐκπνοῦν.   [116] T. ἐγκλύσματος.   [117] T. πολήν.

* Gewöhnlich versteht man unter Achlys und Nephelion Narben, nicht Geschwüre.

den Umschlag an aus Honigklee, Mohnköpfen, Bilsenkrautblättern, mit Brot oder Flohkraut, das nur kurze Zeit eingeweicht worden. Fortwährend müssen aber die Umschläge gewechselt werden, damit die Theile nicht warm werden und in Eiterung übergehen. An den folgenden Tagen, wenn die Entzündung nachlässt, setze man einen Schröpfkopf an das Hinterhaupt, mit Scarification; so lange aber die Entzündung noch andauert, sind die Schröpfköpfe nicht passend. Einzuträufeln ist immer lauwarmes Eiweiss und Milch. Wenn die Entzündung nachlässt, muss man das Rosenmittel des Nilus mit Eiweiss gebrauchen oder auch etwas „rauchlosen" Honig hinzusetzen, damit die schlechten Säfte sich ausscheiden. Zugleich muss man aber unter das Lid den Sondenknopf schieben, damit keine Verwachsung eintrete. Wenn nun ein sehr starker Vorfall erfolgt ist, und keine Hoffnung auf Wiederherstellung der Sehkraft besteht, dann muss man solche Umschläge anwenden, welche Auseiterung befördern, z. B. die aus Weizenmehl; man kann auch Linsen mit Honig umschlagen. Wenn die Entzündung sich aber giebt, ist der Kranke in's Bad zu führen.

Cap. XXVII. Über oberflächliche Geschwüre durch Zustrom von Flüssigkeiten, nämlich über Wolke, Nebel, Aufbrand, Einbrand.

Die oberflächlichen Geschwüre, welche durch Zustrom von Flüssigkeiten entstehen, haben eine verschiedene Bezeichnung. Der Nebel ist eine oberflächliche Geschwürsbildung auf dem Schwarzen, durch dunkelblaue Färbung ähnlich nebliger Luft, und nimmt einen grossen Theil vom Schwarzen des Auges ein. Wenn sie vor der Pupille liegt, wird das Sehen erschwert.* Wolke nennt man dasjenige Geschwür des Schwarzen, welches tiefer, kleiner und weisser an Farbe, als der Nebel, ist. Von Aufbrand spricht man, wenn das Schwarze des Auges rauh

---

* „Sieht man es nicht leicht", ist sachlich nicht zulässig. Flecke vor der Pupille sind leichter zu sehen, als solche vor der Iris.

ἐπικαὲν[118] φανῇ, τῇ χρόᾳ τεφρὸν[119] γενόμενον· ἔγκαυμα[120] δέ ἐστι τὸ κατὰ τὸ πλεῖστον γιγνόμενον ἐκ πυρετοῦ ἕλκος μετὰ ἐσχάρας ἀκαθάρτου ἐπὶ τοῦ μέλανος ἢ τοῦ λευκοῦ*· ἐπὶ μὲν τοῦ μέλανος κατὰ βάθος γιγνόμενον, καὶ ὡς ἐπίπαν ἐν τῇ καθάρσει μείζονος διαβρώσεως γιγνομένης τῶν ὑμένων προχεῖται ἔξω[121] κατ᾽ ὀλίγον τὰ ὑγρὰ καὶ ἐκρεῖ ὅλος ὁ ὀφθαλμός. ταύτας μὲν οὖν τὰς ἐπιπολαιοτάτας ἑλκώσεις μετὰ πυρετοῦ ἢ χωρὶς πυρετοῦ γιγνομένας ἰᾶσθαι χρὴ ⟨οὕτως⟩· προκενώσαντας κλυστῆρι τὴν κοιλίαν ἐγχυματίζειν τῷ Νίλου διαρρόδῳ ὑδαρεστέρῳ, μεταξὺ τῆς τοῦ κολλυρίου προςαγωγῆς ἐγχυματίζοντας γάλακτι· κατὰ βραχὺ δέ, διαβαινουσῶν τῶν ἡμερῶν, προςμίγειν τῷ Νίλου[122] τὸ χιακὸν Ἀπολλωνίου ἢ τὸ ἀρωματικόν· ὕστερον δὲ καὶ ἀκράτοις τούτοις χρηστέον· ταχέως γὰρ ἐπουλοῖ καὶ λεπτὰς οὐλὰς ἄγει καὶ σχεδὸν ἀδήλους.

Περὶ ἀργέμου. κη΄.

Ἄργεμόν ἐστι τὸ κατὰ τὸν τῆς ἴρεως κύκλον γιγνόμενον ἑλκύδριον, ἀπειληφὸς τὸ μέν τι τοῦ λευκοῦ, τὸ δέ τι τοῦ μέλανος, λευκὸν φαινόμενον· ὅταν μὲν οὖν βαθύτερον καὶ ῥυπαρὸν γένηται κατὰ τὸν τῆς ἴρεως κύκλον καὶ θᾶττον ἀνακαθαρθῇ, ἐνίοτε[123] προπίπτει ὁ ῥαγοειδής· διὸ παρεμπλάσσουσι φαρμάκοις ἐπ᾽ αὐτῶν χρηστέον καταρχάς, ὡς ἀφλέγμαντα γένηται τὰ ἕλκη καὶ ὑποτραφεὶς[124] ὁ χιτὼν τοῦ ὀφθαλμοῦ ἀποστήσῃ[124a] τὴν ἐσχάραν.

---

[118] T. ἐπικαῇ.
[120] T. ἔκκαυμα.
[122] T. τὸ μίλον.
[124] T. ὑπογραφείς (geschmückt), was keinen Sinn giebt.
[124a] T. -ει.
[119] T. τέφρον.
[121] T. ἐκ τοῦ.
[123] T. δὲ.

* Das Lidspalten-Geschwür.

geworden und oberflächlich verbrannt erscheint und an Farbe aschenähnlich geworden ist. Einbrand ist das Geschwür, das meist nach Fieber entsteht, mit ungereinigtem Schorf, auf dem Schwarzen oder Weissen. Auf dem Schwarzen geht es in die Tiefe, und, da gewöhnlich bei der Reinigung (der Geschwüre) ein grösserer Durchbruch der Häute entsteht, ergiesst sich die Flüssigkeit aus dem Geschwür allmählich nach aussen, und das ganze Auge läuft aus. Diese oberflächlichsten Geschwüre, mögen sie mit oder ohne Fieber entstehen, muss man folgendermassen heilen: Zuerst entleere man den Darm mittelst der Eingiessung, dann streiche man des Nilus Rosenmittel verdünnt ein; in den Zwischenräumen der Anwendung des Augenmittels träufle man Milch ein. Allmählich, indem die Tage vorschreiten, mische man zu dem Augenmittel des Nilus das chiische Mittel des Apollonius oder das wohlriechende. Später kann man diese Mittel auch ungemischt gebrauchen; denn schnell bewirken sie Vernarbung und bringen zarte Narben und fast unsichtbare.

Cap. XXVIII. Über den Weissling.*

Der Weissling ist ein kleines Geschwür, welches am Umkreis des Regenbogens** entsteht, einerseits einen Theil des Weissen, andrerseits einen Theil des Schwarzen einnimmt und weiss erscheint. Wenn es nun tiefer und mit Belag am Hornhaut-Rand sich gebildet und zu schnell sich gereinigt hat, kann bisweilen die Beerenhaut vorfallen. Daher muss man anfangs die verstopfenden Mittel gebrauchen, auf dass entzündungsfrei die Geschwüre werden, und die Hornhaut sich etwas verdicke und so den Schorf abstosse.

---

* Es ist das, was jetzt Rand-Phlyktäne genannt wird.
** d. h. am Hornhaut-Rand.

Περὶ βοθρίων ⟨καὶ⟩[125] *κοιλωμάτων. κθ'.*

Βοθρία μὲν καλεῖται, ὅταν ἐπὶ τοῦ μέλανος γένηται κοῖλα καὶ στενὰ καὶ καθαρὰ ἕλκη κεντήμασιν ὅμοια· κοιλώματα[126] δὲ καλεῖται τὰ στρογγύλα καὶ πλατύτερα τῶν βοθρίων ἕλκη καὶ ἧττον βαθέα. οὐ καθαρτέον τοίνυν αὐτὰ κολλυρίοις δριμέσιν, ἀλλὰ μᾶλλον τοῖς πραέσιν ἀνατρέφειν· καὶ μάλιστα τὰ βοθρία λεγόμενα· τὰ δὲ κοιλώματα ἐγχρονίζοντα*, τοῖς ἡσυχῇ[127] ἀποσμήχουσι πρῶτον χρησάμενοι, μεταβαίνειν[127a] ἐπὶ τὰ ἀνατρέφοντα, οἷά ἐστι τὰ διὰ λιβάνου· ἰσόπεδα δὲ γεγονότα ἢ καὶ ἔτι κοιλότερα ὄντα*, τῷ Κλέωνος χρηστέον· εἰ δὲ ῥύπος πολὺς ἐπικείμενος εἴη τοῖς ἕλκεσι, μελικράτῳ ἐγχυματιστέον. ἡμεῖς δὲ τῷ ἀφεψήματι τῆς τήλεως σκευασθέντι, ὡς προείρηται, προςμίξαντες μέλι βραχὺ θᾶττον ἐτύχομεν τοῦ ζητουμένου· χρώμεθα δὲ ἐπὶ τῶν κοίλων καὶ ῥυπαρῶν ἑλκῶν τῷ Θεοδοτίῳ Σεβήρου μετ' ᾠοῦ ὑδαρεστέρῳ· καὶ χωρὶς πάσης ὀδύνης ἀνακαθαίρει καὶ εἰς οὐλὴν ἄγει τάχιστα· μεμνῆσθαι δὲ χρὴ κἀπὶ τούτων τοῖς προρρηθείσης[128] κοινῆς[129] τῶν ἑλκῶν ἐπιμελείας.

Περὶ πυώσεως ἤτοι ὀνυχίων[129a]. *λ'.*

Αἱ γιγνόμεναι ἐν τοῖς ἕλκεσι πυώσεις διαφόρου προςηγορίας τετυχήκασιν· ὀνύχια μὲν γὰρ λέγεται, ὅταν ἀπὸ βαθυτέρου ἕλκους τὸ πύον ἀπορρυὲν καὶ μεταξὺ τῶν χιτώνων παρεμπεσὸν καὶ σχηματισθὲν τῷ κύκλῳ τῆς ἴρεως ὁμοίαν

---

[125] καὶ fehlt im T.   [126] T. κωλώματα.   [127] T. ὑσυχῇ.
[127A] richtiger μεταβαίνομεν.
[128] T. προρηθείσης.   [129] T. κοιλῆς.   [129a] T. ὀνίχων.

* Unregelm. Construction (Acc. für Gen. absol.).

Cap. XXIX. Über die Gruben- und Hohlgeschwüre.

Von Grubengeschwüren spricht man, wenn auf dem Schwarzen ausgehöhlte, enge und reine Geschwüre, ähnlich den Stich-Verletzungen, entstanden sind. Hohlgeschwüre werden diejenigen Geschwüre genannt, die rund und breiter sind, als die Grubengeschwüre, und weniger tief. Reinigen darf man sie fürwahr nicht durch scharfe Augenmittel, sondern muss sie durch milde Mittel auszufüllen suchen, namentlich die sogenannten Grubengeschwüre. Die Hohlgeschwüre aber, wenn sie chronisch werden, soll man zuerst mit den langsam reinigenden Mitteln behandeln und dann zu den ausfüllenden, z. B. den Weihrauch-Mitteln, übergehen. Wenn sie schon eben oder nur noch ein wenig vertieft sind, muss man das Kleon-Mittel gebrauchen; und wenn viel schmutziger Belag die Geschwüre bedeckt, Honigmeth einträufeln. Ich aber habe zu der Abkochung des Bockshornkrautes, welches entsprechend der obigen Beschreibung zubereitet war, ein wenig Honig hinzugefügt und so schneller das Ziel erreicht. Ich benutze bei den hohlen und schmutzigen Geschwüren das Theodot'sche Collyr des Severus, mit Eiweiss verdünnt. Sowohl reinigt es das Geschwür ganz schmerzfrei, als auch bringt es dasselbe aufs schnellste zur Vernarbung. Stets erinnere man sich auch hierbei der schon vorerwähnten Allgemeinbehandlung der Geschwüre.

Cap. XXX. Über Eiterung oder Nagelabscess.

Die Eiterungen bei den Geschwüren haben eine verschiedene Benennung erlangt. Nagel-Abscess nennt man den Zustand, wo von einem tieferen Geschwür der Eiter abfliesst, zwischen den Augenhäuten hinabsinkt, dem Umkreis der Regenbogenhaut sich anpasst, und so das Aussehen eines Fingernagel-Abschnittes hervorbringt. Wenn aber mehr Eiter vorhanden ist und die Hälfte des Schwarzen einnimmt oder sogar durch die ganze (Ausdehnung der) Hornhaut durchschimmert; dann sagen wir,

ὄνυχος ἀποτομῇ φαντασίαν ἀποτελέσῃ [130]· πλείονος δὲ συστάντος πύου καὶ τὸ ἥμισυ τοῦ μέλανος ἀπολαβόντος ἢ καὶ δι᾽ ὅλου τοῦ κερατοειδοῦς διαυγουμένου, ὑπόπυον εἶναι λέγομεν τὸν ὀφθαλμόν. γίγνεται δὲ ταῦτα καὶ χωρὶς ἑλκώσεως, κεφαλαλγίας προηγησαμένης ἢ ὀφθαλμίας· συμβαίνει δὲ καὶ φλεγμονῆς προγεγενημένης, διὰ τὴν πλείονα πλήρωσιν τῶν ὑγρῶι ῥηγνυμένων τινῶν ἀγγείων καὶ τοῦ ἐξ αὐτῶν προχεομένου αἵματος πυουμένου [131]. παρέπεται δὲ [131a] τοῖς ὑποπύοις [132] ὀδύνη σφοδρὰ σφυγματώδης καὶ ἐρύθημα περὶ τὸν ὀφθαλμὸν ὅλοι καὶ κροτάφων ἄλγημα. θεραπευτέον δὲ αὐτοὺς κατ᾽ ἀρχὰς παραιτουμένους τὰς πυρίας, κενώσει δὲ κοιλίας χρωμένους διὰ κλυστῆρος· ἔπειτα καὶ φλέβα τέμνοντας τὴν ἀνωτέραν ἐν ἀγκῶνι· λύοντας δὲ μετὰ ταῦτα καὶ τὴν περὶ τὸν μέγαν κανθὸν φλέβα χωρὶς στραγγάλης [133] τῆς περὶ τὸν τράχηλον· καὶ σικύας δὲ τῷ ἰνίῳ προσβάλλειν ἢ βδέλλας τοῖς κροτάφοις· εἶτα τοῖς πρὸς φλεγμονὰς κολλυρίοις χρῆσθαι καὶ μάλιστα τῷ Νίλου διαρρόδῳ, μετ᾽ ᾠοῦ [134] ἢ γάλακτος ὑδαρέστερον ἐγχυματίζοντας· μετὰ δὲ τὴν τρίτην ἡμέραν σπόγγοις ἀποπυριᾶν μετρίως τὸ πρῶτον, ἔπειτα ἐκ προσαγωγῆς παραύξειν τὴν πυρίαν καὶ τὰ παρεμπλάττοντα μὲν κολλύρια παραιτεῖσθαι, τοῖς δὲ παρηγοροῦσι καὶ διαφοροῦσι χρηστέον· μάλιστα μὲν τῷ χιακᾷ Ἀπολλωνίου καὶ τοῖς ὁμοίοις διὰ σμύρνης σκευαζομένοις, ὃ δὴ καὶ διάσμυρνα καλεῖται· τὰ γὰρ σφοδρῶς διαφοροῦντα κα ξηραίνοντα παραχρῆμα μὲν ἱκανὴν κένωσιν ποιεῖται τοῦ λεπτομερεστέρου, τὸ δὲ ὑπόλοιπον καὶ παχύτερον πηγνύει κα ξηραίνει δυςλύτως.

Γαληνοῦ ἐκ τοῦ θεραπευτικοῦ λόγου.*

Ἰατρὸς δέ τις τῶν καθ᾽ ἡμᾶς ἐμπειρικώτατος ὀφθαλμικὸς καὶ διὰ κατασείσεως τῆς κεφαλῆς πολλοὺς τῶν ὑποπύων ἐθεράπευσε, καθίζων μὲν αὐτοὺς ὀρθίους ἐπὶ δίφρου, περιλαμβάνων δὲ τὴν κεφαλὴν ἑκατέρωθεν ἐκ τῶν πλαγίων, εἶτα

---

[130] T. -ει.   [131] T. πυομένου.   [131a] T. πᾶν, wohl für ἐπίπαι
[132] T. ὑπωπίοις.   [133] T. στραγγαλῆς.   [134] T. ᾠοῦ.

* Galen, M. M. l. XIV, c. 18—19, B. X, S. 1019. — Gesch. d. Augenheilk. S. 334.

dass das Auge unterkötig ist.*) Es entstehen diese Zustände aber auch ohne Geschwürsbildung**, nämlich wenn Kopfschmerz vorangegangen ist oder eine äussere Augen-Entzündung; es kommt auch vor nach einer starken (inneren) Entzündung (des Auges), wenn, wegen der reichlichen Anhäufung von Ausschwitzung, einige Gefässe (der Iris) platzen und das aus ihnen sich ergiessende Blut vereitert. Es folgt aber gewöhnlich den Hypopyen heftiger pulsirender Schmerz, Röthung rings um das ganze Auge und Schmerz an den Schläfen. Bei der Behandlung dieser Kranken muss man anfangs die Bähungen vermeiden und den Darm durch Klystir entleeren; dann schneide man die obere Vene am Ellenbug auf und eröffne später auch die Vene am Schläfenwinkel, aber ohne die (übliche) Umschnürung des Halses; auch einen Schröpfkopf setze man an das Hinterhaupt und Blutegel an die Schläfe. Dann wende man die Augenmittel gegen Entzündung an, besonders das Rosen-Mittel des Nilus, das man, verdünnt mit Eiweiss oder Milch, einträufelt. Nach dem dritten Tage aber mache man eine Schwammbähung, zuerst in mässiger Weise, dann verstärke man allmählich die Bähung. Von den verstopfenden Augenmitteln sehe man ab und gebrauche die beschwichtigenden und zertheilenden, besonders das chiische des Apollonius und die ähnlichen, die aus Myrrhe bereitet werden und deshalb auch Myrrhen-Mittel heissen. Die stark zertheilenden und trocknenden Mittel bewirken zwar augenblicklich eine genügende Entleerung des flüssigeren Antheils (vom Eiter), machen aber das Überbleibende und Dickere fester und trocknen es zu einer unlöslichen Masse ein.

Aus Galen's Abhandlung über die Therapie.

„Ein sehr erfahrener Augenarzt unsrer Tage hat auch durch Schüttelung des Kopfes viele Hypopyon-Kranke geheilt. Er setzte sie nämlich aufrecht auf einen Stuhl und umfasste ihr Haupt von beiden Seiten. Dann schüttelte er dasselbe so durch, dass wir deutlich sahen, wie der Eiter nach unten sinkt und unten bleibt, offenbar wegen seiner Schwere."

---

* Bei Aëtius ist also Onychion ein kleines Hypopyon.
** Hypopyon verum der Neueren.

διασείων ούτως, ώς οράν ημάς εναργώς κάτω καταφερόμενον το πύον και μένον κάτω, διά το βάρος δηλονότι.

Όταν[135] μεν ούν επιπολής το πύον και προςεχές τω έλκει, εν τω καθαίρεσθαι το έλκος εξατμίζεται πάντως και το πύον·
5 όταν δε το μεν έλκος επιπόλαιον ή και ανωτέρω, το δε πύον πλείόν τε και εν βάθει κατωτέρω του έλκους και μη διηθήται υπό των φαρμάκων, χρή τον οφθαλμόν διακεντείν υπό το πύον, πλαγίως[136] ⟨άγοντα⟩ το παρακεντητήριον κατά την ίριν και στεφάνην λεγομένην, και εκκρίνειν το πύον· παρα-
10 λαμβάνειν δε την χειρουργίαν ταύτην χρή[137] αφλεγμάντων όντων των τόπων.

Τάς δε επί του λευκού του επιπεφυκότος χιτώνος[137a] γιγνομένας πυώσεις του υγρού φλεβοτόμω διαίρει[138] εκ του κάτωθεν μέρους, υποδέρων[139] ηρέμα τον επιπεφυκότα χιτώνα. μετά
15 δε την του υγρού κένωσιν επ' αμφοτέρων ωού το λευκόν εγχυμάτιζε· είτα ανακόψας ωόν όλον μετ' οινομέλιτος και αναλαβών ερίω μαλακώ επιτίθει επί τον οφθαλμόν και επίδησον· τη δ' εξής ημέρα σπόγγω εξ ύδατος θερμού αποπυριάσας και τω ωω εγχυματίσας πάλιν το προειρημένον πτύγμα επιτίθει·
20 και μεθ' ημέρας τρείς υπάλειφε τω Δίωνος λεγομένω κολλυρίω ή τινι των προς τας παρακεντήσεις παραλαμβανομένων· έστι δε το Δίωνος κολλύριον τούτο· σποδίου[140] δραχμ. γ', λιβάνου, λεπίδος, σμύρνης, ακακίας, ναρδοστάχυος, οπίου ανά δραχμ. α', κόμεως δραχμ. ς', ύδωρ όμβριον· επί δε της χρείας
25 εγχυμάτιζε σύν τω λευκώ του ωού και το προειρημένον πτύγμα επιτίθει· ει δε μετά το αφλέγμαντον γενέσθαι προκύψει εκ της διαιρέσεως σαρξ, ανέσας το προειρημένον κολλύριον μετά γάλακτος έγχριε· καλώς δε καταστέλλει και ανακαθαίρει και το χιακόν Απολλωνίου.

---

135 T. ότε.
136 T. πλαγίος. (Man kann auch πλαγιών setzen, oder πλαγιώντα.)
137 T. χρή.
137a T. hat χιτώνος vor του.
138 T. διαίρη.
139 T. υποδέρον.
140 T. σποδίου.

Wenn nun der Eiter oberflächlich ist und an dem Geschwür haftet, pflegt bei der Reinigung des Geschwürs auch der Eiter gänzlich zu verdunsten. Wenn das Geschwür zwar oberflächlich ist und mehr nach oben liegt, von dem Eiter aber sehr viel in der Tiefe und weiter nach unten, als das Geschwür, liegt, und nicht durch Arzneimittel beseitigt (ausgespült) wird; muss man das Auge anstechen unterhalb des Eiters und schräg die Nadel am Hornhaut-Umfang, dem sogenannten Kranz, einführen und den Eiter entleeren. Zu Hilfe muss man aber diese Operation erst dann nehmen, wenn entzündungsfrei die Theile geworden.

Die Abscesse der Bindehaut auf dem Weissen* trenne man mit der Lanzette von unten her, indem man unter der Bindehaut eine langsame Scheer-Bewegung macht.

Nach der Entleerung des Eiters träufle man in beiden Fällen Eiweiss ein, darauf zerstosse man ein ganzes Ei mit Weinhonig, nehme es in weiche Wolle auf, lege dies auf's Auge und einen Verband darüber. Am folgenden Tage bähe man mit einem Schwamm und warmem Wasser, träufle Eiweiss ein und lege wieder die beschriebene Compresse auf. Nach drei Tagen streiche man das nach Dion benannte Augenmittel ein oder eines von denen, die bei dem Star-Stich Anwendung finden. Das Mittel des Dion besteht aus folgenden Stoffen: 3 Drachmen Metall-Asche, Weihrauch, Hammerschlag, Myrrhe, Akazie, Spieka-Nard, Opium je 1 Drachme, Gummi 6 Drachmen; Regenwasser. Beim Gebrauch träufle man es mit Eiweiss ein und lege die vorerwähnte Compresse auf. Wenn aber nach dem Aufhören der Entzündung Granulationen aus der Stichwunde (der Bindehaut) hervorgucken, dann löse man das erwähnte Mittel und streiche es ein, mit Milch. Schön ebnet und reinigt auch das chiische Mittel des Apollonius.

---

* Sie sind sehr selten.

Περὶ φλυκταινῶν. λα'.

Φλύκταιναι[141] δὲ γίγνονται μὲν καὶ ἐπὶ τοῦ λευκοῦ καὶ ἐπὶ τῶν βλεφάρων, ὡς ἐπὶ τὸ πολὺ δὲ περὶ τὸν κερατοειδῆ χιτῶνα. καὶ αἱ μὲν ἐπιπολῆς γίγνονται, αἱ δὲ ἐν βάθει. συνέστηκε γὰρ ὁ κερατοειδὴς ἐκ τεσσάρων οἷον ὑμενωδῶν σωμάτων, πυκνοτάτων καὶ ἰσχυροτάτων. ποτὲ μὲν ὑπὸ τὸν πρῶτον ὑμένα συμβαίνει τὴν φλύκταιναν γενέσθαι, ὅτε καὶ τὴν χρόαν μελαντέραν ἐμφαίνει. ποτὲ δὲ ὑπὸ τὸν δεύτερον ἢ τὸν τρίτον συνίσταται, ὅτε καὶ λευκότερον τὸ χρῶμα τῆς φλυκταίνης γίγνεται, διὰ τὸ ἐν τῷ βάθει κατακρύπτεσθαι τοῦ κερατοειδοῦς χιτῶνος. ἡ γὰρ κατὰ φύσιν χροιὰ τῆς φλυκταίνης μέλαινά[142] ἐστιν. ὁ δὲ κερατοειδὴς χιτών ἐστι λευκὸς τοῖς κέρασιν ὁμοιότατος. ἐφ' ὅσον οὖν ἐν τῷ βάθει τοῦ κερατοειδοῦς κατακρύπτεται ἡ φλύκταινα, ἐπὶ τοσοῦτον ⟨τούτου⟩[143] τὴν χρόαν φαντάζει, καὶ μᾶλλον ἐπώδυνος γίγνεται καὶ χαλεπωτέρα. καὶ γὰρ εἴτε διὰ πλῆθος ῥαγείη[144] ἡ φλυκτίς, εἴτε διαβρωθείη ὑπὸ δριμύτητος ὡς ἑλκωθῆναι τὸν ὑμένα, ῥᾴστη μὲν ἡ ἐπιπολῆς ἕλκωσις ἰαθῆναι, χαλεπὴ δὲ ἡ κατὰ βάθος. κίνδυνος γάρ ἐστι τὸ λοιπὸν τοῦ κερατοειδοῦς ἐν τῷ βάθει λεπτὸν ὑπάρχον ῥαγῆναι, καὶ πρόπτωσιν τοῦ ῥαγοειδοῦς ἀπαντῆσαι καὶ τῶν κατὰ τὸν ὀφθαλμὸν ὑγρῶν, καὶ μάλιστα ἐὰν κατὰ τὴν κόρην ἡ ῥῆξις γένηται. κατὰ γὰρ τὴν κόρην, καὶ κατὰ τρόπον θεραπευομένου τοῦ πάσχοντος, ὁμοίως ἕπεταί τι ἕτερον δεινόν. συνουλωθέντων γὰρ τῶν ἑλκῶν, ἄνθρωπος οὐκ ὄψεται διὰ τὰς ἐπιγιγνομένας οὐλάς· ἐπειδὴ δ' ἔστιν ὅτε καὶ κατὰ διάβρωσιν τοῦ κερατοειδοῦς προπίπτει ὁ ῥαγοειδὴς καὶ ποιεῖ φαντασίαν ἐπιπολαίου φλυκταίνης, ἄξιον[145] αὐτὰ ἀκριβέστερον διορίζειν. ἡ μὲν οὖν ἐπιπολῆς φλύκταινα ὁμοίως πάντοθέν ἐστι μέλαινα, οὐ πάνυ δὲ κατακόρης τῇ μελανίᾳ. ἐπὶ δὲ τοῦ ῥαγοειδοῦς τὸ προπεπτωκὸς μέρος ἤτοι μέλαν ἐστὶν ἢ κυανοῦν. τὸ δὲ μέγιστον σημεῖον, τὴν βάσιν κατὰ κύκλον τῆς προπτώσεως τοῦ ῥαγοειδοῦς εὑρήσεις λευκήν· λευκὸς γάρ ἐστι τῇ χρόᾳ ὁ κερατοειδὴς χιτών,

---

[141] T. φλυκταῖναι. So auch weiterhin φλυκταίναν u. s. w., und in der Überschrift φλυκταίνων.   [142] T. μέλανα.
[143] fehlt im Text.   [144] T. ῥαγεῖεν und διαβρωθεῖεν.   [145] T. ἄξιεν.

Cap. XXXI. Von den Pusteln.*

Pusteln entstehen zwar sowohl auf dem Weissen des Auges als auch auf den Lidern, gewöhnlich aber auf der Hornhaut. Einige (der letzteren) bilden sich an der Oberfläche, andre in der Tiefe. Denn die Hornhaut besteht gewissermassen aus 4 Schichten, welche sehr dicht und fest sind. Bisweilen geschieht es, dass unter der ersten (obersten) Schicht die Pustel sich bildet; dann zeigt sie auch eine schwärzliche Farbe. Bisweilen aber liegt die Pustel unter der zweiten oder dritten Schicht; dann wird auch die Farbe der Blase weisslich, weil diese in der Tiefe der Hornhaut verborgen liegt. Denn die natürliche Farbe der Blase ist schwarz. Hingegen ist die Hornhaut weiss und den Blättern von Horn ganz ähnlich. Je mehr nun die Blase in der Tiefe der Hornhaut sich birgt, um so mehr stellt sie die Farbe der letzteren dar, und wird (gleichzeitig) mehr schmerzhaft und schlimmer. Denn sei es, dass die Pustel durch die Flüssigkeits-Menge platzt, oder dass sie durch ihre Schärfe zerfressen wird, und so die Hornhaut ein Geschwür erleidet, — immer ist die oberflächliche Verschwärung am leichtesten zu heilen, schwierig aber die tiefe. Denn es besteht Gefahr, dass der Rest der Hornhaut in der Tiefe, da er nur eine dünne Lage darstellt, durchbricht, und dass Vorfall erfolgt der Regenbogenhaut und der Augen-Feuchtigkeiten: besonders, wenn in der Pupillen-Gegend der Durchbruch erfolgt. Denn in der Pupillen-Gegend muss, selbst wenn der Kranke sachgemäss behandelt wird, ein anderer schlimmer Folgezustand sich ausbilden: nämlich, wenn die Geschwüre vernarbt sind, wird Patient nicht sehen, wegen der hinzutretenden Narben. Da aber manchmal auch unter Zerstörung der Hornhaut die Regenbogenhaut vorfällt und den Anschein einer oberflächlichen Pustel bewirkt; so verlohnt es sich wohl, diese beiden Zustände genauer von einander zu trennen. Die oberflächliche Pustel nun ist zwar gleichförmig in ihrer ganzen Ausdehnung schwarz, aber nicht gesättigt schwarz. Beim Iris(-Vorfall) hingegen ist der vorgefallene Theil (je nachdem) schwarz oder

---

* Eines der besten Kap. des Aët.

οὗ ῥαγέντος προέπεσεν ὁ ῥαγοειδὴς χιτών. ἀλλὰ καὶ τὸ μέγεθος τῆς κόρης μειοῦσθαι συμβαίνει ἐπὶ ταῖς προπτώσεσι τοῦ ῥαγοειδοῦς ἢ πάντως γε τῷ σχήματι παραλλάττειν. οὐ γὰρ ἀποσώζει ἡ κόρη ἐπὶ τῆς προπτώσεως τὸ περιφερὲς σχῆμα ἀκριβῶς, ἀλλὰ κατά τι μέρος οἷον παρεσπάσθαι φαίνεται. προςέχειν οὖν ἀκριβῶς χρὴ τοῖς ῥηθεῖσι σημείοις καὶ διορίζειν ἀλλήλοις¹⁴⁵ᵃ τὰ πάθη, διὰ τὸ καὶ τὴν θεραπείαν ἐναλλάττεσθαι συμβαίνειν περὶ τὰς τῶν παθῶν διαφοράς. ἐπὶ γὰρ τῆς προπτώσεως τοῦ ῥαγοειδοῦς τοῖς μᾶλλον στύφουσι καὶ ἀποκρουομένοις χρώμεθα· ἐπὶ δὲ τῶν φλυκταινῶν¹⁴⁶ τοῖς ἠρέμα διαφοροῦσι. θεραπευτέον μὲν οὖν τὰς φλυκταίνας πρῶτον μὲν παραφυλαττομένων λαλιὰν πλείω, πταρμούς, θυμούς, κατοχὰς πνεύματος, αὐγὴν λαμπράν. ἔπειτα δὲ συστέλλειν¹⁴⁶ᵃ καὶ τὸ ποτὸν καὶ τὸ σιτίον ὡς μάλιστα, κενώσει¹⁴⁷ τε τῆς κοιλίας ⟨καὶ⟩ κλύσματι δριμεῖ χρωμένοις. πειρᾶσθαι δὲ καὶ γάλακτι τὴν κοιλίαν ἐκλύειν, ἐφ᾽ ὧν μήτε ὀξύνεται μήτε κνισσοῦται μήτε εἰς ἔμετον ὁρμᾷ. ἐπὶ γὰρ τῶν τοιούτων παραιτητέον μὲν τὸ γάλα, ζωμῷ δὲ ὄρνιθος ἢ κνήκου¹⁴⁸ χυλῷ ἢ ἀλόῃ ἤ τινι τῶν ἁπλουστέρων τὴν κοιλίαν λύειν. παραιτεῖσθαι δὲ τὰ σφοδρότερα τῶν καθαρτηρίων καὶ μάλιστα τὰ κακοστομαχώτερα. τοὺς δὲ ἐπιδέσμους καὶ τὰ πολλὰ πτύγματα ἐπὶ τούτων παραιτούμεθα, πάνυ γάρ εἰσι βλαβερά, οὐ μόνον ἐπὶ τούτων ἀλλὰ καὶ ἐπὶ πάσης ὀφθαλμίας διὰ δριμύτητα χυμῶν γιγνομένης. καταπλάσσειν¹⁴⁸ᵃ οὖν χρὴ ἐν ἀρχῇ μάλιστα, ὅταν φλεγμονὴ συνεδρεύῃ, κούφως μὲν οὖν ἀλλ᾽ ἐπιπλάτως. δεῖ γὰρ εἰς ὀθόνια λεπτὰ μαλακὰ ἐναλείφειν τὰ καταπλάσματα καὶ ἐπιτιθέναι ἐφ᾽ ὅλον τὸν ὀφθαλμόν, περιλαμβάνοντα ὀφρύν τε καὶ μῆλον καὶ κρόταφον· καὶ ἐᾶν αὐτὰ ἐπικεῖσθαι ἕως ἂν ἔνικμα ᾖ· ὅταν δὲ ξηραίνηται, αἴρειν καὶ ἕτερα ἐπιτιθέναι¹⁴⁹. Παραλαμβανέσθω δὲ τὰ πρὸς φλεγμονὰς ἁρμόττοντα, οἷον ᾠῶν λεπτῶν* λέκιθοι λεαντένθες μετὰ κρόκου καὶ ὀπίου

---

¹⁴⁵ᵃ Man erwartet ἀλλήλων.
¹⁴⁶ T. φλυκταίνων.   ¹⁴⁶ᵃ T. -ει.   ¹⁴⁷ T. κεώσει.
¹⁴⁸ T. κνίκου.   ¹⁴⁸ᵃ T. -ει.   ¹⁴⁹ T. Πρὸς φλεγμονήν.

* Corn. tenue ovorum et vitelli (λεπτὸν καὶ λ.). — λεπτός, „weichgekocht", ist sonst nicht belegt. Man könnte (ὀπτῶν oder) ἑφθῶν vermuthen. [Letzteres findet sich nicht im Thes. l. gr., wohl aber Gorr. S. 523.]

blau; aber, was das wichtigste Zeichen ausmacht, die kreisförmige Grundlinie des Irisvorfalles wirst du weiss finden. Denn weiss von Farbe ist die Hornhaut, nach deren Durchbruch die Regenbogenhaut vorgefallen ist. Aber auch die Grösse der Pupille verringert sich gelegentlich bei dem Iris-Vorfall, oder ihre Gestalt verändert sich ganz und gar. Denn nicht vermag die Pupille beim Vorfall die kreisförmige Gestalt genau zu bewahren, sondern theilweise muss sie wie verzerrt erscheinen. Folglich muss man auf die genannten Zeichen achten, und die Leiden gegen einander abgrenzen, da auch die Therapie gelegentlich sich ändert mit Rücksicht auf die Unterschiede der Leiden. Denn bei dem Iris-Vorfall gebrauchen wir die mehr zusammenziehenden und ätzenden Mittel, aber bei den Pusteln die langsam zertheilenden.

Behandeln soll man die Pusteln zuerst durch Vermeiden von viel Geschwätz, Niessen, Aufregungen, Anhalten des Athems, glänzendem Licht. Dann soll man auch Trank und Speis' verringern, so viel wie möglich, und Entleerung des Darms und scharfes Klystir gebrauchen lassen. Man muss auch versuchen, durch Milch(-Trinken) den Darm flüssig zu halten, bei denjenigen Kranken, bei welchen die Milch weder säuert, noch brenzlichen Geruch bewirkt, noch Erbrechen hervorruft. Denn bei diesen ist die Milch zu meiden, hingegen durch Hühner-Brühe oder den Saft der Saflor-Distel oder durch Aloë oder durch eines der einfacheren Mittel Abführung zu bewirken. Vermeiden soll man aber die stärkeren Abführ-Mittel und besonders die schlecht verdaulichen. Aber die Verbände und die vielen Compressen vermeiden wir bei diesen Kranken, denn sie sind sehr schädlich; übrigens nicht blos hierbei, sondern auch bei jeder aus Schärfe der Säfte entstehenden Augen-Entzündung. Umschläge muss man aber machen, besonders im Anfang, wo gleichzeitig stärkere Augen-Entzündung besteht, — und zwar leichte und platte. Auf dünne und weiche Leinwandstücke soll man den Stoff des Umschlags aufstreichen und diese auflegen auf den ganzen Augapfel, mitbedeckend die Braue und Wange und Schläfe.

Man soll sie liegen lassen, solange sie feucht sind; aber, wenn sie trocken werden, abnehmen und andre auflegen. Zu Hilfe

βραχέος καὶ γλυκέος συμμέτρου καὶ ἄρτου. ἐπιτήδεια δὲ καὶ
τὰ στύφοντα, οἷον μῆλα κυδώνια ἑφθὰ ἢ σίδια ἐν ὕδατι ἑψη-
μένα. παραιτεῖσθαι δέ, ὡς εἴρηται, ἐπιδεσμεῖν τὸν ὀφθαλμὸν
ἐπὶ τούτων ἐπὶ πολύ· βλαβερώτατον γάρ. παρηγορηθείσης
5 δὲ τῆς φλεγμονῆς, καὶ τῶν καταπλασμάτων ἀφεκτέον διὰ τὸ
βάρος. κολλύρια δὲ ἐν ἀρχαῖς ἁρμόδια, τὸ Νίλου διάρροδον.
σὺν γάλακτι ἐγχυματιζόμενον ὑδαρές. προκοπτούσης δὲ τῆς
θεραπείας, καὶ ⟨τὰ⟩[150] διὰ σμύρνης καὶ λιβάνου[150a] καὶ κρόκου
προςάγειν, ὕστερον δὲ καὶ τὰ νάρδινα. ἔξωθεν δὲ ἐπιχρίειν τὰ
10 μὲν βλέφαρα τῷ Νίλου διὰ ῥόδων, τὸ δὲ μέτωπον ἀκακίᾳ καὶ
ὑποκιστίδι[151] μετὰ κρόκου καὶ ὀπίου βραχέος. πυρίας δὲ καταρχὰς μὲν χλιαρὰς παραλαμβάνειν, αἱ γὰρ ἐπιτεταμέναι καταρχὰς παροξύνουσι τὰς φλεγμονάς· ὕστερον δὲ ἐπιτείνειν χρὴ
τὴν θερμασίαν. περίπατοι δὲ καὶ αἱ ἄλλαι κινήσεις καταρχὰς
15 οὐκ ἐπιτήδειοι. βαλανεῖα δὲ κατὰ[152] τὰς ἀρχὰς καὶ τὰ ἄλλα
πυρατήρια. οἴνου δὲ ἀπέχεσθαι δεῖ παρ' ὅλην τὴν θεραπείαν.
ὕδατι δὲ θερμῷ χρῆσθαι ποτῷ καὶ τροφὰς μαλακὰς καὶ εὐ-
διοικήτους λαμβάνειν· φεύγειν δὲ ἐπὶ τούτων τὴν ἐκ τοῦ
μετώπου ἢ τῶν ἐγκανθίων[153] φλεβῶν αἵματος ἀφαίρεσιν·
20 προπίπτει γὰρ ὁ ὀφθαλμός, καὶ μάλιστα εἰ φλεγμονὴ παρείη
ἢ ἕλκωσις βαθυτέρα.

Περὶ ἀνθράκων ἐν βλεφάροις· Σεβήρου. λβ'.

Ἐπειδὴ δὲ καὶ οἱ ἄνθρακες τοῦ γένους εἰσὶ τῶν φλυκταινῶν, γίνονται δὲ καὶ οὗτοί ποτε μὲν ἐν τοῖς βλεφάροις
25 εἰς συμπάθειαν ἄγοντες τὸν ὀφθαλμὸν μεγίστην, φέρε καὶ περὶ

[150] τὰ fehlt im Text.   [150a] T. -ον.
[151] T. ὑποκυστίδι. (Cytinus Hypocistis, L.)
[152] Vielleicht μετὰ zu lesen.   [153] T. ἐγκαθίων.

nehmen soll man ferner die gegen heftigere Augen-Entzündung passenden Mittel, wie von dünnen (weichen) Eiern das Gelbe, zerkleinert mit Safran und einem Wenig Opium und einer mässigen Menge süssen Weines und mit Brot. Passend sind auch die zusammenziehenden Mittel, wie gekochte Quitten oder in Wasser gekochte Granatäpfel-Schalen. Unterlassen soll man, wie gesagt, i. A. das Auge bei diesen Kranken zu verbinden. Denn es ist sehr schädlich. Sowie aber die Entzündung besänftigt ist, soll man sich auch der Umschläge enthalten wegen ihrer Schwere. Ein im Anfang passendes Collyr ist das aus Rosen des Nilus, mit Milch verdünnt einzuträufeln. Wenn aber die Behandlung anschlägt, soll man auch die Collyrien aus Myrrhe und Weihrauch und Safran anwenden. Später aber auch die aus Narde. Von aussen soll man die Lider bestreichen mit dem Rosen-Mittel des Nilus; die Stirn aber mit Akazien-Gummi und Hypocist nebst Safran und ein wenig Opium. Bähungen soll man anfangs von lauer Beschaffenheit hinzunehmen, denn die heissen verschlimmern anfangs die Entzündung; später aber muss man die Wärme steigern. Spaziergänge und die übrigen Bewegungen sind im Anfang schädlich; Bäder und die anderen Schweiss-Mittel auch noch nach dem Anfang. Des Weines soll man sich enthalten während der ganzen Kur-Dauer. Dagegen warmes Wasser als Getränk gebrauchen und weiche und leicht zu verdauende Nahrung nehmen. Ganz meiden soll man bei diesen Kranken die Blut-Entziehung aus der Stirn oder den Adern der Augenwinkel; denn danach folgt Vorfall des Augapfels, und besonders, wenn heftigere Augen-Entzündung besteht oder tiefere Verschwärung.

Cap. XXXII. Über Lid-Karbunkel. Nach Severus.

Da auch die Karbunkel zur Gattung der Pusteln gehören, und solche auch gelegentlich auf den Lidern sich bilden, und das Auge in stärkste Mitleidenschaft ziehen; wohlan, so will ich kleine Hilfsmittel auch betreffs dieser mittheilen, vorher aber die Diagnostik derselben auseinandersetzen. So manche andersartige Abscesse an den Lidern spiegeln dem Unerfahrenen den

τούτων μικρὰ βοηθήματα λέξω, τὰς διαγνώσεις αὐτῶν πρότερον ἐκθέμενος· καὶ ἕτερά τινα ἀφιστάμενα τοῖς βλεφάροις ἀνθράκων τοῖς ἀπείροις ἐμφαίνει τι[154]· κριθαὶ μὲν γὰρ καὶ φύματα καὶ ἴονθοι περὶ τὰ βλέφαρα γίγνονται, ἀλλὰ μετ'
5 ὄγκου τινὸς ταῦτα καὶ ἀφλέγμαντα ὡς ἐπὶ τὸ πολὺ καὶ οὐ πάνυ ὀδυνώδη. οἱ δὲ ἄνθρακες ἐρύθημα καταρχὰς ἴσχουσιν, ὡς διακαίεσθαι αὐτοῖς δοκεῖν τὸν ὀφθαλμόν· ὄγκον δέ τινα ἢ ἐπανάστασιν οὐ ταχέως ἐμποιοῦσι. διὰ γὰρ τὴν ἄμετρον θερμότητα ὥσπερ ῥῆξίν τινα ὑπομένει τὰ τοῦ ἄνθρακος καὶ
10 τὸ ἀπορρέον ἐξ αὐτοῦ δριμὺ καὶ δηκτικὸν ὑπάρχον τὴν μὲν ἐπιφάνειαν[154a] τοῦ ἄνθρακος ξηραίνει καὶ ἐσχαροῖ, καὶ τοῖς πλησίον δὲ τόποις τὴν νόσον ἐγκατασπείρει[154b]. παρέπεται οὖν αὐτοῖς ἰσχυρὰ φλεγμονὴ καὶ αὐτοῦ τοῦ ὀφθαλμοῦ καὶ τῶν πέριξ μερῶν καὶ μάλιστα τῶν περὶ τὰ ὦτα ἀδένων, ὥστε καὶ
15 ἑλκώσεων μεγάλων ἐνίοτε καὶ ῥήξεων τοῦ ὀφθαλμοῦ αἰτίους γίγνεσθαι, ἔτι δὲ καὶ προπτώσεων καὶ βλεφαρίδων ψιλώσεως. αἵ τε ἀπὸ τῶν ἀνθράκων οὐλαὶ παχεῖαι γίγνονται καὶ συνεχῶς ἑλκοῦνται. καὶ ἐπὶ μὲν τοῦ ἄλλου σώματος τὸ ἀπορρέον ἐκ τῶν ἀνθράκων αἷμα μέλαν εὑρίσκεται διὰ τὴν ὑπερόπτησιν·
20 ἐπὶ δὲ τῶν ὀφθαλμῶν αἷμα μὲν οὐ πάντως ἄγεται ἐκ τῶν ἀνθράκων, διὰ τὸ μηδὲ πλεονεκτεῖν ἐν τῷ ὀφθαλμῷ αἷμα. ὅθεν ὡς ἐπίπαν καὶ λευκοὶ τὴν χρόαν εἰσὶν οἱ ἐπὶ τῶν βλεφάρων ἄνθρακες. καὶ εἰ μὲν ἡ ἀπαλλαγὴ τοῦ πάθους αἰπεῖα[155] γίγνοιτο διὰ τῆς προσηκούσης ἐπιμελείας, ἀφανὴς ὁ ἄνθραξ
25 γίγνεται. εἰ δὲ ἐπιμένοι καὶ δυσδιαφόρητος γίγνοιτο, ἀναγκαίως μελαίνεται ὁ τόπος. δεῖ οὖν ἀρχομένων τῶν ἀνθράκων μὴ ἐπὶ τὰ καταπλάσματα καὶ τὰς ὑπαλείψεις εὐθέως ὁρμᾶν, ἀλλὰ κενοῦν κλυστῆρι πρῶτον τὴν κοιλίαν· εἶτα καθαίρειν γάλακτι συμμέτρως ἀπέφθῳ· ἐπὶ δὲ τῶν πολυαίμων καὶ φλεβο-
30 τομεῖν. εἶτα σπόγγῳ ἀποπυριάσαντα τοῖς ἁπλουστέροις πρῶτον κεχρῆσθαι. τοῖς γὰρ στύφουσι καὶ ψύχουσι, ἐνίοτε δὲ καὶ ξηραίνουσι φαρμάκοις χρησάμενοι τούτους[156] ἰασόμεθα. ἐπὶ μὲν οὖν τῆς ἀρχῆς, ὅτε ἡ πυράκτωσις πάρεστι, σβέσαι τὸν

---

[154] T. ἐμφαίνουσι. (Vor καὶ scheint διότι zu fehlen, und ἐν vor τοῖς.)
[154a] T. ἐπὶ φ.   [154b] T. ·σπέρει.
[155] T. αἰτία.   [156] T. τούτοις.

Karbunkel vor. Denn Gersten-Körner und Knoten und Mitesser entstehen an den Lidern. Aber diese sind mit einer gewissen Anschwellung verbunden und gewöhnlich frei von Entzündung und gar nicht schmerzhaft. Jedoch die Karbunkel sind von vorn herein behaftet mit entzündlicher Röthung, so dass den Kranken das Auge zu verbrennen scheint. Aber Geschwulst oder Erhebung bewirken sie nicht so schnell. Denn wegen der gewaltigen Hitze erleidet das Gebilde des Karbunkels gewissermassen eine Art von Aufplatzen. Und die Absonderung desselben, die von scharfer und beissender Art ist, trocknet die Oberfläche des Karbunkels und verschorft sie und theilt der Nachbarschaft die Aussaat der Krankheit mit. Es folgt aber eine heftige Entzündung, sowohl des Augapfels selber als auch seiner Umgebung und besonders der Drüsen an den Ohren, so dass (die Karbunkel) sogar grosse Verschwärung und Durchbruch des Auges verursachen und Vorfall und Wimper-Verlust. Die Narben von den Karbunkeln werden dick und schwären unablässig. Am übrigen Körper wird das aus den Karbunkeln abfliessende Blut schwarz gefunden wegen der übergrossen Erhitzung. Aber am Auge wird überhaupt kein Blut aus den Karbunkeln abgeführt, weil im Auge gar kein Überschuss von Blut vorhanden ist. Deshalb sind auch meist von weisser Farbe die Karbunkel auf den Lidern. Erfolgt schleunig die Befreiung von dem Leiden durch passende Behandlung, so wird der Karbunkel unsichtbar. Wenn er aber länger besteht und sich nicht leicht zertheilen lässt, so muss der Sitz desselben nothwendiger Weise eine schwarze Färbung annehmen.

Man soll nun im Anfang des Karbunkels keineswegs auf Umschlag und Einsalbung sich losstürzen, sondern zunächst den Darm mittelst des Klystirs entleeren; danach abführen mit mässig gekochter Milch: bei den blutreichen Kranken allerdings auch zur Ader lassen. Sodann soll man nach Schwamm-Bähung die einfachen Augenmittel anwenden. Denn durch Anwendung der zusammenziehenden und abkühlenden Mittel, gelegentlich auch der austrocknenden werden wir diese Kranken heilen. Im Anfang nun, so lange die Überhitzung besteht, müssen wir den (heissen)

χυμὸν ζητοῦντες, κορίανον[157] λειώσαντες ἐπιχρίομεν τὸ ἔρευθος τοῦ ὀφθαλμοῦ. καὶ στρύχνος δὲ ἅμα γλυκεῖ λειωθεὶς καὶ ἐπιβληθεὶς τῷ ἄνθρακι παρ' αὐτὰ τοῦτον ἀφανῆ πεποίηκε· καὶ αὕτη ἡ ἀγωγὴ ὀνίνησιν ἐν ἀρχαῖς μεγάλως· τὰ δὲ ψύχοντα καταπλάσματα προςαγόμενα ἐπὶ τῶν ἀνθράκων τῷ ὀφθαλμῷ ἀποκρούεται μὲν τὸ ἐπιρρέον[158] τῷ ἄνθρακι καὶ παύει τὰς ἐξωτέρας φλεγμονάς· φόβος δὲ, μὴ εἰς αὐτὸν τὸν ὀφθαλμὸν κατασκήψῃ. τοῦτο γὰρ εἰργάσατο ὁ στρύχνος· προςαχθεὶς σὺν γλυκεῖ ἀφανῆ μὲν τὸν ὄγκον εὐθὺς πεποίηκεν, ἐπληρώθη[159] δὲ ὁ ὀφθαλμός. τοὺς δὲ ἤδη νεμομένους ἄνθρακας ποικίλως[159a] χρὴ ἰᾶσθαι· καὶ γὰρ τὸ ἀπορρέον δριμὺ καὶ δακνῶδες ὑπάρχει, ὥστε καὶ τοὺς πλησίον τόπους ἐπινέμεσθαι τὴν διάθεσιν, καὶ κίνδυνος ἀδικηθῆναι τὸν ὀφθαλμόν. ἀνάβρωσις γὰρ εἴωθε τούτοις ἐγγίνεσθαι. προςήκει οὖν ἀποσπογγίζειν καὶ μετρίως προςαντλεῖν τὸν ὀφθαλμὸν ἀφεψήματι ῥόδων ἢ βάτων ἢ ἑλίκων ἀμπέλου[159b]. χλιαρώτερον δὲ ἔστω τὸ ἀφέψημα ἢ γαλακτῶδες μᾶλλον.

Εἰ δὲ καὶ βρυώδεις* οἱ τόποι γένοιντο, ἐκ τοῦ τὴν νομὴν ἐπὶ πλέον κεκρατηκέναι, πολλάκις γὰρ καὶ βλεφάρων ἔκπτωσις γίγνεται πρὸς τοὺς τοιούτους ῥευματισμούς, καὶ ὑποκιστίδος χυλὸν προςμίγομεν τῷ ὕδατι καὶ μυρσίνας καὶ ἀκακίαν γλυκεῖ ἀναλύσαντες ἐπιχρίομεν τοῖς τόποις. δεῖ γὰρ πρὸς τὸ θεραπευόμενον σῶμα καὶ τὰς ὕλας ἐπιλέγεσθαι τὰς μέσας μάλιστα. τῶν γὰρ πάνυ δραστικῶν φαρμάκων οὐκ ἀνέχονται οἱ τόποι· οἷός ἐστιν ἰὸς καὶ τὰ παραπλήσια. τῇ γὰρ δήξει, κἂν ἐλπίδα τῆς σωτηρίας ἔχῃ ὁ ὀφθαλμός, καὶ ταύτης ἀποστερεῖται. τὰ γὰρ νευρώδη μόρια καὶ γεγυμνωμένα μάλιστα τῶν σαρκῶν ἀδικεῖται ὑπὸ τῶν σφόδρα καιόντων[160] καὶ δακνόντων, ὥστε καὶ σφακέλους ἐπιφέρειν. τὰ τοίνυν κελύφη τῶν ῥοῶν μάλιστα τῶν ὀξειῶν ἀποζέσαντες[161] μετὰ φακῆς καὶ τὴν ἐντεριώνην[162] ἀποξύσαντες καὶ λειώσαντες σὺν ἐλαχίστῳ μέλιτι

---

[157] T. κολλύριον.   [158] T. ἀπο-.
[159] T. Vielleicht ἐπηρώθη, wurde blind.   [159a] T. -ας.
[159b] T. -ων. (Richtig gestellt nach Aegin. IV, 20.)
[160] T. καμνόντων.   [161] T. ὀξείως, ἀποζέσαντεν.   [162] T. ἐντεριόνην.

* Corn. sordidi (ῥυπώδεις).

Saft zu kühlen suchen: wir zerkleinern Koriander und streichen es auf die geröthete Partie des Auges (der Lider) auf. Auch Nachtschatten, mit süssem Wein verrieben und auf den Karbunkel gelegt, hat schon den letzteren augenblicklich zum Verschwinden gebracht. Diese Behandlung gewährt im Anfang hervorragenden Nutzen. Aber die kühlenden Umschläge, die bei dem Karbunkel auf das Auge angewendet werden, hemmen zwar den Zustrom zu dem Karbunkel und beseitigen die äusseren Entzündungen. Es besteht aber die Befürchtung, dass jener (Zustrom) den Augapfel selber angreife. Denn dies hat der Nachtschatten schon zu Wege gebracht: mit süssem Wein zusammen aufgelegt, hat er die Geschwulst zwar sofort beseitigt, aber das Auge wurde voll.

Die schon weiter fressenden Karbunkel muss man auf verschiedenfache Weise zur Heilung bringen. Was von ihnen abfliesst, ist scharf und beissend, so dass die Krankheit auch die Nachbarschaft verzehrt; und es besteht die Gefahr einer Schädigung des Augapfels selber. Denn er pflegt bei diesen Kranken angefressen zu werden. Es ist dann geboten, mit dem Schwamm abzutupfen und mässig das Auge zu übergiessen mit einer Abkochung von Rosen oder Brombeeren oder Wein-Ranken. Aber lauwarm sei die Abkochung oder eher so, wie kuhwarme Milch.

Wenn aber gar die Stelle moosartig wird, weil das Zerfressen überhand nimmt, (oft fällt sogar das Lid aus bei derartigen Flüssen!) so fügen wir auch den Saft vom Hypocist zum Wasser und nehmen Myrrhen-Beeren und Akazien-Gummi in süssem Wein auf und bestreichen damit die Stelle. Man muss ja mit Rücksicht auf den zu behandelnden Körpertheil auch die Arzneistoffe wählen, hier hauptsächlich die von mittelstarker Wirkung. Denn der Ort verträgt eben nicht die sehr heftig wirkenden Mittel, wie z. B. Grünspan und dgl. Nämlich durch ihre beissende Wirkung muss das Auge der Hoffnung auf Rettung, die sie noch etwa besitzt, verlustig gehen. Denn die sehnigen und von Fleisch entblössten Theile werden von den stark brennenden und beissenden Mitteln geschädigt, so dass dieselben sogar Brandschorf bewirken. Also die Schalen von Granatäpfeln, besonders den sauren, sieden wir mit Bohnenmehl und schaben das (an-

μεγάλην ὠφέλειαν ἐκ τούτου πεποιήμεθα. ταχεῖαν γὰρ τὴν
κάθαρσιν ποιεῖται καὶ τὰ ἐπιφερόμενα τοῖς ὀφθαλμοῖς ὑγρὰ
ποσῶς ἐφίστησι. τὰ γὰρ λιπαίνοντα ἐπιτείνει τὰς νομάς. ἐπι-
ταθείσης[162a] δὲ τῆς νομῆς οἴνῳ χρὴ ἑψεῖν τὰ σίδια καὶ καθ'
αὐτὰ χωρὶς τῆς φακῆς ἐπιτιθέναι[163]. τὰς δὲ ἐσχάρας μᾶλλον
τὰ σίδια ἐφθὰ λεῖα μετὰ μέλιτος ἐπιτιθέμενα ἀπολύει. ἔστι δὲ
καὶ σύνθετα φάρμακα καὶ τοῖς ἄνθραξιν ἁρμοδιώτατα· καὶ γὰρ
ἐν ταῖς ἀρχαῖς τῶν πυρακτώσεων ὁ δι' ἁλικακάβων* τροχίσκος
ἐπιχριόμενος ὑπερβαλλόντως σβέννυσι· ψύχει γὰρ καὶ ξηραίνει
συμμέτρως. εἰ δὲ καταστεῖλαι[164] δέοι τὰ ὑπερσαρκοῦντα, τῷ
Μοῦσα τροχίσκῳ ξηρῷ λείῳ προσαπτόμεθα. εἰ δὲ σαρκῶσαι
χρεία, ἀναλύσαντες αὐτὸν τὸν Μοῦσα τροχίσκον μετὰ ἑψήματος
ἐπιχρίομεν. εἰ δὲ ἐπουλώσεως σκοπός, πάλιν τὸν δι' ἁλικακάβων παραλαμβάνομεν. Ἀπολλώνιος δέ φησιν, ἐπὶ τῶν ἐν ὀφθαλμοῖς ἀνθράκων τῷ φαρμάκῳ τούτῳ χρώμεθα· σποδίου < δ',
λίθου σχιστοῦ < β', κρόκου τριώβολον[165], σμύρνης ἐπ' ὀλίγον
πεφωγμένης τριώβολον. λεάνας οἴνῳ εὐώδει, ἕως ξηρανθῇ.
μίσγε γλυκέος κρητικοῦ ἢ ἄλλου ὁμοίως μὴ δριμέος κοτύλην
καὶ συλλεάνας ἀναλάμβανε καὶ ὑπάλειφε. ἀφίστησι γὰρ τὰς
ἐσχάρας καὶ καθαίρει τὰ ἕλκη, κἂν ἔξωθεν τῶν βλεφάρων τὸ
πάθος ᾖ κἂν ἐν τῷ βάθει ἔνδοθεν. ποιεῖ δὲ καὶ πρὸς ῥεῦμα
καὶ πρὸς φλεγμονάς. ἐὰν δὲ πόνος τὸν ὀφθαλμὸν αὐτὸν ἔχῃ,
ὑπόχριε τῷδε τῷ κολλυρίῳ, καὶ τὴν νομὴν παραχρῆμα ἵστησι·
μολίβδου σκωρίας[166] λειωθείσης καὶ πεπλυμένης ἐξηρασμένης
< δ', νάρδου στάχυος < α', κόμεως < β', ἐλαΐνων φύλλων[167]
ρκ' χυλόν· μετὰ κοτύλης ὕδατος ἐμβαλὼν τὸν χυλὸν ⟨ἐκπίεζε⟩[168]
καὶ διηθήσας καὶ λεάνας χρῶ. ποιεῖ δὲ καὶ τὸ Νίλου διὰ ῥόδων μετ' ᾠοῦ ἐγχυματιζόμενον· μάλιστα δὲ τὸ νάρδινον τὸ
Κανδίδου ἐπιγραφόμενον, ὑποχριόμενον καθ' ὑποβολὴν[169] τῷ
βλεφάρῳ μέχρι τελείας ἀπαλλαγῆς. δεῖ γὰρ καθαρῶν γενο-

[162a] T. -εις.
[164] T. -ῆλαι.
[166] T. σκουρίας.
[168] fehlt im T.

[163] T. -έμενα.
[165] T. τριόβολον (so 2 Mal).
[167] T. ἐλαιῶν φύλλα.
[169] T. ὑπερβολὴν.

* Diosc. M. M. IV, 72. Sprengel: Strychnos halicacabus est Physalis Alkekengi.

haftende) Fleisch ab und zerkleinern jene mit wenig Honig: mit dieser Anwendung haben wir den Kranken grossen Nutzen geschaffen. Denn schnell bewirkt sie die Heilung und hemmt gewissermassen den Zustrom zum Auge. Salben vermehren das Zerfressen.

Wenn aber das Umsichfressen doch zunimmt, so muss man die Granatäpfel-Schalen in Wein kochen und für sich, ohne Bohnen-Mehl, auflegen. Aber die Brandschörfe sind besser zu beseitigen durch Granatäpfel-Schalen, die, gekocht und zerkleinert, mit Honig aufgelegt werden.

Es giebt aber auch zusammengesetzte Heil-Mittel, die sehr gut beim Karbunkel passen. Denn im Beginn der Erhitzung pflegt das Kügelchen aus Nachtschatten wunderbar zu löschen: es kühlt und trocknet in passender Weise. Wenn es aber nöthig wird, wildes Fleisch zusammenzuziehen, so legen wir Musa's trocknes Kügelchen gepulvert auf. Besteht die Nothwendigkeit, Fleisch zu schaffen, so lösen wir gleichfalls Musa's Kügelchen und streichen es mit dickgekochtem Most auf. Besteht die Anzeige zur Vernarbung, so nehmen wir wiederum das (Kügelchen) aus Nachtschatten zu Hilfe.

Apollonius aber sagt, bei den Karbunkeln am Auge gebrauchen wir folgendes Heilmittel: Metall-Asche 4 Drachmen, fasrigen Blut-Eisenstein 2 Drachmen, Safran 3 Obolen, leicht geröstete Myrrhe 3 Obolen. Zerreibe es mit duftendem Wein, bis es trocken geworden. Mische zu von süssem kretischem Wein oder von einem andren, der gleichfalls nicht herbe ist, einen Becher und nimm' es unter Zusammenreiben darin auf und streiche dies ein. Denn es beseitigt die Schörfe und reinigt die Geschwüre, sowohl wenn auf der Aussenfläche der Lider das Leiden sitzt, als auch wenn innen in der Tiefe. Er hilft auch gegen Fluss und heftige Augen-Entzündung.

Wenn aber Schmerz den Augapfel selber befällt, so streiche das folgende Collyr ein, es hemmt augenblicklich das Weiterfressen:

Von Blei-Schlacke, die zerkleinert, geschlämmt und getrocknet worden, 4 Drachmen, Spieka-Nard 1 Drachme, Gummi 2 Drachmen, von 120 Ölbaum-Blättern den Saft; mit einem Becher Wasser, den du (zu den Blättern) zusetzest, presse den

μένων τῶν ἑλκῶν προπυριάσαντας, ἔπειτα εἰς γάλα πυρῆνα μήλης βάπτοντας ὑποβάλλειν ὑπὸ τὰ βλέφαρα. καὶ τοὺς κανθοὺς ἀπ' ἀλλήλων χωρίζειν, ἵνα μὴ ἀγκύλη ἢ[170] πρόςφυσις γένηται· διὰ τοῦτο δὲ μὴ ἐπιδεῖν τὸν ὀφθαλμὸν μάλιστα μετὰ τὴν κάθαρσιν τῶν ἑλκῶν· περὶ γὰρ τὰς ἀρχὰς εἰ φλεγμοναὶ μέγισται καὶ περιτάσεις γίγνοιντο, καταπλάττειν ἀναγκαζόμεθα φακῷ ἑφθῷ μετ' ἄρτον· καὶ τὸ ψύλλιον δὲ καταπλαττόμενον παραμυθεῖται τὰς φλεγμονάς· ἐν γὰρ ταῖς περιωδυνίαις τῶν ἄλλων φλεγμονῶν τοῦ ὀφθαλμοῦ προςαγόμενον τοῖς πάσχουσιν ⟨ὕπνον⟩[171] ἐμποιεῖ· κουφότατα[172] δὲ ἔστω τὰ καταπλάσματα. ἀλλ' οὐδὲ χρὴ ἐπὶ πολὺ τοῖς καταπλάσμασιν ἐπιμένειν· ἐπιτείνει γὰρ τὴν σῆψιν καὶ μεγάλως ἀδικεῖ τὸν ὀφθαλμόν, ὥσπερ καὶ ἐπὶ τῶν φλυκταινῶν προείρηται. παρηγορήσαντες οὖν ποσῶς τὰς φλεγμονὰς ἀποσχώμεθα παραχρῆμα τῶν καταπλασμάτων, καὶ ἐπὶ τῶν ἀνθράκων καὶ ἐπὶ τῶν φλυκταινῶν. ἐπὶ δὲ τῶν περὶ τὰ ὦτα φλεγμαινόντων τῇ συμπαθείᾳ τόπων σπλήνιον ἐπιτίθει τῆς βουτυρίνης κηρωτῆς.

Περὶ καρκινωδῶν ἑλκῶν ἐν ὀφθαλμοῖς· Δημοσθένους. λγ'.

Τὰ δὲ ἐπὶ τοῦ μέλανος τοῦ ὀφθαλμοῦ γιγνόμενα ἑλκύδρια, ἀκατούλωτα, μικρά, ἐπώδυνα, ἀγγεῖα μικρὰ ἔχοντα, σκιρρώδη[173] πεφυκότα, καρκινώδη λέγεται. καὶ ἐνίοτε δόξαντα κατουλοῦσθαι ἀναλύεται χωρὶς φανερᾶς αἰτίας· νυγματώδεις δὲ

---
[170] T. ή. [171] fehlt im T. [172] T. κουφότητα.
[173] T. σκιρσώδη. Corn. varicosa = κιρσώδη, kröpfig: was minder zulässig ist. Übrigens ist in diesem Cap. nicht von Krebs, sondern hauptsächlich von ulcus serpens und andren schlimmen Zerstörungen der Hornhaut die Rede. Vgl. Gesch. d. Aug. i. A., S. 386.

Saft aus und seihe ihn durch und verreibe (damit das übrige) und wende es so an. Gut wirkt auch das Nilus Rosen-Mittel, mit Eiweiss eingeträufelt. Am besten aber des Candidus Narden-Mittel, unter das Lid eingestrichen bis zur vollständigen Beseitigung des Leidens. Man muss es nämlich, wenn die Geschwüre rein geworden, nach vorausgeschickter Bähung, mit dem in Milch getauchten Sondenknopf unter die Lider einstreichen. Auch die Lidwinkel von einander abziehen, damit keine Versteifung oder Verwachsung eintrete. Darum soll man das Auge auch nicht verbinden, besonders nach der Reinigung der Geschwüre.

Im Anfang, wenn stärkste Entzündung und Spannung besteht, werden wir gezwungen zu Umschlägen mittelst gekochtem Bohnenmehl und Brot. Auch Umschlag von Flohkraut besänftigt die Entzündung: denn auch bei den heftigen Schmerzen der andren Augen-Entzündungen pflegt es, aufgelegt, den Kranken Schlaf zu bringen. Aber ganz leicht müssen die Umschläge sein. Auch darf man nicht lange bei den Umschlägen verharren. Denn sie steigern die Fäulniss und schädigen das Auge erheblich, wie ich auch schon bei den Pusteln erwähnt habe. Sobald wir also einigermassen die Entzündung beschwichtigt haben, werden wir uns sofort der Umschläge enthalten, ebenso beim Karbunkel wie bei den Pusteln.

Auf die am Ohr durch Mitleiden entzündeten Stellen leg' ein Bäuschchen mit Butter-Wachs-Salbe.

Cap. XXXIII. Über krebsige Geschwüre in den Augen. Nach Demosthenes.

Die auf dem Schwarzen des Auges entstehenden Geschwüre, die nicht vernarben, klein, schmerzhaft, mit feinen Blutgefässen ausgestattet sind, — wenn diese sich verhärten, werden sie krebsig genannt. Und, wenn sie zuweilen zu vernarben scheinen, zerfallen sie wieder ohne sichtbare Ursache. Durchfahrende Stiche entstehen bis zu den Schläfen. Es erfolgt bei diesen Kranken ein Fluss mässig scharfer und dünner Absonderung. Und das Weisse im Auge und sogar auch das Schwarze ist immer

διαδρομαὶ γίγνονται μέχρι κροτάφων· καὶ παρέπεται αὐτοῖς
ῥευματισμὸς ὑγροῦ συμμέτρως[174] δριμέος καὶ λεπτοῦ· καὶ τὸ
ἐν τῷ ὀφθαλμῷ λευκὸν καὶ τὸ μέλαν ἀεὶ ἐνερευθές ἐστι· καὶ
ἀνορεκτοῦσι πρὸς τροφήν, ἐπιτείνονται δὲ αὐτοῖς σφοδρῶς αἱ
5 ἀλγηδόνες ἐγχριομένοις[175] δριμυτέροις φαρμάκοις· γίγνεται
δὲ τὸ πάθος μάλιστα πρεσβυτέροις ἐπὶ πολυχρονίοις ὀφθαλ-
μίαις καὶ γυναιξὶν, αἷς ἐκλέλοιπε τὰ καταμήνια.

θεραπευτέον δὲ ἐπιμελουμένους τοῦ παντὸς σώματος καὶ
προλέγοντας μὲν, ὅτι εἰς τέλος ἀποκαταστῆσαι αὐτὰ ἀδύνα-
10 τον, πραΰνεσθαι δὲ οἷόν τε, πρότερον μὲν διὰ τῆς προσηκούσης διαίτης, ἔπειτα δὲ καὶ διὰ φαρμάκων παραμυθεῖσθαι τὰς
ὀδύνας δυναμένων. ἡ μὲν οὖν δίαιτα τοιαύτη ἔστω· μετὰ τὴν
ἀπὸ κοίτης ἐπανάστασιν συναλείψαντα μετρίως τὸ σῶμα ἐλαίῳ
γλυκεῖ, τὴν δὲ κεφαλὴν ῥοδίνῳ ὀλίγῳ ἢ ὀμφακίῳ[176], ῥάκος
15 πρασόχροον παραπετάσαντα τῷ ὀφθαλμῷ περιπατεῖν κέλευε
ἐν τόπῳ σκοτεινῷ καὶ νηνέμῳ[177], χωρὶς λαλιᾶς καὶ τῆς ἄλλης
διατάσεως, μὴ σείοντα τὴν κεφαλήν, καθόσον οἷόν τε, πλείονι
δὲ χρώμενον καὶ ἠρεμαίῳ περιπάτῳ. ἔπειτα εἰσελθόντα εἰς
οἴκημα σκοτεινὸν καὶ μὴ ἄγαν φωτεινὸν πάλιν ἀλείφειν δι'
20 ἑτέρου τὸ σῶμα χωρὶς κεφαλῆς, τρίβοντα[178] μάλιστα ὀσφὺν
καὶ τὰ κάτω μέρη· ἔπειτα λαμβάνειν γάλακτος μετρίως ἑψη-
μένου καὶ ἀφηρημένου[179] τοῦ ἐπιπάγου ὅσον κοτύλην. τὰς
γὰρ ἐπιφερομένας δριμύτητας ἀμβλύνει καὶ τὴν κοιλίαν εὔλυτον ποιεῖ. εἰ δὲ ἀθέτως ἔχει πρὸς γάλα, πάλην[180] ἀλφίτου
25 ἐπιπάσσειν γλυκεῖ[181] συμμέτρως[182] θερμῷ κεκραμένῳ[182a] καὶ
διδόναι ῥοφεῖν. μετὰ δὲ τοῦτο εἰ πρόσπεινοι γένωνται, δυσὶν
ᾠοῖς ῥοφητοῖς[183] ἀρκεῖσθαι, καὶ τὸν ἡμερινὸν ὕπνον παραιτεῖσθαι. περὶ δὲ ὥραν δεκάτην τριψάμενοι παραλαμβανέτωσαν
ἄρτον[184] καθαρὸν μετὰ προσεψήματός τινος τῶν ὑπόγλισχρόν
30 τι ἐχόντων, οἷον ᾠὰ ῥοφητὰ, ἐγκέφαλον χοίρειον δυσὶν ἑψη-

---

[174] T. -ου.   [175] T. ἐπιχριόμεναι. (Uns wäre φαρμάκῳ lieber.)
[176] T. ὀμφακίνῳ.
[177] T. ἀνέμῳ. (Die einfachste Richtigstellung wäre ἀνέμου χωρὶς ⟨καὶ⟩ λ.).   [178] τρίβοντος wäre richtiger.   [179] T. ἀφηρημένου.
[180] T. πάλιν.   [181] T. -ύ.   [182] T. -ῷ.
[182a] T. -μμ.   [183] T. ῥοφὴ τοῖς.   [184] T. ἄρτων.

roth. Die Kranken sind völlig appetitlos. Gesteigert werden ihre Schmerzen erheblich, wenn man ihnen schärfere Mittel einstreicht. Das Leiden befällt hauptsächlich Greise, im Verlauf langwieriger Augen-Entzündungen, und Frauen, denen die monatliche Reinigung ausgeblieben.

Behandeln muss man das Leiden mit der Sorge für den ganzen Körper und der Vorhersage, dass dies vollständig zu beseitigen unmöglich sei. Aber es könne gemildert werden, erstlich durch die passende Lebensweise, sodann auch durch Heilmittel, welche die Schmerzen zu beschwichtigen vermögen. Die Lebensweise* soll folgendermassen geregelt werden. Nach dem Aufstehen soll der Kranke mässig den Leib mit süssem Öl einreiben, den Kopf aber mit einem wenig Rosen-Öl oder Trester-Saft; dann ein grünes Läppchen vor das (leidende) Auge hängen und spazierengehen an einem schattigen, windstillen Ort, ohne Schwatzen und sonstige Anstrengung, ohne, soweit es möglich, den Kopf zu schütteln; und so einen längeren und ruhigen Spaziergang machen. Dann soll er sich in ein dunkles und gar nicht sehr (durch Lampen) erhelltes Zimmer begeben und sich mit Hilfe eines andren den Körper einsalben, mit Ausnahme des Kopfes, und hauptsächlich die Hüfte und die unteren Extremitäten einreiben, darauf von mässig gekochter, abgerahmter Milch etwa einen Becher nehmen. Denn diese stumpft die zuströmenden Schärfen ab und macht offenen Leib. Wenn er aber Milch gar nicht verträgt, so muss man feines Gerstenmehl auf süssen Wein streuen, der passend mit warmem Wasser verdünnt ist, und ihn zu trinken geben. Nachher aber, wenn sie hungrig geworden, müssen sie sich mit zwei Trink-Eiern begnügen und ferner den Schlaf bei Tage unterlassen. Aber um 10 Uhr** sollen sie, nach einer Einreibung, reines Brot zu sich nehmen mit einem Zugericht von den schleimigen, wie z. B. Trink-Eier, Ferkel-Hirn, zweimal mit Wasser gekocht;

---

* Eine sorgfältige, kulturgeschichtlich höchst merkwürdige Abhandlung.

** d. h. etwa zwei Stunden vor Sonnen-Untergang. (Vgl. H. d. klass. Alterth. W. I, 718.)

μένον ὕδασιν ¹⁸⁵· ἰχθῦν δὲ σμύραιναν, νάρκην ¹⁸⁶, γλαυκίσκον·
λαχάνων δὲ μαλάχην, ἀνδράφαξιν, θριδακίνην. προςφέρεσθαι
δὲ καὶ ἄλικα καὶ ὄρυζαν καὶ λάχανον ¹⁸⁷ ἐν ζωμῷ ὄρνιθος
ἑψημένον, πόδας ὑὸς καὶ ἀγκύλας πάνυ κατέφθους· πάντα
δὲ μέτρια ἔστω. οἶνον δὲ πίνειν λευκὸν καὶ λεπτὸν ὑπόστυ-
φον, σύμμετρον καὶ αὐτόν. ταριχηρῶν δὲ πάντων καὶ ὀσπρίων
παντάπασιν ἀπέχεσθαι καὶ βαλανείου, εἰ μὴ ἀνάγκη γένοιτο,
ἢ κόπου ἕνεκα ἢ βραδυπεψίας. καὶ τότε μὴ χρονίζειν ἐν
αὐτῷ ¹⁸⁸, ἀλλὰ ταχέως ἐξιέναι. περιωδυνίας δὲ καὶ ῥευματισ-
μοῦ γενομένου, ἐγχριστέον φαρμάκοις τοῖς πρὸς τὰ καθαρὰ
ἕλκη ἁρμόζουσιν ἀδήκτοις, οἷόν ἐστι τὸ σποδιακὸν καὶ τὸ
Κλέωνος καὶ τὰ παραπλήσια. ἐγχυματίζειν δὲ συνεχῶς τὸν
ὀφθαλμὸν ᾠῷ ἢ γάλακτι γυναικείῳ χλιαρῷ· πραΰνει δὲ καὶ
τοῦ φακοῦ τὸ ἀφέψημα ἐγχυματιζόμενον ἢ ἀρνογλώσσου ἢ ἀν-
δράχνης. πρὸς δὲ τὰς τῶν κροτάφων ἀλγηδόνας τῷ Νίλου
διαρρόδῳ κολλυρίῳ, εἰ δὲ διὰ τὰς σφοδρὰς φλεγμονὰς καταπλάττειν ἀναγκασθῶμεν, τῷ διὰ κωδύων καταπλάσματι
χρηστέον ¹⁸⁹ κουφοτάτῳ. προείρηται δὲ ὅτι φεύγειν δεῖ τὰ
καταπλάσματα ἐπὶ τῶν θερμὴν διάθεσιν ἐχόντων ὀφθαλμῶν.
προςμίγειν δὲ τῷ διὰ κωδύων ἐπὶ τούτων καὶ κρόκον καὶ
γάλα γυναικεῖον.

Περὶ κακοήθων ἑλκῶν ἐν ὀφθαλμοῖς. λδ΄.

Ἄλλα δὲ κακοήθη γίγνεται ἕλκη, τὰ μὲν ἀπὸ τοῦ μεγάλου
κανθοῦ ἀρχόμενα, τὰ δὲ ἀπὸ τοῦ μέλανος, τὰ δὲ ἀπὸ τοῦ
λευκοῦ, καὶ διαβιβρώσκει ταχέως τὸν ὀφθαλμὸν καὶ μάλιστα
ἐπὶ τῶν κακοχύμων σωμάτων καὶ δριμυφαγίαις κεχρημένων.
ἰχῶρές τε ἀπὸ τοῦ ἕλκους ἀπορρέουσι πολλοὶ καὶ δυςώδεις
καὶ παρέπονται αὐτοῖς ἀλγηδόνες σφοδραὶ καὶ πυρετοί, πολλάκις δὲ καὶ κοιλίας ῥύσις. ἐπινέμεται δὲ ἐνίοτε τὰ ἕλκη καὶ
τοὺς πλησίον τόπους τῶν ὀφθαλμῶν.

---

¹⁸⁵ T. ὕδατι.   ¹⁸⁶ T. -αν.
¹⁸⁷ T. λάγανον (λαγάνιον = Ölkuchen).   ¹⁸⁸ T. ἑαυτᾷ.
¹⁸⁹ T. χριστέον.

von Fischen aber Muräne, Roche, Bläuling; von Gemüsen Malve, Spinat, Lattich. Zugeben kann man auch Speltgraupen und Reis und Grünes, in Hühnerbrühe gekocht, Schweinsfüsse und Knöchel, gut durchgekocht. Alles sei in mässiger Menge. Wein soll der Kranke trinken, weissen und dünnen, leicht herben, auch diesen in mässiger Menge. Des Eingesalzenen und der Hülsenfrüchte muss er sich gänzlich enthalten und auch des Bades, wenn nicht die Nothdurft zwingt, sei es wegen Ermattung oder schlechter Verdauung. Und dann soll er nicht lange darin bleiben, sondern rasch wieder herausgehen. Wenn aber Schmerz und Fluss besteht, muss man Heilmittel einstreichen, die für die reinen Geschwüre passenden, nicht beissenden, wie das Asch-Collyr und das von Kleon und dgl. Das Auge muss man regelmässig einträufeln mit Eiweiss oder Frauenmilch in lauem Zustand. Es lindert auch die Einträuflung einer Abkochung, sei es von Bohnenmehl, sei es von Schafs-Zunge oder Portulack. Gegen die Schläfen-Schmerzen haben wir das Rosen-Collyr des Nilus, wenn wir aber durch heftige Entzündung zu Umschlägen gezwungen werden, die aus Mohn-Köpfchen anzuwenden, und zwar ganz leichte. Es ist aber schon gesagt, dass Umschläge zu meiden sind bei heisser Augen-Krankheit. Dem Mohnkopf-Mittel ist bei diesen Kranken etwas Safran und Frauen-Milch zuzufügen.

Cap. XXXIV. Über die bösartigen Geschwüre am Auge.*

Andre bösartige Geschwüre entstehen, theils von dem grossen Winkel beginnend, theils von dem Schwarzen, theils von dem Weissen des Auges, und zerfressen schnell den Augapfel: besonders bei schlechten Säften des Körpers und bei scharfer Kost. Und von dem Geschwür strömt viel und übelriechende Flüssigkeit, und heftige Schmerzen und Fieber treten auf bei den Kranken, oft auch flüssiger Durchfall. Bisweilen zerstört das Geschwür auch die Nachbarschaft des Auges. Behandeln muss man auch diese fressenden Geschwüre mit der vorher geschil-

---

* Das ist unser Krebs.

θεραπευτέον δὲ καὶ τὰς τοιαύτας νομὰς τῇ προειρημένῃ διαίτῃ χρωμένους, πλὴν τοιαῦτα διδόναι ὅσα οὐ λύει τὴν κοιλίαν· ὅθεν μᾶλλον ἐπὶ τούτων τῷ τῶν πτηνῶν[189a] γένει καὶ μάλιστα τῶν ὀρείων χρηστέον. τὸν δὲ ὀφθαλμὸν ἐγχυματιστέον ᾠῷ ἢ γάλακτι καὶ τοῖς προρρηθεῖσι κολλυρίοις. ἐὰν μέντοι ἡ νομὴ ὑπεραίρῃ τοὺς ὀφθαλμούς, θεραπευτέον οὕτως· πομφόλυγα καλλίστην πεπλυμένην δεῖ ἐν γάλακτι γυναικείῳ ἐπιχρίειν καὶ ἐπάνω πτύγματα[190] ἐπιτιθέναι, προαποκλύσαντα τοὺς ἰχῶρας ὕδατι, εἶτα καὶ γάλακτι. ποιεῖ δὲ ὁμοίως καὶ τὸ ψιμμύθιον πεπλυμένον καὶ ἐξηρασμένον καὶ σὺν τῷ γάλακτι προσαγόμενον, καὶ μολύβδου ἀπόπλυμα ξηρόν, ὅπερ λειουμένης θυίας μολυβδαίνης[191] δοίδυκι[192] μολυβδαίνῳ συνάγεται. ποιεῖ δὲ καὶ σκωρία[193] μολύβδου πεπλυμένη καὶ ἄμυλον, ἕκαστον δὲ μετὰ γάλακτος γυναικείου. καταπλάσματα δὲ εἴγε ἀναγκασθείημεν προσάγειν, μῆλα κυδώνια ἑφθὰ προσαγέσθω ἢ ῥόδα χλωρὰ ἢ ξηρὰ οἴνῳ βεβρεγμένα, πολύγονον, στρύχνον, ἀείζωον, σέρις[194] μετὰ πάλης[195] ἀλφίτου· ἐὰν δὲ τὰ κατὰ τὸ μέτωπον καὶ κατὰ τοὺς κροτάφους ἀγγεῖα εἴη κεκυρτωμένα, ἀγγειολογεῖν χρή.

Περὶ μυιοκεφάλων[196]. λε΄.

Τῶν ἑλκῶν βαθυντένθων, ὅσα δι' ἀνάβρωσιν ἢ ῥῆξιν γίγνεται τοῦ κερατοειδοῦς χιτῶνος, προπίπτει μέρος τοῦ ῥαγοειδοῦς· καὶ τὸ προπεπτωκὸς[197] μέλαν ἢ κυανοῦν φαίνεται· κύκλῳ δὲ περὶ τὴν βάσιν τοῦ προπεσόντος λευκὰ φαίνεται τὰ χείλη τοῦ διαβρωθέντος κερατοειδοῦς. καὶ εἰ ἔτι μᾶλλον χρονίσαι[198] τὸ προπεσόν, τυλωδέστερα γινόμενα

[189a] T. τῷ πτηνῷ.   [190] T. ἐπανώματα.   [191] T. μολίβδου u. s. f.
[192] T. διδ.   [193] T. σκορία.   [194] T. σέριν.
[195] T. πάλιν. μετὰ mit Acc. = mit ist neugriechisch und unsrem Aët. fremd.
[196] T. μυοκεφάλων, und so im fgd. Text.
[197] Im Text danach noch μέλος, ein Fehler des Abschreibers.
[198] T. -οι.

derten Lebensweise: nur soll man solche Dinge reichen, welche nicht abführen. Deshalb muss man bei diesen Kranken mehr die Geflügel-Arten und besonders die wilden in Anwendung ziehen. In's Auge muss man träufeln Eiweiss oder Milch und die vorher erwähnten Collyrien. Wenn aber das fressende Geschwür hineindringt in das Auge, hat man die folgende Behandlung anzuwenden: beste Zinkblume, geschlämmt, in Frauenmilch gelöst, einzustreichen, und darüber Compressen aufzulegen, nachdem man zuvor die Jauche mit Wasser und sodann auch mit Milch abgespült hat. Ebenso wirkt Bleiweiss, geschlämmt und getrocknet und dann mit Milch aufgetragen, und trockner Blei-Staub, den man gewinnt, wenn man einen bleiernen Mörser mit der bleiernen Keule klopft. Es wirkt auch gewaschene Blei-Schlacke und Feinmehl: jedes (der genannten Mittel) mit Frauen-Milch zusammen. Was Umschläge betrifft, falls wir zu ihrer Anwendung gezwungen werden sollten, so müssen gekochte Quitten aufgelegt werden oder Rosen, mögen sie frisch oder trocken sein, in Wein aufgeweicht; Blutkraut, Nachtschatten, Hauslaub, Wegwart, mit Gerstenmehl. Wenn aber auf der Stirn und an den Schläfen geschlängelte Blutgefässe sich finden, muss man dieselben durchschneiden.

Cap. XXXV. Über den Fliegenkopf.

Wenn die Geschwüre sich vertiefen, welche durch Zerfressen oder Zerreissen der Hornhaut entstehen, so fällt vor ein Theil der Regenbogenhaut. Der Vorfall erscheint schwarz oder blau; rings um die Grundfläche des Vorfalls erscheinen weiss die Wundränder der durchfressenen Hornhaut. Und, wenn der Vorfall erst noch älter geworden, so sind auch die Wundränder des Durchbruchs noch schwieliger geworden und müssen erst recht noch weisser erscheinen. Verzogen ist aber jedenfalls die Pupille bei dem Vorfall der Regenbogenhaut, so dass sie gar nicht sichtbar bleibt oder doch geändert ist in ihrer Lage und Gestalt. Hierdurch wird der Fliegenkopf von der Pustel unterschieden. Fliegenkopf aber heisst (der kleine Iris-Vorfall), weil

τὰ χείλη τῆς ῥήξεως τοῦ κερατοειδοῦς ἔτι καὶ μᾶλλον λευκότερα φανεῖται. παρέσπασται δὲ πάντως ἐπὶ τῆς τοῦ ῥαγοειδοῦς προπτώσεως ἡ κόρη, ὥστε μηδόλως φαίνεσθαι ἢ παρηλλαγμένη τήν τε θέσιν καὶ τὸ σχῆμα· καὶ τούτοις διορίζεται[198a] τὸ μυιοκέφαλον τῆς φλυκταίνης. μυιοκέφαλον δὲ λέγεται, ἐπειδὴ τῷ σχήματι προςέοικε μυίας κεφαλῇ· ἀποκρουστικῶν δὲ καὶ στυπτικῶν δεῖται φαρμάκων, ὁποῖά ἐστι μάλιστα τὰ δι' οἴνου σκευαζόμενα· ὁποῖόν ἐστι τοῦτο εὐδοκιμοῦν ἐπ' αὐτῶν· καδμίας, χαλκοῦ, χαλκίτεως ὠμῆς ἀνὰ Γο. α', ἰοῦ < δ', σμύρνης τρωγλίτιδος < β'S, κρόκου < β', ἁλὸς ἀμμωνιακοῦ < δ', κόμεως < δ', οἴνῳ παλαιῷ στύφοντι ⟨ἀναλάμβανε⟩[199]. ποιεῖ ⟨καὶ⟩[200] πρὸς πτερύγια, ἐγκανθίδας[201], τραχώματα, σμήχει καὶ τὰς οὐλάς. ἐν ἄλλῳ εὗρον οὕτως ⟨καὶ⟩[202] πρὸς σταφυλώματα ποιοῦν· μίσυος ὠμοῦ < ιβ', λείου ὕδατι, ὡς κοχλιάριον· εἶτα ἐπίβαλλε κρόκου λειοτάτου < κ' καὶ πάλιν λεῖον· εἶτα σμύρνης < δ', καὶ ἀναπλάσας χρῶ. μετὰ δὲ τὴν ἔγχρισιν ἐπιχρίσας ἐξ αὐτοῦ καὶ σπόγγον ἁπαλὸν ἐπιθεὶς ἐπίδησον. Ἄλλο καλόν, ποιεῖ καὶ ἐπὶ σταφυλωμάτων· μίσυος ὠμοῦ Γο β', κρόκου Γο α', κόμεως Γο α', οἴνῳ λείου, καὶ χρῶ. παραδόξως δὲ ποιεῖ ἐπ' αὐτῶν καὶ τὸ Θεοδότιον Σεβήρου· εἰ μὲν ἀποφλέγμαντοι εἶεν, παχύτερον ἔγχριε· εἰ δὲ πεφλεγμένοι[203], ἐγχυμάτιζε μετ' ᾠοῦ, μάλιστα τῷ Θεοδοτίῳ. παραλαμβανέσθω δὲ ἐπ' αὐτῶν καὶ ἡ προςήκουσα ἐπίδεσις. καταπλαττέσθω δὲ τὰ φλεγμαίνοντα τῷ διὰ κωδύων καταπλάσματι ἢ ψυλλίῳ βραχέντι ὕδατι θερμῷ. κολλύριον τοῦ Ὥρου[204] πρὸς μυιοκέφαλα ποιοῦν μετὰ τοῦ Θεοδοτίου, ποιεῖ καὶ πρὸς τὰ χρόνια λεπτὰ ῥεύματα· καδμίας, χαλκοῦ, κρόκου, λεπίδος ἀνὰ < η', ὀπίου < ιβ', μίσυος κεκαυμένου[205], ζιγγιβέρεως, ἀκακίας, κόμεως ἀνὰ < δ', ὕδωρ.

[198a] T. δ' ὀρ.
[199] fehlt im Text.
[200] fehlt im Text, woselbst: ποιεῖ. Πρός.
[201] T. ἐγκαθίδας.   [202] fehlt im T.
[203] T. φλεγμένοι.   [204] T. ὥρον.   [205] T. -ης.

er nach seiner Gestalt dem Kopf einer Fliege ähnlich sieht. Aber der ätzenden und zusammenziehenden Mittel bedarf er, wie z. B. der mit Wein hergestellten. Hierzu gehört das folgende, das hierbei sich bewährt:

Galmei, Kupfer, rohes Kupfer-Erz, je eine Unze, Grünspan 4 Drachmen, Höhlen-Myrrhe 2½ Drachmen, Safran 2 Drachmen, Ammon'sches Steinsalz 4 Drachmen, Gummi 4 Drachmen; nimm es auf mit altem, herbem Wein. Es wirkt auch gegen Flügelfell, Karunkelgeschwulst, Körnerkrankheit, und beseitigt auch Narben. Bei einem andren Verfasser fand ich folgendes Recept, auch gegen Staphylom: rohes Misy (Vitriol-Erz) 12 Drachmen; verreibe es mit Wasser, einem Löffel voll; dann füge gepulverten Safran 20 Drachmen hinzu und verreibe es noch einmal; dann Myrrhe 4 Drachmen; bilde daraus ein Collyr und wende es an. Nach dem Einstreichen (in's Auge) streiche davon auch auf (die Lider), lege darüber einen zarten Schwamm und einen Verband. Noch ein andres gutes Mittel, das gleichfalls gegen Staphylom wirkt: rohes Misy 2 Unzen, Safran 1 Unze, Gummi 1 Unze; verreibe es mit Wein und wende es an. Wunderbar wirkt hierbei auch das Theodotische Collyr des Severus. Wenn die Kranken frei von Entzündung, streiche es dicker ein; wenn Entzündung besteht, träufle das Mittel mit Eiweiss verdünnt ein, hauptsächlich das Theodotische. Hinzuzufügen ist bei diesen Kranken auch der passende Verband. Umschläge sind anzuwenden bei den entzündlichen Zuständen, die aus Mohn-Köpfchen, oder Flohkraut, in warmem Wasser aufgeweicht.

Collyr des Horus, gegen Fliegenkopf wirksam zusammen mit dem Theodotischen; es wirkt auch gegen andauernden, dünnen Fluss: Galmei, Kupfer, Safran, Hammerschlag je 8 Drachmen, Opium 12 Drachmen, geröstetes Misy (Vitriol-Erz), Ingwer, Akazien-Gummi, Gummi je 4 Drachmen, Wasser.

Περὶ σταφυλωμάτων λϛ'.

Διαφοραὶ μὲν τῶν σταφυλωμάτων πλείους, διότι καὶ αἰτίαι[205a] τοῦ πάθους ποικίλαι· ὡς ἐπίπαν δὲ, ὅπως ἂν γένηται σταφύλωμα, πηροῖ τὴν ὄψιν. καλεῖται δὲ σταφύλωμα, ὅταν ὁ κερατοειδὴς χιτὼν κυρτωθῇ καὶ τὴν ὑπεροχὴν ῥαγὶ σταφυλῆς παραπλησίαν ποιήσηται. γίγνεται δέ ποτε μὲν ὑγρῶν ὑπαχθέντων ὑπό τινα τῶν κτηδόνων τοῦ κερατοειδοῦς χιτῶνος· ὑφ' ὧν ὑγρῶν βιαζόμενον[206] ὑφίστασθαι συμβαίνει τὸν κερατοειδῆ καὶ κυρτούμενον ποιεῖν τὸ σταφύλωμα, χωρὶς ῥήξεως. γίγνεται δὲ τοῦτο καὶ ἔκ τινος φλυκταινώδους μεταξὺ τῶν κτηδόνων τοῦ κερατοειδοῦς χιτῶνος, ἐφ' ἱκανὸν βάθος συστάντος καὶ μετεωρήσαντος τὸν χιτῶνα, μὴ μέντοι γε ῥήξαντος. καλοῦσι δὲ σταφύλωμα καὶ ὅταν κατὰ ῥῆξιν τοῦ κερατοειδοῦς πρόπτωσις μεγάλη τοῦ ῥαγοειδοῦς γένηται. διαφέρει δὲ τοῦτο τοῦ πρώτου, ὅτι ἐπ' ἐκείνου κύρτωσίς ἐστι μόνη τοῦ κερατοειδοῦς χιτῶνος, ὅθεν καὶ λευκότερος ὅλος ὁ ὄγκος φαίνεται· ἐπὶ δὲ τῶν ἄλλων καὶ ῥῆξις γέγονε τοῦ κερατοειδοῦς καὶ τὸ προπεσὸν κυανοῦν ἢ μέλαν φαίνεται. ὅταν δὲ μέγιστον γένηται σταφύλωμα, ὡς ὑπεραίρειν ἔξω τὰ βλέφαρα, καὶ σκληρυνθῇ, περιουλωθέντος αὐτοῦ κατὰ κύκλον τοῦ κερατοειδοῦς καὶ σφίγγοντος τὸ τοιοῦτον πάθος, ἧλον καλοῦσιν, ἐπειδὴ προσέοικε κατὰ πάντα ἥλου κεφαλῇ. τὸ μὲν οὖν πάθος ὅπως ἂν γένηται, δυσὶ δεδούλευκε κακοῖς, βλάβῃ[207] τε τοῦ ὁρᾶν μετὰ τῆς ἀπρεπείας τοῦ σχήματος. εἰς τὸ κατὰ φύσιν μὲν οὖν ἐνέγκαι τὸν οὕτω παθόντα ὀφθαλμὸν ἀδύνατόν ἐστι τῇ τέχνῃ. τῆς δὲ εὐπρεπείας καὶ τοῦ σχήματος δυνατὸν φροντίσαι διὰ τῆς χειρουργίας μάλιστα. θεραπευτέον οὖν, ὅσα μὲν τῶν σταφυλωμάτων νεοσύστατά ἐστι καὶ διὰ φλεγμονήν τινα ἐκυρτώθησαν οἱ ὑμένες, χρώμενον τοῖς πρὸς φλεγμονὰς ἀναγεγραμμένοις καταπλάσμασι καὶ τῇ ὁμοίᾳ διαίτῃ. ἐφ' ὧν δὲ ὑπὸ τὰς κτηδόνας[207a] τοῦ κερατοειδοῦς ὑγρῶν τινων ὑπελθόντων τὴν κύρτωσιν εἰργά-

---

[205a] T. -α.   [206] T. -ένων.   [207] T. βλάβη.   [207a] T. κτι.

Cap. XXXVI. Über das Staphylom (die Beeren-Geschwulst).

Es giebt verschiedene Arten des Staphyloms, weil auch die Ursachen des Leidens so mannigfaltig sind. In der Regel aber, wie auch das Staphylom entstanden sein mag, zerstört es die Sehkraft. Es heisst aber Staphylom, wenn die Hornhaut sich vorwölbt und eine Hervorragung bewirkt, welche der Beere einer Weintraube gleicht. Es entsteht aber einmal, wenn Flüssigkeit sich ansammelt unter einer der Hornhaut-Schichten, und von dieser Flüssigkeit sodann die Hornhaut gezwungen wird nachzugeben und sich vorwölbend die Beerengeschwulst zu bilden, ohne Zerreissung. Dies geschieht auch in Folge einer pustel-artigen Bildung zwischen den Schichten der Hornhaut, welche in hinreichender Tiefe sich entwickelt und die Haut emporgehoben, jedoch nicht gesprengt hat. Man nennt es aber auch zweitens dann Staphylom, wenn unter Zerreissung der Hornhaut ein grosser Vorfall der Regenbogenhaut eingetreten ist. Es unterscheidet sich aber der letzte Fall von dem ersten dadurch, dass bei dem ersten allein Vorwölbung der Hornhaut vorliegt, weshalb auch der ganze Wulst weisslicher erscheint*; im zweiten Falle hingegen auch Durchbruch der Hornhaut erfolgt ist, und der (Iris-) Vorfall blau oder schwarz erscheint.

Wenn aber (dies) Staphylom sehr gross wird, so dass es aussen die Lider überragt, und sich verhärtet hat, indem die Hornhaut selber kreisförmig ringsherum vernarbt und jenes so geartete Gebilde einschnürt; so nennt man es Nagel, da es vollkommen dem Kopf eines Balken-Nagels gleicht.

Wie nun auch das Leiden entsteht, immer unterliegt es zwei Nachtheilen: einmal der Schädigung des Sehens, sodann der Entstellung des Aussehens.

Zur Norm zurückzubringen einen so leidenden Augapfel ist unmöglich für die Kunst. Für gutes Aussehen und die Form kann man sorgen, hauptsächlich durch Operation.

---

* Narben-Staphylom der Hornhaut. Das folgende ist Iris-Staphylom.

σαντο*, εἰ μὲν ὀδύνη συνεδρεύοι, καταπλάσσειν λινοσπέρμῳ μετὰ τήλεως σὺν ὑδρομέλιτι ἐφθοῖς. παρακμασάντων δὲ τῶν ἀλγημάτων κυάμινον ἄλευρον μετὰ ῥόδων ἢ λινοσπέρμου σὺν ὕδατι ἢ βάτου φύλλα²⁰⁸ ἢ βρυωνίας** βότρυας ὀμφακίζοντας σὺν βουτύρῳ καὶ τερεβινθίνῃ ἴσαις λεάνας ἐπιτίθει, καὶ ἐπίδησον. ἐπὶ δὲ τῶν ὀδυνωμένων ἁρμόδιος²⁰⁹ στρύχνου χυλὸς²¹⁰ μετὰ γάλακτος γυναικείου ἐγχυματιζόμενος. κολλύριον δὲ ἐπὶ τῶν ἀποφλεγμάντων ἁρμόδιον τοῦτο· ἀλκυονίου < δ', ἁλὸς ἀμμωνιακοῦ Γο α', ἀφρονίτρου < α', ἐλαίας ἀγρίας δακρύου < α', κόμεως Γο β', ὕδωρ. Τὸ δὲ Σεβήρου Θεοδότιον κολλύριον χυλῷ κράμβης ἀνιέμενον καὶ πάχυ πλῆθος προςαγόμενον τῷ ὀφθαλμῷ μετὰ καὶ τῆς τοῦ σπόγγου ἐπιδέσεως²¹¹ ἀφανῆ τὸν ὄγκον πεποίηκεν, εἰ μὴ χρόνιον εἴη τὸ πάθημα. δυςθεράπευτα δέ ἐστι σταφυλώματα, ὅσα πλατυτέραν ἔχει τὴν βάσιν καὶ ὅσα φλέβας ἔχει πλήρεις αἵματος διαπεφυκυίας. ἀθεράπευτα δέ ἐστι τὰ ὀχθώδη καὶ ποικίλα τῷ χρώματι καὶ κροτάφων ἀλγήματα ποιοῦντα· τούτοις δὲ οὐδὲν ἕτερον προςάγειν πλὴν τῶν πραΰνειν τὰς ἀλγηδόνας δυναμένων, ἅτινα ἐπὶ τῶν κακοήθων ἑλκῶν προείρηται.

Χειρουργία σταφυλωμάτων. λζ'.

Ἐπὶ μὲν οὖν στενῇ βάσει κεχρημένων σταφυλωμάτων καὶ μὴ κακοήθων ἔργον εὐθετεῖ τὸ κατὰ σφίγξιν· οὗ ὁ τρόπος τοιοῦτος· βελόνας δύο λαμβάνειν χρὴ λίνον ἐχούσας

---

²⁰⁸ T. -οις.   ²⁰⁹ T. -ν.   ²¹⁰ T. -ν.   ²¹¹ T. ἐπιδόσεως.

* Unregelmässige Satzbildung; wir erwarten ταῦτα τὴν κύρτωσιν εἰργάσατο (oder besser ἢ κ. ἐγένετο). — Oder man ergänze ἐπαναστάσεις.
** Bryonia dioica L.

Behandeln soll man alle frisch entstandenen Staphylome, und wo durch Augen-Entzündung die Häute vorgewölbt wurden, mit den gegen Augen-Entzündung von uns überlieferten Umschlägen und mit der passenden Lebensweise. Wo aber Eindringen einer Flüssigkeit unter die Schichten der Hornhaut die Hervorwölbung bewirkt hat, soll man, falls zugleich Schmerz besteht, Umschläge machen mit Leinsamen nebst Bockshorn, in Meth gekocht. Sowie aber die Schmerzen über die Höhe fort sind, soll man Bohnen-Mehl mit Rosen oder mit Leinsamenmehl in Wasser oder Brombeer-Blätter oder der Zaunrübe unreife Beeren, mit Butter und Terpentin zu gleichen Theilen verrieben, auflegen und einen Verband darüber legen. Bei denen, die doch noch etwas Schmerz haben, passt Einträuflung von Nachtschatten-Saft mit Frauenmilch. Als Collyr nach der Entzündung passt das folgende: Meerschaum (d. s. Korallen) 4 Drachmen, Ammon'sches Steinsalz eine Unze, Salpeter eine Drachme, Harz vom wilden Ölbaum eine Drachme, Gummi zwei Unzen, Wasser. Aber das Theodotische Collyr des Severus, mit Kohl-Brühe verrührt und dick aufs Auge gebracht, nebst Schwamm-Verband, hat wohl schon den Wulst zum Verschwinden gebracht, falls nicht das Leiden bereits eingewurzelt war. Aber schwer heilbar sind alle diejenigen Staphylome, welche eine breitere Grundfläche besitzen, und diejenigen, welche von bluterfüllten Adern durchwachsen sind. Unheilbar sind die hügeligen, bunten, mit Schläfen-Schmerz. Auf diese soll man nichts weiter bringen ausser den schmerzlindernden Mitteln, die ich bereits bei den bösartigen Geschwüren erwähnt habe.

Cap. XXXVII. Die Operation der Staphylome.

Bei denjenigen Staphylomen, welche eine enge Basis und gutartige Natur besitzen, schafft eine Operation Ordnung und zwar die mit Umschnürung. Ihre Ausführung geschieht folgenmassen. Zwei Nadeln* muss man nehmen, jede mit einer Zwirnsfaden-Schlinge, deren Enden gleichlang sind. Dann setze

---
* Dieselben sind ähnlich den Nadeln unsrer Nähmaschinen und haben das Öhr nahe der Spitze. (Anagnostakes.)

ἐστραμμένον διπλοῦν, ἴσας ἔχον[212] τὰς ἀρχάς. ἔπειτα καθίζειν τὸν ἄνθρωπον καὶ σχηματίζειν πρὸς τοῖς σοῖς ποσὶν ἀνακλῶντα αὐτοῦ τὴν κεφαλήν, στηρίζεσθαι δὲ χρὴ τὸ αὐτοῦ ἰνίον κατὰ τῶν σῶν γονάτων. εἶτα διασταλέντων τῶν
5 βλεφάρων διὰ μέσης τῆς τοῦ σταφυλώματος βάσεως ἄνωθεν[213] κάτω καταπείρειν τὴν βελόνην· ἔστω δὲ μὴ πάνυ παχεῖα, μηδὲ[214] εὐμήκης. εἶτα διακρατουμένου τοῦ ὀφθαλμοῦ ὑπὸ τῆς καταπαρείσης[215] βελόνης τὴν ἑτέραν βελόνην διπλοῦν λίνον ἔχουσαν ὁμοίως διαβάλλειν ἀπὸ τοῦ μικροῦ
10 κανθοῦ ἐπὶ τὸν μέγαν[216], ὁμοίως διὰ μέσης τῆς βάσεως τοῦ σταφυλώματος, ἵνα γένηται τὸ σχῆμα τῶν ἐμπεπαρμένων δύο βελονῶν[217] σταυροειδές, ἢ τῷ[217a] χ γράμματι παραπλήσιον. ὅταν γὰρ ἐπ' ὀλίγον λοξοτέρα γένηται ἡ ἔμπαρσις, εὐχερὴς ἡ κομιδὴ τῶν βελονῶν γίγνεται. εἶτα κόψαντες τὰς ἀρχὰς
15 τῶν δεδιπλωμένων λίνων τὰς μὲν ἄνω δύο ἀρχὰς ὑποβάλλοντες τῇ ἄνω ἀρχῇ τῆς βελόνης, τὰς δὲ κάτω τῇ κάτω, ἀποσφίγγομεν γενναίως. ὁμοίως δὲ καὶ τὰς τῆς πλαγίας βελόνης ἀρχὰς ἀποσφίγγομεν. ἡ δὲ καλλίστη ἀπόσφιγξις γίγνεται τῶν εὐθειῶν ἀρχῶν πρὸς τὰς πλαγίας[217b] σφιγγομένων καὶ
20 συνδεσμουμένων τούτῳ τῷ τρόπῳ. ἔπειτα ἀποτέμνομεν τὴν κορυφὴν τοῦ σταφυλώματος, μόνην τὴν βάσιν αὐτοῦ ὑπολιπόντες χάριν τῶν λίνων, ἵνα μὴ ἐκπεσόντων αὐτῶν προχυθῇ τὰ ὑγρὰ τοῦ ὀφθαλμοῦ καὶ[217c] κοιλότερος γένηται. διὰ τί δὲ ἐκτέμνομεν τὸ σταφύλωμα; πρῶτον μὲν συντόμου χάριν θε-
25 ραπείας· θᾶττον μὲν γὰρ τὰ λίνα ἐκπίπτει, καὶ ἡ ἕλκωσις θεραπεύεται. ἔπειτα δὲ καὶ ἀνωδυνώτερος ὁ πάσχων μένει παρ' ὅλον τὸν τῆς θεραπείας χρόνον, διαπνεομένων τῶν σωμάτων καὶ μηδὲ φλεγμονῆς μεγάλης ἑπομένης. μετὰ δὲ τὴν ἐκτομὴν τῆς κορυφῆς τοῦ σταφυλώματος τὰς βελόνας
30 ἑλκύσαι δεῖ, ἀποσφίγξαντα ὡς εἴρηται τὰ λίνα[218]. καὶ τότε ἐγχυματίζειν γάλακτι ἢ ᾠοῦ τῷ λευκῷ, ἄνωθεν δὲ ἐπιτιθέναι

---

[212] T. ἔχοντας. Die Construction ist nicht gewandt. Etwas besser wäre ἔχοντα, indem du haltest.   [213] T. ἄνευθεν.
[214] T. μὴ δέ.   [215] T. -ταρ.   [216] T. τὸ μέγα.
[217] T. βελωνῶν.   [217a] T. τό.   [217b] T. -ους.
[217c] Fehlt αὐτός.   [218] T. λινά. Weiterhin λινῶν für λίνων.

den Kranken und gieb ihm eine richtige Lage, indem du gegen
deine Unterschenkel seinen Kopf zurücklehnst; das Hinterhaupt
desselben muss auf deine Kniee sich stützen. Während dann die
Lider auseinandergehalten werden, muss man mitten durch die
Basis des Staphyloms von oben nach unten die (eine) Nadel
durchstossen. Dieselbe sei nicht sehr dick und auch nicht zu
lang. Während dann der Augapfel durch die eingestochene
Nadel immobilisirt ist, führe man die zweite Nadel mit dem
Zwirnsfaden gleichfalls durch, vom kleinen Augenwinkel zum
grossen, gleichfalls durch die Mitte der Basis des Staphylom, so
dass die beiden durchgestochenen Nadeln die Figur eines Kreuzes bilden oder annähernd die eines Chi (X). Denn wenn der
Einstich ein wenig schief wird, ist (hernach) das Ausziehen der
Nadeln leichter. Darauf schneiden wir den Kopf der Fadenschlinge durch, legen die beiden oberen Faden-Enden unter
das obere Ende der (senkrechten) Nadel, die beiden unteren
unter das untere und schnüren (jedes Paar für sich) kräftig
zusammen. Ebenso verschnüren wir auch die Faden-Enden der
wagerechten Nadel.

Aber die eleganteste Abschnürung besteht darin, dass immer ein senkrechter Faden mit einem wagerechten verschnürt
und so zusammengebunden wird.

Darauf schneiden wir den Gipfel des Staphyloms ab und
lassen nur die Basis stehen, wegen der Fäden, damit nicht,
wenn die letzteren ausfallen, das Auge auslaufe und schrumpfe.

Weshalb schneiden wir nun das Staphylom aus? Erstlich
zur prompteren Heilung. Denn schneller geschieht so der Ausfall der Fäden und die Heilung des Substanz-Verlustes. Sodann bleibt der Kranke auch schmerzfreier während der ganzen
Heildauer, da die Theile ausdünsten können und also auch
keine schwere Entzündung nachfolgt. Aber nach dem Ausschneiden des Staphylom-Gipfels muss man die Nadeln ausziehen,
nachdem man in der beschriebenen Weise die Fäden verschnürt
hatte. Dann muss man Milch oder Eiweiss einträufeln und auf
das Auge Wolle auflegen, die man mit einem aufgeschlagenen
Ei nebst Rosen-Öl und einem wenig Wein befeuchtet hat, und

τῷ ὀφθαλμῷ ᾠὸν ἀνακόψαντα μετὰ ῥοδίνου καὶ ὀλίγου
οἴνου καὶ εἰς ἔριον μαλακὸν ἀναλαβόντα· καὶ κατὰ τοῦ
κροτάφου ἕτερον πτυγμάτιον τῷ αὐτῷ βεβρεγμένον ἐπιθεῖναι, εἶτα ἐπιδήσαντα ἐπὶ ἡσυχίας τηρεῖν. τῇ δὲ δευτέρᾳ
5 πυριάσαντα διὰ σπόγγων ἐκπεπιεσμένων ἀκριβῶς καὶ γάλακτι
ἐγχυματίσαντα ἐπιτιθέναι ᾠοβραχὲς [219] ἔριον καὶ ἐπιδεῖν. καὶ
τοῦτο ποιεῖν ἐπὶ πλείους ἡμέρας μέχρις τῆς τῶν λίνων ἐκ-
πτώσεως. ἐκπεσόντων δὲ τῶν λίνων ὑπαλείφειν κολλυρίοις
ἁπαλοῖς τοῖς πρὸς τὰ ἕλκη ἀναγεγραμμένοις, ἵνα καθαρὰ ἡ
10 ἕλκωσις γένηται· ἔπειτα τοῖς ἀπουλωτικοῖς χρῆσθαι.

Περὶ τῶν ἐπουλώσεως δεομένων ἑλκῶν. λη'.

Καθαρθέντων τῶν ἐν ὀφθαλμῷ ἑλκῶν καὶ πληροῦσθαι
δεομένων προσέχειν δεῖ [220] ὅπως μὴ ὑπερσαρκωθῇ [220a] ἀλλ' ὀλίγον
τι [221] κοιλότερον ἀπουλωθῇ, καὶ μάλιστα εἰ κατὰ τῆς κόρης
15 εἴη τὸ ἕλκος. αἱ γὰρ ὑπερέχουσαι οὐλαὶ ἐμποδίζουσι [222] τὸ
ὁρᾶν καὶ ἀπρέπειαν παρέχουσι καὶ νυττόμεναι ἐκ τῶν βλεφάρων ῥευματισμοὺς ἐπάγουσιν. αἳ [223] δὲ ποσῶς ἔγκοιλαι
φαίνονται, καὶ διαυγοῦνται βέλτιον [224] καὶ εὐπρεπεῖς εἰσιν,
ὁμοχροοῦσαι τῷ μέρει. τοιαῦται δὲ ἕπονται τοῖς ἀπὸ τῶν
20 μαλακῶν καὶ ἐμπλασσόντων φαρμάκων συντόμως ἐπὶ τὰ
ἀπουλωτικὰ μεταβαίνουσι. βέλτιον δέ, ἐάν ποτε διαλάθωσιν
ὑπερσαρκήσασαι, ταχέως καταστέλλειν καὶ λεπτύνειν τὰς ὑπε-
ροχὰς καὶ οὕτως ἀπουλοῦν. παραιτεῖσθαι δὲ καὶ τὰ βά-
πτοντα [225] τὰς οὐλὰς φάρμακα, καὶ μάλιστα εἰ κατὰ τὴν
25 κόρην εἴη τὸ ἕλκος· μελαινόμεναι γὰρ πλέον ἐμποδίζουσι τὸ
ὁρᾶν. καὶ τὰς ἐπιδέσεις δὲ τῶν ὀφθαλμῶν ἐπὶ τῶν ἑλκώσεων παραιτητέον, αἷς χρῶνταί τινες βουλόμενοι ταπει-
νοῦν τὰς οὐλάς· ἐπιδεθεὶς γὰρ ὁ ἡλκωμένος ὀφθαλμὸς καὶ
ἀκίνητος γενόμενος προσφύεται πολλάκις τοῖς βλεφάροις.
30 σημειοῦσθαι δὲ ἀκριβῶς προσήκει τὰ κατουλωθέντα ἕλκη.
ἔνιοι δὲ πλανῶνται· τὰς κοιλοτέρας γιγνομένας οὐλὰς κοι-

---

[219] T. ὡς βραχές.   [220] T. δὲ.   [220a] T. -ώσῃ. (Zulässig ist -ήσῃ.)
[221] T. τινί.   [222] T. -αι, was möglich, aber weniger prägnant.
[223] T. αἱ.   [224] T. βελτίῳ.   [225] T. βλάπτοντα.

auf die Schläfe ein andres ebenso benetztes Bäuschchen legen, sodann einen Verband anlegen und Ruhe beobachten lassen. Am folgenden Tage bäht man mit gut ausgedrückten Schwämmen und träufelt Milch ein, und legt in Eiweiss getränkte Wolle auf und verbindet. Und dies setzt man mehrere Tage fort bis zum Abfallen der Fäden. Wenn aber die Fäden abgefallen sind, streicht man milde Collyrien ein, die ich gegen Geschwüre empfohlen habe, damit der Substanzverlust sich reinige. Endlich gebraucht man Vernarbungs-Mittel.

Cap. XXXVIII. Über die der Vernarbung bedürftigen Geschwüre.

Wenn die Geschwüre im Auge gereinigt sind und der Ausfüllung bedürfen, muss man darauf Acht geben, dass sie nicht überwuchern, sondern eher ein wenig hohl (concav) vernarben, zumal wenn das Geschwür in der Gegend der Pupille sitzt. Denn die hervorragenden (convexen) Narben behindern das Sehen und stören das Aussehen und pflegen, wegen des Reibens der Lider, Augenflüsse zu veranlassen. Diejenigen aber, welche ein wenig hohl erscheinen, werden sowohl besser durchstrahlt, als auch besser aussehen, da sie mit der Farbe der Umgebung übereinstimmen. So aber werden sie, wenn wir von den weichen und stopfenden Mitteln stracks zu den vernarbenden übergehen. Sollten sie aber doch einmal unvermuthet überwuchern, so ist es besser, sofort zusammenzuziehen und die Auswüchse zu verdünnen und so zu vernarben. Vermeiden muss man auch die Mittel, welche die Narben färben, besonders wenn das Geschwür in der Pupille sitzt; denn wenn sie sich schwärzen, stören sie noch mehr das Sehen. Auch den Augen-Verband soll man bei der Geschwürsbildung vermeiden, den Einige anwenden, um die Narben niedriger zu halten. Denn wenn der geschwürige Augapfel verbunden und immobilisirt gehalten wird, so verwächst er oftmals mit den Lidern.

Kennen soll man aber ganz genau die vernarbten Geschwüre. Denn manche Ärzte irren; sie halten concave Narben für

λώματα νομίζοντες, ὑπαλείφουσι μαλακοῖς καὶ ἀναπληρωτικοῖς κολλυρίοις. εἶτα συμβαίνει μὴ πληροῦσθαι μὲν τοὺς τόπους, παχύνεσθαι δὲ ἐκ τούτου τοὺς ὑμένας. ὅταν τοίνυν θεάσῃ τὴν ἐπιφάνειαν τοῦ ἕλκους λαμπρὰν γενομένην καὶ λευκὴν καὶ
5 λείαν καὶ τὸ λευκὸν τοῦ ὀφθαλμοῦ τὴν κατὰ φύσιν χρόαν ἀπολαμβάνον, καὶ τὸν ὅλον ὀφθαλμὸν ἀρρευμάτιστον [226], γνῶθι ἀπόλλυσθαι ἤδη τὸ ἕλκος (καὶ κατούλωσιν γεγονέναι.) Ἔστι δὲ ἄριστον κολλύριον, ᾧ κεχρήμεθα ἐπὶ τῶν καθαρῶν ἑλκῶν καὶ ἐπουλώσεως δεομένων, τὸ Κλέωνος.

10   Περὶ οὐλῶν ἤτοι λευκωμάτων. λθ'.

Οὐλαὶ πᾶσαι αἱ ἐπὶ τοῦ μέλανος τοῦ ὀφθαλμοῦ λευκαὶ φαίνονται, πυκνουμένου μὲν τοῦ κερατοειδοῦς χιτῶνος καὶ μὴ διαυγοῦντος τὴν ὑποκειμένην αὐτῷ κυανῆν χρόαν· μάλιστα δὲ αἱ ὑπερέχουσαι λευκαίνονται, αἱ δὲ ἰσόπεδοι ἧσσόν εἰσι λευκαί,
15 αἱ δὲ κοιλότεραι ὁμοχροοῦσί πως τῷ μέλανι. ὅσαι [227] δὲ τοῖς στυπτικοῖς φαρμάκοις ἕως ἀπουλώσεως θεραπεύονται, μᾶλλον ἐπισκοτοῦσι τῷ πυκνοῦσθαι ἐπὶ πολὺ τῇ στύψει [228] τοὺς ὑμένας. τὰς δὲ τετυλωμένας καὶ χρονίους καὶ παχείας οὐλὰς παραιτεῖσθαι θεραπεύειν. ἀνάγκη γὰρ ἐπὶ τῶν τοιού-
20 των τοῖς πάνυ δριμέσι κολλυρίοις κεχρῆσθαι. ὑπὸ γὰρ τῆς σφοδρᾶς δήξεως τὰ ἄλλα μέρη τοῦ ὀφθαλμοῦ ἑλκωθήσεται. εἰ δὲ καὶ ὑπόχυσις ἢ γλαύκωσις εἴη, μάταιον τὰς οὐλὰς ἀποσμήχειν. δεῖ δὲ πρὸ πάντων ὑποσμῆξαι βουλόμενον οὐλὴν τῇ διαίτῃ εὐτρεπίζειν τὸ σῶμα, ὅπως σύμμετρός τε ἡ
25 ὕλη παρακείσεται ἐν τῷ ὅλῳ σώματι καὶ εὔχυμος. δεῖ οὖν ἀπέχεσθαι τῶν δριμέων ἁπάντων καὶ ἁλυκῶν καὶ παχυχύμων καὶ πλείονος οἴνου, εὐπεψίας δὲ μάλιστα φροντίζειν καὶ τοῖς μέσως εὐχύμοις κεχρῆσθαι. βαλανείου δὲ ἐν τῷ καιρῷ τῆς ἐπιμελείας ἀπέχεσθαι· ὑπαλείφειν δὲ πρὸ τῆς τροφῆς εὐπε-
30 πτόν τε ὄντα καὶ τῇ κεφαλῇ καὶ τῷ ὅλῳ σώματι κοῦφον, προαποδεδωκυίας τῆς κοιλίας· καὶ μήτε [229] ἐκ τῆς κοίτης εὐ-

---

[226] T. ἀρευ-.   [227] T. -οι.   [228] T. στύφει.   [229] T. μὴ δὲ.

Iohlgeschwüre und streichen weiche und ausfüllende Collyien ein. Dann geschieht es, dass zwar die narbigen Stellen sich nicht ausfüllen, aber die Augenhäute in Folge dieser Behandlung sich verdicken. Wenn du nun siehst, dass die Oberfläche des Substanzverlustes glänzend geworden und weiss und glatt, und gleichzeitig das Weisse des Auges die normale Färbung angenommen und das ganze Auge von Absonderung frei geworden; so wisse, dass das Geschwür beseitigt, [und die Vernarbung vollendet ist*.] Es ist aber das beste Collyr, das wir bei reinen, der Vernarbung bedürftigen Geschwüren anwenden, das des Kleon.

Cap. XXXIX. Über die Narben oder Leukome.

Alle Narben auf dem Schwarzen des Auges erscheinen weiss, da (hierbei) die Hornhaut dichter wird und die dunkle Farbe aus der Tiefe nicht durchschimmern lässt; aber die hervorragenden sind am meisten weiss, die ebenen weniger, die hohlen stimmen in der Farbe einigermassen mit dem Schwarzen überein.

Alle diejenigen, welche durch zusammenziehende Mittel bis zum Abschluss der Vernarbung behandelt werden, beschatten (die Pupille) stärker, weil durch das Adstringiren die Häute verdichtet werden.

Aber die schwieligen und eingewurzelten und dicken Narben soll man gar nicht behandeln. Denn nothwendiger Weise müsste man bei diesen Kranken die ganz scharfen Collyrien anwenden, und von der heftigen, beissenden Wirkung könnten die anderen Theile des Auges zerstört werden. Wenn aber gleichzeitig gar Star oder Glaukom bestehen sollte, wäre es ganz vergeblich, die Narben abwischen zu wollen.

Wer nun die Narbe ein wenig verringern will, muss vor Allem durch richtige Lebensweise den Körper vorbereiten, damit der Stoff im ganzen Körper in richtiger Menge und guter Mischung vorhanden sei. Man muss also meiden alles Scharfe und Salzige und Dicksaftige und reichlichen Weingenuss, und

---

* Eine vortreffliche Beobachtung! Die Text-Lücke ist bei Cornarius folgendermassen ausgefüllt: et cicatricem inductam esse.

θέως ἐγχρίειν μήτε πρὸ δείπνου. παραιτεῖσθαι δὲ τὰ ἐκδέροντα τὰς οὐλὰς φάρμακα. τινὲς γὰρ ὑπαλείφοντες τοῖς δριμέσι φαρμάκοις καὶ ἀποδέροντες τὰς οὐλὰς καὶ ἀποσύροντες τοῖς σπόγγοις τὰ λευκὰ ἐπ᾿ ἀκονίων* μελάνων περι-
5 φέροντες δεικνύουσι· εἶτ᾿ ἐγχρίουσί τινι τῶν βάπτειν²³⁰ δυναμένων· ῥευματισμῶν δὲ ἐπιγενομένων ἐκ τῆς τῶν φαρμάκων δριμύτητος καὶ φλεγμονῶν καὶ ἀναλυομένων ἔσθ᾿ ὅτε τῶν οὐλῶν βαθύνεται²³¹ μᾶλλον τὰ ἕλκη· εἶτα ἀναγκάζονται πάλιν τοῖς στύφουσι καὶ ἐμπλάσσουσι χρῆσθαι κολλυρίοις καὶ
10 παχύνουσι μᾶλλον τὰς οὐλάς.

Ὕλη²³² λεπτύνουσα οὐλὰς καὶ λευκώματα·
Γαληνοῦ**. μ'.

Κεχρῆσθαι οὖν ἐπὶ τῶν λεπτυνθῆναι δυναμένων προςήκει τοῖς μετρίως ῥύπτουσι φαρμάκοις· ῥυπτικῆς δὲ οὐκ
15 ἐλαχίστης μετέχει δυνάμεως ὅ τε κεκαυμένος χαλκὸς καὶ ἡ λεπὶς τοῦ χαλκοῦ αὐτοῦ καὶ²³³ τὸ ἄνθος, καὶ ἡ κεκαυμένη χαλκῖτις²³⁴. εἰ δὲ πλυθείη τὰ τοιαῦτα, ῥυπτικὰ μὲν ἔτι μένει, τοσούτῳ δὲ ἀσθενέστερα ταῖς ἐνεργείαις, ὅσῳ καὶ ἀδηκτότερα γίνεται· ἀσφαλέστερον δὲ τοῖς ἀδηκτοτέροις
20 χρῆσθαι. ἰσχυρότερα δὲ τούτων ἐστὶ μίσυ καὶ ὁ ἰὸς ὥστε καὶ πρὸς τὰς συκώσεις²³⁵ καὶ τύλους ἁρμόττουσι μιγνύμενα. τινὲς δὲ προςβάλλουσι τούτοις καὶ κηκῖδας²³⁶ σφοδρῶς στύ-

---

²³⁰ T. βλάπτειν.   ²³¹ T. βαρύν.   ²³² T. Ἄλλη.
²³³ Besser vielleicht καὶ αὐτοῦ.   ²³⁴ T. χαλκίτης.
²³⁵ T. καὶ τὰς προσηκώσεις.   ²³⁶ T. κικίδας.

* Bei Dioscor. = scobis, aber in Gloss. = coticula. Vgl. Thes. l. gr.
** Von den örtl. Heilmitteln, IV c. 5 (Band XII S. 720), wonach ich den Text des Aëtius vielfach verbessert habe.

der guten Verdauung vor Allem sich befleissigen und mässig nahrhafte Speisen geniessen; des Bades zur Zeit der Behandlung sich enthalten. Aber (das Auge) einsalben vor der Nahrungs-Aufnahme, wenn sie sich in gutem Verdauungszustand befinden und leicht im Kopf und ganzen Körper, nach der Leibes-Öffnung; und weder unmittelbar nach dem Aufstehen noch vor der Hauptmahlzeit einstreichen. Zu meiden sind die abhäutenden Mittel. Einige Ärzte pflegen die Augen mit scharfen Mitteln einzusalben und die Narben abzuhäuten und mit Schwämmen abzuziehen, und **die weisse Masse auf schwarzen Wetzsteinchen herumzuzeigen**; dann streichen sie eines von den Mitteln ein, welche die Narben färben. Wenn aber Fluss hinzutritt in Folge der Schärfe des Mittels und Entzündung, und gelegentlich die Narben einschmelzen; so werden die Geschwüre erst recht noch tiefer. Dann sind jene gezwungen, wiederum die zusammenziehenden und verstopfenden Collyrien zu gebrauchen und so bewirken sie nur stärkere Verdickung der Narben.

Cap. XL. Arzneimittel zur Verdünnung der Narben und Leukome. (Nach Galen.)

Bei denjenigen Narben, welche einer Verdünnung (Aufhellung) fähig sind, soll man die mässig reinigenden Arzneimittel anwenden. Die stärkste Reinigung bewirkt geglühtes Kupfer und Kupfer-Hammerschlag und Kupfer-Blüthe und das geglühte Kupfer-Erz. Wenn diese Mittel geschlämmt werden, so behalten sie zwar noch die reinigende Wirkung, aber in soweit geringerer Kraft, als sie auch ihre beissende Wirkung einbüssen. Sicherer ist es, weniger beissende Mittel anzuwenden. Stärker aber, als die genannten, sind Vitriol-Erz und Grünspan, so dass sie auch gegen die feigenartigen Körner (der Lider) und die (daraus entstehenden) Schwielen passend beigemischt werden. Einige Ärzte fügen dazu noch Galläpfel, ein sehr stark adstringirendes Mittel. Noch stärker ist an Gerbkraft und zugleich an Schärfe das Kupfer-Vitriol. Viel milder wird das letztere nach dem Glühen und Schlämmen. Auch der Hammerschlag des Stahles ist von demselben Stoff (Charakter). Alle diejenigen

φον φάρμακον. σφοδρότερον δέ ἐστιν τῇ στύψει* ἅμα ⟨καὶ⟩ δριμύτητι τὸ χάλκανθον· μετριώτερον δὲ πολὺ γίγνεται καυθέν τε καὶ πλυθέν. καὶ ἡ λεπὶς δὲ τοῦ στομώματος τῆς αὐτῆς ἐστιν ὕλης. ὅσα μὲν τῶν στυφόντων[237] ἱκανῶς γεώδη
5 ταῖς συστάσεσίν ἐστι, τραχώματά τε καὶ συκώσεις καὶ τύλους ἐκτήκει, καθάπερ μίσυ καὶ ἰὸς καὶ τὰ παραπλήσια. τὰ δὲ ἐν τῷ γένει τῶν χυλῶν ὄντα, καθάπερ ὀμφάκιον καὶ ὑποκιστὶς[238] γλαύκιόν τε καὶ ἀκακία, ἐκπλύνεται ῥᾳδίως ἐν ταῖς ὑπαλείψεσι μετὰ τοῦ δακρύου. ῥυπτικὰ δὲ ἀδήκτως ἐστὶν
10 ἐλάφου κέρας καυθὲν καὶ τὸ[239] τῶν αἰγῶν. ὁ δὲ λιβανωτὸς βραχυτάτης[240] μετείληφε τῆς ῥυπτικῆς δυνάμεως ἀνώδυνός τε καὶ πεπτικὸς ὑπάρχει[241]. τῶν δὲ εἰρημένων ζώων τὰ κέρατα ῥυπτικὰ μέν ἐστιν, οὔτε δὲ ἀνώδυνον οὔτε πεπτικὸν ἔχει ⟨τι⟩[242], ψυχρὰ καὶ ξηρὰ ταῖς κράσεσιν ὑπάρχοντα. ὁ
15 δὲ τοῦ λιβάνου φλοιὸς στύφει μὲν καὶ αὐτὸς οὐκ ἀγεννῶς, ἀπολείπεται δὲ τῶν εἰρημένων ἁπάντων πάμπολυ· τὸ δὲ ὑπόσεισμα[243] τοῦ τεθραυσμένου κατὰ τὰ φορτία λιβάνου, ὃ καλοῦσι μάννα, διαφέρει τοῦ λιβανωτοῦ τῷ προσειληφέναι βραχύ τι στύψεως, συνεμφέρεται γὰρ αὐτῷ[244] μικρά τινα
20 θραύσματα τοῦ φλοιοῦ. ῥυπτικὸν δὲ καὶ τὸ καλούμενον ἀρμένιον ἔχει, ᾧ χρῶνται οἱ ζωγράφοι, καὶ τὸ μέλαν τὸ Ἰνδικὸν καὶ διὰ τοῦτο τοῖς ἀφλεγμάντοις ἕλκεσιν ἀλύπως ὁμιλεῖ· μικτῆς ⟨δέ⟩ πώς ἐστι δυνάμεως ἡ ἀλόη, καθάπερ τὸ ῥόδον· ἔχει μὲν γάρ τι πικρόν, ὃ ῥύπτειν πέφυκεν· ἔχει δέ τι καὶ στυπ-
25 τικόν, ὃ συνάγει καὶ συνουλοῖ τὰ ἕλκη. ἅλες δὲ ἀμμωνιακοὶ καὶ λίθος ἄσιος καὶ τὸ ἄνθος αὐτοῦ ἰσχυρότατον φάρμακον, ὥστε καὶ πρὸς τὰς ψωρώδεις ἐν βλεφάροις διαθέσεις ἁρμόττειν[245]. ἐκ δὲ τῶν ἀρωματικῶν φαρμάκων ἐπιτηδείως μίγνυται τούτοις κασία καὶ μαλάβαθρον καὶ ἄμωμον, δια-
30 φορητικῆς μὲν ὄντα δυνάμεως, μετέχοντα δὲ καὶ στύψεως.

---

[237] T. στυφώντων.
[239] T. τὰ.
[241] wohl besser -ων.
[243] T. -σησ.
[245] T. -ει.

[238] T. -κυστ.
[240] T. βραδ.
[242] fehlt im T.
[244] T. αὐτῶν.

* εἰς στύψιν, Gal.

adstringirenden Mittel, welche eine erdige Beschaffenheit besitzen, vermögen die Rauhigkeiten der (Körnerkrankheit) und ihre Feigbildungen und Schwielen fortzuschmelzen: hierher gehört Vitriol-Erz und Grünspan und dgl. Alle Stoffe, die zur Gattung der Pflanzensäfte gehören, wie der Saft von unreifen Trauben und von Hypocist und von Schöllkraut und von Akazien, werden beim Einstreichen ins Auge zu leicht fortgeschwemmt mit den Thränen. Reinigende Wirkung ohne Beissen besitzt gebranntes Hirsch- und Ziegen-Horn. Weihrauch besitzt nebenbei nur wenig reinigende Kraft, er ist schmerzstillend und reifend. Die Hörner der genannten Thiere sind zwar reinigend, aber sie zeigen weder schmerzstillende noch reifende Wirkung, da sie eine kalte und trockene Natur besitzen. Die Rinde des Weihrauchbaumes adstringirt ganz hübsch, bleibt aber darin weit zurück hinter allen den genannten. Aber die kleinen Bruchstücke von dem in den Packeten zerbröckelten Weihrauch, die man mit dem Namen Manna zu bezeichnen pflegt, unterscheiden sich von dem reinen Weihrauch dadurch, dass sie eine leicht adstringirende Wirkung angenommen haben, da sie eben kleine Stückchen der Rinde beigemischt enthalten. Reinigende Wirkung besitzt auch das sogenannte armenische Bergblau*, welches die Maler gebrauchen, und das indische Schwarz**, und kann deshalb ungestraft auf die entzündungsfreien Geschwüre gebracht werden. Eine Misch-Wirkung entfaltet die Aloë, gradwie die Rosen; denn sie besitzt einen Bitterstoff, der seiner Natur nach zu reinigen im Stande ist; sie besitzt aber auch ein Adstringens, welches Geschwüre vereinigt und vernarbt. Aber Ammon'sches Steinsalz und der Assische (Kalk-) Stein gehören zu den stärksten Mitteln, so dass sie auch gegen Lid-Krätze (Lidrand-Geschwüre) sich eignen. Von den aromatischen Mitteln wird zu diesen passend zugesetzt Kassia*** und Betel und Amom****, die zwar eine zertheilende Wirkung besitzen, aber daneben auch ein wenig von der adstringirenden.

---

  * Kupfer-Carbonat.
  ** Indigo (oder chinesische Tusche).
  *** Kassien-Zimmt.
  **** Nicht genau bestimmbar.

κοινῇ γὰρ περὶ[246] πάντων ἐγνωκέναι χρὴ τῶν ῥυπτικῶν
φαρμάκων, ὅσα μέτρια, καὶ ὅσα [τὰς] συκώσεις[246a] καὶ τύλους
ἐκτήκει· ταῦτα πάντα καὶ πρὸς οὐλὰς παχείας ἁρμόττει.

Βοηθήματα πρὸς οὐλὰς καὶ λευκώματα. μα΄.

Πρὸς λευκώματα δρακοντίου τοῦ ἔχοντος τὸ σπέρμα κρυπτόμενον ἐν τῇ γῇ ὅμοιον ⟨τῷ⟩[246b] πεπέρεως λαβὼν ⟨αὐτὸ τὸ σπέρμα⟩ καὶ λειώσας μετὰ μέλιτος ἔγχριε. Ἄλλο πρὸς οὐλὰς καὶ ἀμβλυωπίας. Πηγάνου[246c] σπέρματος ℈β΄, ἀρμενιακοῦ ℈ή, ἁλὸς ἀμμωνιακοῦ ℈γ΄, ἀμμωνιακοῦ θυμιάματος ℈γ΄, ξηρῷ χρῶ.
Ἄλλο, οὐλὰς τὰς προσφάτους σμήχει ἀλυπότατα·[247] ἵππειον γάλα ⟨σὺν⟩ μέλιτι ὀλίγῳ ἐγχριόμενον συνεχῶς. ἀνήθου τὸ πορφυρίζον ἄνθος τρίβε μεθ᾽ ὕδατος ἐλαχίστου, καὶ διηθήσας δι᾽ ὀθονίου ἔνσταζε τῷ ὀφθαλμῷ τὸν χυλὸν δὶς τῆς ἡμέρας· καὶ μετὰ ταῦτα σικύου κηπαίου σπέρμα διαμασησάμενος τὸν χυλὸν ἐκθλίψας δι᾽ ὀθονίου ἔνσταζε εἰς τὸν ὀφθαλμὸν καὶ συνεχῶς τοῦτο ποίει.

Πρὸς λευκώματα ἄλλο· Σιδηρίτιδος[248] βοτάνης τὸν καρπὸν λειότατον ποιήσας ἐμφύσα[249]· ἔπειτα καταλαμβάνων τὸν ὀφθαλμὸν τῇ χειρὶ ἐπ᾽ ὀλίγον ψυχρῷ ὕδατι πρόςκλυζε. σμήχει δὲ γενναίως ἀλκυόνιον[249a] μιλήσιον σὺν μέλιτι, ἀμμωνιακὸν θυμίαμα λεανθὲν σὺν οἴνῳ καὶ μέλιτι. ἐὰν δὲ παιδίῳ σμικρῷ λεύκωμα γένηται εἰς τὸν ὀφθαλμόν, ἡ μήτηρ τοῦ παιδίου ἀμμωνιακὸν μασησαμένη ἐμφυσάτω εἰς τὸν τοῦ παιδίου ὀφθαλμόν. ποιεῖ καὶ ἀνεμώνης[250] ῥίζα ἡ βολβοειδὴς λειοτάτη ἐγχριομένη καὶ ἀναγαλλίδος τῆς τὸ κυανοῦν ἄνθος ἐχούσης ὁ χυλὸς σὺν μέλιτι.

Ἄλλο. καπνίου τοῦ χελιδονίου καλουμένου ὁ χυλὸς σὺν μέλιτι· νίτρον μετ᾽ ἐλαίου παλαιοῦ· ἡδυόσμου χυλὸς ποιεῖ θαυμαστῶς. περιστερᾶς κόπρος ἐπ᾽ ἀκόνης μεθ᾽ ὕδατος ἀνιεμένη ποιεῖ παραδόξως ⟨καὶ⟩[251] αἰλούρου[252] χολὴ ἐγχριο-

---

[246] T. ἐπί. nothwendig. [246a] T. σήκ. [246b] τῷ ist grammatisch wie sachlich
[246c] T. Πυγ. [247] T. ἀλειπ. [248] T. -τις. [249] T. ἔμφυσα.
[249a] T. -ων. [250] T. ἄνεμον. [251] fehlt im T. [252] T. ἐλ.

Im Allgemeinen soll man betreffs der reinigenden Mittel genau wissen, welche von ihnen eine mässige Wirkung entfalten, und welche Feigbildungen und Schwielen zum Schmelzen bringen: alle die letzteren passen auch gegen dicke Narben.

Cap. XLI. Hilfsmittel gegen Narben und Leukome.

Gegen Leukome nimm vom Zehrwurz (Arum), dessen Samen in der Erde verborgen und ähnlich ist dem des Pfeffers, diesen Samen, zerkleinere ihn mit Honig und streiche ihn ein. Ein andres Mittel gegen Narben und Sehschwäche: Rauten-Samen 2 Scrupel, Armeniacum 8 Scrupel, Ammon'sches Steinsalz 3 Scrupel, Ammon-sches Räucherwerk 3 Scrupel: gebrauche es als Pulver. Ein andres, dasselbe beseitigt frische Narben schmerzlos: Pferdemilch mit einem wenig Honig, regelmässig eingestrichen. — Die leicht purpurfarbenen Blüthen des Anis zerreibe mit wenig Wasser, seihe dies durch ein Leinwandläppchen und träufle den Saft in's Auge, zweimal des Tags. Danach zerkaue den Samen einer Gartengurke, drücke den Saft durch ein Leinwandläppchen und träufle ihn in das Auge und thue dies immerfort.

Gegen Leukom ein andres Mittel. Eisenkraut-Frucht zerpulvere und blase das ein. Dann halte das Auge mit der Hand fest und übergiesse es für kurze Zeit mit kaltem Wasser.

Die Narben wischt gut ab milesischer Meerschaum (Koralle) mit Honig; Ammon'sches Räucherwerk, zerkleinert mit Wein und Honig.

Wenn aber ein Säugling ein Leukom auf das Auge bekommt*, soll seine Mutter das Ammon'sche Räucherwerk zerkauen und dem Säugling ins Auge blasen. Es wirkt auch der Anemone Wurzelknolle zerkleinert eingestrichen und von dem blaublüthigen Gauchheil der Saft mit Honig.

Ein andres. Der Saft vom Erdrauch, dem sogenannten Schwalbenkraut, mit Honig. Natron mit altem Öl.

Der Saft der Garten-Minze wirkt wunderbar. Taubendreck,

---

* Vgl. c. XLIV, von der Augen-Entzündung der Neugeborenen.

μένη. Ἄλλο πρὸς λευκώματα ἀδιάπτωτον[253]· βούτυρον τετεγμένον μόνον ἔγχριε, ποιεῖ ἄκρως, καὶ χρῶ. πλείω γὰρ ἐπαγγέλλεσθαι οὐ χρή, ὅτι νικᾷ πᾶσαν ἐπαγγελίαν. Ἄλλο κάλλιστον· γάλα γυναικεῖον, μελαντηρίαν τὴν ἀφ᾽[253a] ἥλων παλαιῶν καὶ ὄξους ἐσκευασμένην, μέλι καλόν, ἐξ ἴσου τὰ τρία μίξας ἅμα καὶ διηθήσας χρῶ ὡς θείῳ φαρμάκῳ. λαπάθου ἡμέρου ἢ ἀρνογλώσσου σπέρμα καύσας ἐπ᾽ ὀστράκῳ ἀκριβῶς λέαινε τὴν τέφραν καὶ χρῶ. Ἄλλο· κρόκον, πέπερι, ἴσα λειότατα ποιήσας καὶ ἀναλαβὼν ⟨εἰς⟩ κολλύριον καὶ αἰλούρου[254] χολὴν χρῶ. Ἄλλο· χελιδόνων νεοσσῶν κεφαλὰς ἀφελὼν καὶ ἐν χύτρᾳ καύσας καὶ λειώσας ἀπόθου ἐν ἀγγείῳ κερατίνῳ καὶ χρῶ· ἔστι γὰρ χρειωδέστατον καὶ πρὸς τοὺς πληγέντας ὀφθαλμοὺς στιμμιζόμενον. Ἄλλο· λίθον σαρκοφάγον λεγόμενον, ἐξ οὗ σοροὺς[255] μεγάλους κατασκευάζουσι, κόψας, σήσας, καὶ λεάνας πτυάλῳ[256] νήστεως αὐτοῦ τοῦ πάσχοντος μάλιστα ὑπόχριε θαρρῶν. Ἄλλο πρὸς οὐλὰς καὶ λευκώματα· μόσχου θηλείας χολὴν ὅσον κοτύλην λαβὼν καὶ ἑψῶν ἐπὶ πυρὸς ἐπ᾽ ὀλίγον, ἐπίβαλλε μέλιτος καλλίστου τὸ ἴσον καὶ σμύρνης < β', κρόκου < β', λειώσας ἅμα πάλιν ἕψε ἐν χαλκῇ λοπάδι[257] ἐφ᾽[257a] ἱκανὸν καὶ ἀπόθου εἰς πυξίδα χαλκῆν καὶ χρῶ. ⟨Ἄλλο·⟩ λίθον μαγνήτου ζῶντος, λίθον ὀφίτου, στίμμεως ἴσα κόψας, σήσας, λεάνας πάλιν εὖ μάλα, ἐπίβαλε χυλὸν βοτάνης νυκτερίδος καλουμένης καὶ μέλι τὸ κάλλιστον καὶ ἔγχριε, μήλην[258] ποιήσας ἀπὸ λίθου σαρκοφάγου. Ἄλλο· χαλβάνην ⟨καὶ⟩ μέλι τήξας καὶ συλλεάνας χρῶ. Ἄλλο κολλύριον, αἴρει λευκώματα πάνυ θαυμαστῶς καὶ ταχέως· λεπίδος σιδήρου στομώματος[259] < β', στυπτηρίας σχιστῆς < β', κόμμεως σκώληκος < γ', ὕδατι λεῖον καὶ ἀνάπλασσε κολλύρια καὶ χρῶ. Ἄλλο· ῥάμνου χυλόν, εἰ οἷόν τε τοῦ καρποῦ, εἰ δὲ μὴ τῶν φύλλων, Γο β', ἀμμωνιακοῦ θυμιάματος Γο α', σηπίας ὀστράκων Γο α', μέλιτος ἀττικοῦ Γο β', λεῖα[260] ἀναλάμβανε καὶ χρῶ. τινὲς δὲ τὸ ἀμμωνιακὸν μόνον λεαίνοντες

---

[253] steht im Text hinter τετεγμ.   [253a] T. ἀπό.
[254] T. σιλ. („Flussfisch"). Vielleicht κολλύριον αἰλούρου χολῇ.
[255] T. σηροὺς.   [256] T. πτυέλων.   [257] T. λωπ.   [257a] T. ἐπί.
[258] T. -λιν.   [259] T. μυμ.   [260] T. -οις.

auf dem Wetzstein mit Wasser angerührt, wirkt über alle Erwartung und ebenso Katzen-Galle, eingestrichen. Ein andres gegen Leukom, schier unfehlbar. Zerlassene Butter für sich streiche ein, das wirkt prachtvoll, gebrauche es nur; man braucht nicht mehr zu versprechen, weil das Mittel jede Verheissung übertrifft. Ein andres, das sehr gut ist. Frauenmilch, Schuster-Schwärze, aus alten Nägeln* und Essig hergestellt, guten Honig, — mische zu gleichen Theilen die 3 Stoffe, seihe die Mischung durch und gebrauche sie, wie ein göttliches Heilmittel. Vom Ampfer oder von der Schafszunge den Samen verbrenne auf einem Scherben und pulvere sorgsam die Asche und wende sie an. Ein andres. Safran, Pfeffer, zu gleichen Theilen, gepulvert und mit Katzengalle zu einem Collyr verarbeitet; wende es an. Ein andres. Jungen Schwalben reisse die Köpfe ab und verbrenne sie in einem Topfe und zerkleinere die Asche und hebe sie auf in einem Horn-Büchschen zum Gebrauch. Denn dies Mittel ist sehr nützlich, auch gegen Augenverletzung, auf den Lidrand gestrichen. Ein andres. Den sogenannten Sarg-Stein (Kalk-Stein), aus dem man die grossen Särge macht, zerkleinere, siebe, verreibe mit dem Speichel, am besten des noch nüchternen Kranken selber, und streiche dies muthig ein. Ein andres Mittel gegen Narben und Leukome. Von einem weiblichen Kalbe nimm die Galle, etwa einen Becher**, und koche dieselbe am offenen Feuer ein wenig, füge dann hinzu vom besten Honig die gleiche Menge, von Myrrhe 2 Drachmen, von Safran 2 Drachmen, verreibe alles zusammen und koche es noch einmal genügend lange durch in einem kupfernen Tiegel und hebe es auf in einer kupfernen Büchse zum Gebrauch. Ein andres. Vom Magnet-Eisenstein, vom Schlangenstein, von Spiessglanz je gleiche Theile zerschlage, siebe; verreibe sie wiederum recht tüchtig, füge dazu den Saft des Fledermaus-Krautes und besten Honig und streiche es ein, und zwar mittelst einer Sonde, die du dir aus Sarg-Stein verfertigt hast. Ein andres. Galban-Harz und Honig schmelze und verreibe es zusammen und wende es an. Ein andres Collyr, es entfernt Leukome wunderbar und schnell: Eisenfeil-

---

* D. i. eisenhaltiges Kupfer.   ** Etwa 7½ Unzen.

μετὰ τοῦ χυλοῦ τῆς ῥάμνου ἐγχρίουσιν. αὐτὸς δὲ ὁ χυλὸς κατ᾽ ἰδίαν ἐγχριόμενος βάπτει τὰς οὐλάς. Ἀρχιγένους πρὸς λευκώματα κολλύριον, ὅ τι²⁶¹ ἀπὸ μιᾶς ἐγχρίσεως αἴρει τὸ πλεῖστον τοῦ λευκώματος, ποιεῖ δὲ πρὸς πᾶσαν σφαλερὰν²⁶²
5 καὶ χρονίαν ὀφθαλμίαν ἄκρως· κοχλίων κεκαυμένων < γ΄, χαλκοῦ κεκαυμένου < δ΄, λεπίδος χαλκοῦ < ς΄, λεπίδος στομώματος σιδήρου < ιβ΄, ἰοῦ < ς΄, λίθου σχιστοῦ < α΄, ἀλόης < α΄, ὀμφακίου ξηροῦ < β΄, λυκίου ἰνδικοῦ < δ΄, χαλκίτεως < γ΄, σμύρνης < γ΄, λιβάνου < γ΄, φλοιοῦ λιβάνου < β΄,
10 κρόκου < β΄, κροκομάγματος < β΄, ναρδοστάχυος < γ΄, κυτίνων < β΄, κόμεως < η΄, λεῖον ὕδατι καὶ ἀνάπλασσε κολλύρια καὶ χρῶ σὺν ὕδατι. καὶ ξηρὸν δὲ εἰ βούλει ποιῆσαι²⁶³, λεάνας τὸ κολλύριον ξηρῷ χρῶ. καλῶς δὲ ποιεῖ πρὸς οὐλὰς, φησὶν ὁ Ἀπολλώνιος, τὸ πεπιεσμένον κολλύριον. ποιεῖ δὲ
15 καὶ τὸ ἁρμάτιον²⁶⁴ καὶ τὸ προγεγραμμένον δι᾽ οἴνου πρὸς μυιοκέφαλα, καὶ τὰ τούτοις παραπλήσια, ἅτινα ἐν τῷ περὶ συνθέσεως τῶν πολυχρήστων²⁶⁵ κολλυρίων τόπῳ γραφήσεται. Τὸ δὲ Σεβήρου Θεοδότιον σὺν ὕδατι παχὺ ἐγχριόμενον εἰς τοσοῦτον λεπτότητος φέρει τὰς οὐλὰς, ὥστε μήδ᾽ ὅλως
20 αὐτὰς τῇ αἰσθήσει γνωρίζειν. κάλλιστον δὲ ἐπ᾽ αὐτῶν ξηρὸν τὸ²⁶⁶ ἐπιγραφόμενον Ἀλεξάνδρου βασιλέως, διὰ κρόκου καὶ κελτικῆς ⟨νάρδου⟩²⁶⁷ καὶ ἀμπελίτιδος γῆς σκευαζόμενον. κεῖται δὲ ἐν τοῖς πολυχρήστοις²⁶⁸ ξηροῖς.

---

[261] T. ὥστε.   [262] T. -ην.
[263] Vielleicht πάσαι (einstreuen) oder ἐπιπάσαι.
[264] T. ἁρμόττιον.   [265] T. -χριστ.
[266] T. τὸν.
[267] T., ἑλκτικῆς ohne νάρδον, giebt gar keinen Sinn. Text ist richtig gestellt aus Aët. VII, ϱ' u. Galen XII, 731 (u. aus Cornar.).
[268] T. -χριστ.

späne 2 Drachmen, Faser-Alaun 2 Drachmen, wurmförmigen Gummi 3 Drachmen, verreibe es mit Wasser, bilde Collyrien daraus und gebrauche dieselben. Ein andres. Bocksdorn*-Saft (wo möglich, aus der Frucht; wo nicht, aus den Blättern) 2 Unzen, Ammon'sches Räucherwerk 1 Unze, Tintenfisch-Schalen 1 Unze, Attischen Honig 2 Unzen, nimm (mit letzterem) die Pulver auf und gebrauche dies. Einige aber verreiben nur das Ammon'sche Räucherwerk allein mit dem Bocksdornsaft und streichen dies ein. Der Saft für sich selber eingestrichen färbt die Narben. Des Archigenes Collyr gegen Leukome, das nach einmaligem Einstreichen den grössten Theil des Leukoms fortnimmt; es wirkt auch grossartig gegen gefährliche und langwierige Augen-Entzündung: Gebrannte Muschelschalen 3 Drachmen, gebranntes Kupfer 4 Drachmen, Kupfer-Hammerschlag 6 Drachmen, Eisenfeilspäne 12 Drachmen, Grünspan 6 Drachmen, fasrigen Blut-Eisenstein 1 Drachme, Aloë 1 Drachme, getrocknete unreife Weintrauben 2 Drachmen, Catechu 4 Drachmen, Kupfer-Erz 3 Drachmen, Myrrhe 3 Drachmen, Weihrauch 3 Drachmen, Weihrauch-Baumrinde 2 Drachmen, Safran 2 Drachmen, Safranfaser 2 Drachmen, Spieka-Nard 3 Drachmen, Granatapfel-Kelche 2 Drachmen, Gummi 8 Drachmen. Verreibe dies mit Wasser und forme Collyrien und gebrauche diese mit Wasser. Und wenn du ein trocknes Mittel anwenden willst, so zerreibe jenes Collyr und gebrauche das trockene Pulver. Vortrefflich wirkt gegen Narben, sagt Apollonius, das gepresste Collyr. Es wirkt auch das Viergespann und das vorher beschriebene aus Wein gegen Fliegenkopf, und die verwandten, welche in dem Kapitel über die Zusammensetzung der gebräuchlichen Collyrien mitgetheilt werden sollen. Das Theodotische Mittel des Severus, mit Wasser dick eingestrichen, bringt die Narben zu einem solchen Grade der Verdünnung, dass man sie überhaupt nicht mehr sinnlich wahrnehmen kann. Das beste Trocken-Mittel ist hierbei das sogenannte des König Alexander, aus Safran und celtischer Narde und Reben-Erde bereitet. Es ist abgehandelt unter den gebräuchlichen Trocken-Mitteln.

---

* Lycium europaeum, L.

Βάμματα λευκωμάτων.* μβ'.

Προείρηται ὡς ἀπέχεσθαι** χρὴ τῶν βαπτόντων τὰς οὐλὰς φαρμάκων· πρὸς δὲ τὸ²⁶⁹ μὴ ἀγνοεῖν τὰ τοῦτο ποιεῖν δυνάμενα μνημονευτέον καὶ αὐτῶν.

Κηκῖδά²⁶⁹ᵃ φησι λείαν ἔχε ἀποκειμένην, καὶ ἐν τῇ χρήσει πυρῆνα μήλης θερμαίνων καὶ ἀναλαμβάνων ἀπὸ τοῦ φαρμάκου παράπτου τοῦ λευκώματος, ἔπειτα χάλκανθον²⁷⁰ λύσας ὕδατι παράπτου.

Ἄλλο. Σιδίοις λείοις παράπτου, ἔπειτα χαλκάνθῳ σὺν ὕδατι. Ἄλλο. Ῥοιᾶς²⁷¹ γλυκείας τὴν σάρκα λεάνας, παραστάζων ὕδωρ ὀλίγον, καὶ ποιήσας λειότατον ἀπόθου· ὅταν δὲ χρεία γένηται, προστύψας τούτῳ²⁷² πολλάκις ἐπίχριε ὑοσκυάμου χυλόν, ἐπὶ ἡμέρας ιε'· τοῦτο βάπτει λευκώματα καὶ ἀφανῆ ποιεῖ***, ἐπιχριόμενον ἱκανόν. Ἄλλο, ποιοῦν καὶ πρὸς γλαυκοὺς ὀφθαλμούς. Μίσυ τρίψας μεθ' ὕδατος ἀνάπλασσε κολλύρια· ὁμοίως δὲ καὶ ἕτερον διὰ κηκῖδος· ἐπὶ δὲ τῆς χρείας προαποστύψας τῷ διὰ τῆς κηκῖδος ἐπίχριε τὸ διὰ μίσυος. Ἄλλο ξηρόν. Κηκῖδος < α', ἀκακίας < α', χαλκάνθου < β', χρῶ. Ἄλλο δὲ κολλύριον τοῦτο. Ῥοιᾶς τὸ ἄνθος, χαλκάνθου, ἀκακίας, κόμμεως ἀνὰ < δ', στίμμεως < δ', κηκίδων < β', ὕδωρ· μὴ παρὸν δὲ τὸ ἄνθος τῶν ῥοῶν, τὸ ἐντὸς τὸ μεταξὺ τῶν κόκκων²⁷³ ὑμενῶδες ἔμβαλε.

---

²⁶⁹ T. τῷ.   ²⁶⁹ᵃ T. κικ.
²⁷⁰ T. -ος.
²⁷¹ T. Ῥόας, was auch zulässig.
²⁷² T. τοῦτο.   ²⁷³ T. κόκων.

* Vgl. Galen XII, 739. Der Text des Aëtius ist besser. Auch hat er mehr Recepte.
** Wie wir gegen Argyrose uns schützen.
*** ἐπὶ ἐνιαυτόν, fügt hinzu Oribas. V, 714.

Cap. XLII. Färbung der Leukome.

Ich habe vorher angeführt, dass man zu meiden hat solche Mittel, welche die Narben färben; aber, damit man diejenigen, welche dies zu bewirken vermögen, nicht übersieht, ist es nöthig, dieselben hier aufzuzählen.

Galläpfel, gepulvert, sagt er (Galen), halte wohl aufbewahrt. Und bei der Anwendung wärme den Sondenknopf und nimm damit etwas von dem Heilmittel und reibe es ein auf das Leukom. Dann löse Chalcanthos* in Wasser und bringe es auch darauf.

Ein andres. Gepulverte Granatäpfel-Schale trage auf, dann Kupfer-Vitriol mit Wasser. Ein andres. Des süssen Granatapfels Fleisch zerkleinere, ein wenig Wasser hinzuträufelnd, und, wenn du ein ganz feines Pulver hergestellt, hebe es auf. Wenn nun die Anwendung erfolgt, so musst du mit diesem Pulver oftmals vorbeizen und dann aufstreichen den Bilsenkraut-Saft, 15 Tage lang: das färbt die Leukome und macht sie unsichtbar, wenn genügend aufgestrichen wird. Ein andres Mittel, auch gegen blaue Augen wirksam. Zerreibe Vitriol-Erz mit Wasser und forme Collyrien. Ebenso (forme) auch ein anderes (Collyr) aus Galläpfeln. **Zur Zeit des Gebrauchs aber beize vor mit dem Mittel aus Galläpfeln und streiche dann auf das aus Vitriol-Erz.****

Ein andres Trocken-Mittel. Galläpfel 1 Drachme, Akazien-Gummi 1 Drachme, Kupfer-Vitriol 2 Drachmen, wende es an. Ein anderes Mittel und zwar ein Collyr ist das folgende: Granatapfel-Blüthe, Kupfer-Vitriol, Akazien-Gummi, Gummi je 4 Drachmen, Spiessglanz 4 Drachmen, Galläpfel 2 Drachmen, Wasser. Wenn aber Blüthen vom Granatapfel nicht zu beschaffen, füge die innen zwischen den Beeren befindliche hautartige Masse hinzu.

---

* Eisenhaltiger Kupfer-Vitriol. Vgl. Wörterbuch d. Augenheilk., S. 64; Gesch. d. A., S. 386.
** Eine vollkommen richtige Regel.

Πρὸς γλαυκοφθάλμους* ὥστε μελαίνας²⁷⁴ ἔχειν
τὰς κόρας²⁷⁵. μγ'.

Σιδίων ῥοιᾶς²⁷⁶ γλυκείας τὸν χυλὸν ἐγχυμάτιζε, ἔπειτα
διαστήσας ἔνσταζε ὑοσκυάμου τὸ κυανοῦν ἄνθος τρίψας μετ'
5 οἴνου ἢ ὑοσκυάμου χυλόν. δεῖ δὲ τῷ δέοντι καιρῷ τὰ ἄνθη
συνάγειν καὶ ἀποτίθεσθαι. Ἄλλο. Ἀκακίας τὸν καρπὸν καὶ
κηκίδων ὀλίγον τρίψας ἐπιμελῶς ἀναλάμβανε ἀνεμώνης τῷ
χυλῷ, ὥστε μέλιτος ἔχειν πάχος, ἔπειτα ἐκθλίψας διὰ ῥάκους
ἐπιμελῶς τὸ ὑγρὸν ἀπόθου καὶ χρῶ, καθὼς προείρηται.
10 Ἄλλο. Σικύου ἀγρίου τῷ χυλῷ ἔγχριε τὰς γλαυκοφθάλμους γυναῖκας, μελανοφθάλμους ποιεῖ. Ἄλλο. Ὑοσκυάμου τὸ
κυανοῦν ἄνθος λαβὼν ξήραινε²⁷⁷ ἐν σκιᾷ καὶ ἀπόθου. ἐπὶ
δὲ τῆς χρήσεως διεὶς τὸ ἄνθος οἴνῳ αὐστηρῷ προϋπόχριε,
εἶτα τῷ ἄνθῳ αὐτῷ λειοτριβηθέντι κατ' ἰδίαν ὑπόχριε²⁷⁸, καὶ
15 παραχρῆμα ποιεῖ.

Περὶ τῆς τῶν παιδίων θεραπείας·
Σεβήρου.** μδ'.

Ἄπειρον ⟨πάθος⟩²⁷⁹ εὑρίσκεται κατὰ τοὺς τῶν παι-
δίων²⁸⁰ ὀφθαλμοὺς καὶ διαφυσῶνται δὲ ὡς ἐπίπαν τὰ βλέ-
20 φαρα ὑπὸ τοῦ πλήθους²⁸¹ τῆς ὕλης. ὑγρότερα γὰρ καὶ θερ-
μότερα φύσει τὰ παιδία. τὰ οὖν τούτων κολλύρια ψυκτικὰ

---

²⁷⁴ T. μέλανας.
²⁷⁵ T. οὐλάς. Richtig gestellt aus Aët. p. 123 (Kapitel-Angabe).
²⁷⁶ T. ῥοάς.   ²⁷⁷ T. ξήρανε.   ²⁷⁸ T. ἀπο-.
²⁷⁹ fehlt im T.   ²⁸⁰ T. παίδων.   ²⁸¹ T. πάθους.

* Vgl. Galen XII, 740. Enthält nur den ersten Absatz des Kapitels μγ'.
** Dieses Kapitel habe ich zuerst klargelegt. Aus der irrigen lat.
Übersetzung konnte man nicht einmal ahnen, dass von der so wichtigen
Eiterung der Bindehaut bei Neugeborenen die Rede ist. Vgl. Gesch. d.
Augenheilk., S. 397. Zuerst beachte man, dass παιδίον nicht Knabe, sondern
Säugling heisst. (Thes. l. gr. III Ed., VI, p. 31.) Sodann berücksichtige
man, dass der Text des Aët. fehlerhaft überliefert worden ist. Vgl.
Note 282, S. 106.

Cap. XLIII. Gegen Blau-Augen, um ihnen schwarze Pupillen zu schaffen.

Von des süssen Granatapfels Rinde den Saft giesse ein, darauf nach einiger Zeit träufle ein des Bilsenkrautes blaue Blüthe, mit Wein zerrieben, oder Bilsenkraut-Saft. Man muss aber zur passenden Zeit die Blüthen sammeln und aufheben. Ein andres. Des Akazienbaumes Frucht und ein wenig Galläpfel zerreibe sorgfältig, nimm dies auf mit dem Saft der Anemone, so dass es Honig-Dicke bekommt; dann drücke sorgsam durch ein Läppchen die Flüssigkeit und hebe sie auf und gebrauche sie nach Vorschrift.

Ein andres. Mit der wilden Gurke Saft streiche ein die blauäugigen Frauen, das macht sie schwarzäugig. Ein andres. Des Bilsenkrautes blaue Blume nimm und trockne sie im Schatten und hebe sie auf. Zur Zeit des Gebrauches erweiche die Blume in herbem Wein und streiche zuvor (das Flüssige) ein, dann aber bringe die Blume selber, nach gehöriger Zerkleinerung, für sich unter die Lider; das wirkt augenblicklich.*

Cap. XLIV. Über die Behandlung der Neugeborenen.**
Nach Severus.

Ein ungeheures Leiden findet sich an den Augen der Neugeborenen. Gemeinhin schwellen die Lider an von der Menge des (Eiter-) Stoffs. Denn feuchter und wärmer von Natur sind die Neugeborenen. Die Collyrien gegen dieses Leiden müssen abkühlend sein und trocknend, dabei auch tüchtig adstringirend, um den Strom der Augen-Absonderung zu beseitigen.

Bis zu einem solchen Grad der adstringirenden Wirkung sind die Kinder-Collyrien gebracht worden, dass sie gelegentlich auch Trachom beseitigen. Denn abgestumpft wird bei den Neugeborenen die Schärfe der Collyrien von der jenen eigenthümlichen Feuchtigkeit und von der Menge der Augen-Absonderungen;

---

* d. h. bewirkt Pupillen-Erweiterung.
** Vgl. c. XLI, Leukom bei Säuglingen.

εἰσι καὶ ποσῶς ἀναξηραντικὰ, μετέχοντα καὶ στύψεως οὐκ ὀλίγης διὰ τὸ τὰ ἐπιφερόμενα τῶν λημῶν [282] ἀποκρούεσθαι. εἰς τοσοῦτον γὰρ ἦκται στύψεως τὰ παιδικὰ κολλύρια ὥστε καὶ τῶν τραχωματικῶν αὐτὰ ἀναιρετικὰ τυγχάνειν· ἀμβλύνε-
ται γὰρ ἐπὶ τῶν παιδίων [283] ἡ τῶν κολλυρίων δριμύτης ὑπὸ τῆς ἐγχωρίου ὑγρότητος καὶ τοῦ πλήθους τῶν λημῶν, ἀλλὰ καὶ τῷ πλήθει τῶν ἐπιφερομένων ὑγρῶν, διὰ τὸν ἐπιγιγνό-μενον κλαυθμὸν, ἀποπλύνεται τὰ κολλύρια. ἔστι δὲ ἡμῖν διὰ πείρας ἐπὶ τούτων πρῶτον μὲν καὶ θαυμάσιον κολλύριον
λαμβάνον λίθου σχιστοῦ < κ΄, λίθου αἱματίτου < κ΄, ἰοῦ < δ΄, χαλκίτεως ὀπτῆς < δ΄, χαλκοῦ κεκαυμένου < δ΄, ὀπίου < ϛ΄, σμύρνης < ϛ΄, κόμεως < ιϛ΄· αὕτη μὲν ἡ τοῦ κολλυρίου σύνθεσις καὶ λόγῳ δεδοκίμασται καὶ τῇ πείρᾳ χρήσιμος ὤφθη· ὕδατι λειοῦται. καὶ ἄλλο δὲ κολλύριον πρὸς τὰ αὐτὰ
διὰ πείρας χρήσιμον ὑπῆρξε, λαμβάνον λίθου σχιστοῦ < κδ΄, λίθου αἱματίτου < κδ΄, χαλκοῦ κεκαυμένου < η΄, ἀμμωνιακοῦ θυμιάματος < η΄, μίσυος κεκαυμένου < η΄, ὀπίου < δ΄, ὑοσ-κυάμου σπέρματος < δ΄, κόμεως < η΄, ὕδωρ. δεῖ δὲ κἀπὶ τούτων κατ' ἀρχὰς προσπλέκειν τῶν ἀδήκτων κολλυρίων καὶ οὕτω
κατ' ὀλίγον ἐπὶ τὴν δραστικὴν τῶν βοηθημάτων ἄγεσθαι δύναμιν*. παραδόξως δὲ ποιεῖ ἐπ' αὐτῷ καὶ τὸ Θεοφίλειον ἐπιγεγραμμένον κολλύριον καὶ τὸ καλούμενον ⟨μονόμηλον⟩ [284]. ἀναγεγραμμένον δέ ἐστι ἐν τοῖς πολυχρήστοις [285] κολλυρίοις.

Περὶ τραχωμάτων καὶ δασυμάτων, συκώσεων
καὶ τύλων· Σεβήρου. με΄.

Ἐπειδὴ ὁ λόγος συγγένειαν βοηθημάτων τεθέαται καὶ οἷον ἀπηρτισμένας ἀλλήλων εὗρε δυνάμεις, ταύτας ἀφορίζει [285a],

---

[282] T. hat hier noch πλῆθος. Die drei Schreibfehler [279], [281], [282] hängen zusammen, indem das Auge des Abschreibers wohl zweimal um eine Zeile tiefer abirrte.   [283] T. -δων.
[284] Text-Lücke. Corn. hat Mono. Das führt auf μονόμηλον, Aët. VII, ρδ΄, S. 143a, Z. 41. (Vgl. Gorr. S. 301). Das Wort fehlt im Thes. l. gr. u. bedeutet „durch eine Sonden-Anwendung heilend." Das Wort Ein-Sonde habe ich gebildet nach Ein-Baum. Das Mittel besteht aus Galmei, Kupfer, Kupfer-Erz u. a.   [285] T. -χριστ.   [285a] Folgt οὐκέτι οὐδὲ.

* Eine richtige Regel, deren Grundsatz noch heute gilt.

aber dazu werden noch von der Menge der zuströmenden Thränen-Flüssigkeit, wegen des hinzutretenden Weinens, die Collyrien ausgewaschen.

Für mich ist hierbei erprobt als erstes und wunderbares Collyr dasjenige, welches enthält fasrigen Blut-Eisenstein 20 Drachmen, Blut-Eisenstein 20 Drachmen, Grünspan 4 Drachmen, geröstetes Kupfer-Erz 4 Drachmen, geglühtes Kupfer 4 Drachmen, Opium 6 Drachmen, Myrrhe 6 Drachmen, Gummi 16 Drachmen. Diese Zusammensetzung des Collyr ist sowohl durch Überlegung bewährt, als auch durch Versuch als nützlich erkannt. Es wird mit Wasser verrieben. Auch noch ein andres Collyr hat gegen dasselbe Leiden durch Versuch sich brauchbar gezeigt; es enthält fasrigen Blut-Eisenstein 24 Drachmen, Hämatit 24 Drachmen, geglühtes Kupfer 8 Drachmen, Ammon'sches Räucherwerk 8 Drachmen, geröstetes Vitriol-Erz (Misy) 8 Drachmen, Opium 4 Drachmen, Bilsenkraut-Samen 4 Drachmen, Gummi 8 Drachmen, Wasser.

Man muss auch bei diesen Zuständen im Anfang von den nicht beissenden Collyrien hinzufügen und so ganz allmählich zu der kräftigen Wirkung der Arzneimittel vorschreiten. Wunderbar wirkt hier das Theophilische Collyr und die sogenannte „Ein-Sonde". Ich habe dies aufgeführt in dem Kapitel von den gebräuchlichen Collyrien.

Cap. XLV. Über Körner, Rauhigkeiten, Feigbildungen und Schwielen. Nach Severus.

Da die Einsicht eine Verwandtschaft der Heilmittel berücksichtigt und so zu sagen zu einander passende Arzneikräfte aufgefunden hat; so muss sie diese umgrenzen und nicht gestatten, dass wir etwas Fremdartiges einschieben. Die Körner nun, die Manche auch Rauhigkeiten nennen, entstehen oft in Folge einer schlechten Behandlung; denn sie treten auf, wenn die Ärzte zu viele Einträuflungen machen.* Gerade wie bei äusserlichen Verletzungen das Salben wildes Fleisch verursacht,

---

* Wie unsre Atropin-Granulationen.

οὐδὲ οὐκέτι μεσοσυλλαβεῖν τι ἕτερον αὐτῶν παρακελεύεται. τὰ τοίνυν τραχώματα, ἅπερ καὶ δασύματα πρός τινων κέκληται, ἐκ κακοθεραπείας πολλάκις γίγνεται· ἐπὶ πολὺ γὰρ τῶν ἰατρῶν ἐγχυματιζόντων τοῦτο συμβαίνει. ὥσπερ γὰρ ἐπὶ τῶν
5 ἐκτὸς τραυμάτων τὸ λιπαίνειν σαρκῶν τινων ἀχρείων αἴτιον γίγνεται, καὶ ἐπὶ τοῦ παρόντος οὕτως ἐστὶν ἐννοῆσαι τὸ γιγνόμενον. γίγνεται δὲ καὶ ἐκ ῥεύματος πολυχρονίου ἀδηκτοτέρου τυγχάνοντος· εἰ γὰρ δριμὺς γένηται, φθάσειεν ⟨ἂν⟩ τῷ ὀφθαλμῷ τὴν βλάβην ἐμποιῆσαι²⁸⁵ᵇ, πρὶν ἂν τοῖς βλεφάροις τὸ
10 πάθος ἐγκατασπεῖραι. γίγνεται δὲ ἐνίοτε καὶ μὴ προηγησαμένων ῥευματισμῶν, μηδὲ προδήλου αἰτίας παρούσης· καὶ ἔστι τὰ τοιαῦτα οὐχ ὅμοια τοῖς ἐκ τῶν ῥευμάτων γιγνομένοις. ἐπ᾿ ἐκείνων μὲν γὰρ δασύτερα καὶ τραχύτερα καὶ ἐναιμότερα²⁸⁶ φαίνεται ἐκστραφέντα τὰ βλέφαρα· ἐπὶ δὲ
15 τούτων ὥσπερ τινὰ κέγχριν²⁸⁷ ἢ ὀρόβια μικρὰ ὁρᾷς ἐπανιστάμενα τῶν βλεφάρων ἐντός· καὶ ἔστι τοῦτο τὸ εἶδος τῶν ἄλλων δυσιατότερον. διαφέρουσι δὲ ἀλλήλων ταῦτα· ὅτι ἡ μὲν δασύτης ἐπιπολῆς ἐστι καὶ μετὰ ἐρεύθους· ἡ δὲ τραχύτης μείζονα τὴν ἀνωμαλίαν καὶ τὴν ἐπανάστασιν ἔχει
20 μετ᾿ ἀλγήματος ἅμα καὶ βάρους· ἄμφω δὲ τοὺς ὀφθαλμοὺς ἐξυγραίνουσιν. ἡ δὲ σύκωσις λεγομένη ὑψηλοτέρας τὰς ἐξοχὰς ἔχει καὶ οἷον ἐντετμημένας· καὶ τίνι γὰρ ἄλλῳ ἢ σύκῳ ἔοικε κεχηνότι; ἡ δὲ τύλωσις τραχύτης ἐστὶ χρόνιος ἐσκληρυσμένας ἔχουσα καὶ τετυλωμένας τὰς ἀνωμαλίας. τινὲς μὲν οὖν ξέειν
25 τὰ τραχώματα πειρῶνται, οἱ μὲν σιδήρῳ, οἱ δὲ φύλλοις συκῆς· ἔστι δὲ ἐπιβλαβὲς τὸ ἐπιχείρημα· ἐπὶ πλεῖον γὰρ ταῦτα ἐπαύξουσι καὶ σκληρὰς τὰς οὐλὰς ἐπάγουσι καὶ αἴτιοι συνεχῶν ῥευματισμῶν γίγνονται, νυττομένων²⁸⁸ ἀεὶ τῶν ὀφθαλμῶν ἐκ τῶν ἐπιγιγνομένων σκληροτέρων οὐλῶν. θεραπεύειν δὲ
30 χρὴ τὰ τραχώματα, μηδενὸς ἕλκους περὶ τὸν ὀφθαλμὸν ὄντος, ⟨οὕτως·⟩ τοῖς ἐπὶ τῶν παιδίων²⁸⁹ προρρηθεῖσι κολλυρίοις ἐκστρέφοντας²⁸⁹ᵃ τὰ βλέφαρα, εἰ μὴ φλεγμαίνοιεν, ἐπαλείφειν καὶ

---

²⁸⁵ᵇ T. ἐκπ.   ²⁸⁶ T. ἐννομότερα.   Vgl. Galen XIV, 770.
²⁸⁷ T. -ην.   ²⁸⁸ T. κυττομένων.   ²⁸⁹ T. παίδων.
²⁸⁹ᵃ T. -ες.

so ist auch bei der vorliegenden Erkrankung die Entstehung zu
begreifen. Das Übel entsteht auch nach chronischem, nicht
beissendem Fluss; denn wenn er scharf wäre, würde er früher
das Auge zerstören, bevor er das Leiden den Lidern einpflanzt.
Die Krankheit entsteht auch bisweilen ohne voraufgehenden
Fluss und ohne dass eine klare Ursache vorhanden ist. Und es
sind diese Fälle keineswegs den aus Fluss (Katarrh) entstehenden ähnlich*: denn bei den erstbeschriebenen (aus Fluss) erscheinen die umgestülpten Lider etwas rauh, körnig und blut-
geröthet, bei den letztbeschriebenen (ohne Fluss**) sieht man
aber gleichsam wie Hirsekörnchen oder kleine Erbsen an der
Innenfläche der Lider hervorragen; und diese Art ist schwerer
zu heilen, als die andren. Übrigens muss man bei diesen Zuständen noch folgende Unterschiede machen: 1. Die Rauhigkeit
(Pelzigkeit) ist oberflächlich und mit Röthung verbunden. 2.
Bei dem Körnerzustand ist die Veränderung und Erhebung
grösser, gleichzeitig mit Schmerz und Schwere; beide Zustände
sind mit Nässen des Auges verbunden. 3. Die sogenannte Feigbildung zeigt noch höhere Erhebungen, die wie eingekerbt erscheinen, und keinem andren Dinge gleicht sie so sehr, wie
einer geplatzten Feige. 4. Die Schwielenbildung ist eine einge-
wurzelte Rauhigkeit und zeigt die Veränderungen verhärtet und
schwielig. — Einige Ärzte nun versuchen die Rauhigkeiten ab-
zuschaben; einige mit dem Eisen, andre mit Feigenblättern.
Aber dieser Versuch ist sehr schädlich; denn gewöhnlich vermehrt man dadurch die Bildungen und schafft harte Narben und
wird Schuld an hartnäckigem Augenfluss, wobei die Augen
immer durch die hinzutretenden harten Narben gereizt werden.
— Behandeln muss man so die Körner, wenn kein Geschwür
an dem Auge besteht: mit den schon erwähnten Augenmitteln
für Säuglinge muss man, wenn Entzündung fehlt, nach Umdreh-
ung der Lider, dieselben einsalben und mit dem Sondenknopf
lange massiren; denn wenn man zu schnell vom Reiben absteht,

---

* Richtige Beobachtung.
** Severus entscheidet ganz klar zwischen dem subacuten und dem
ganz chronischen (harten) Trachom.

παρατρίβειν τῷ πυρῆνι τῆς μήλης ἐπὶ πολύ. ταχέως γὰρ
ἀφιστάμενοι τῆς παρατρίψεως, δασύνουσι μᾶλλον καὶ ῥευματίζουσι τοὺς ὀφθαλμούς. εἰ δὲ ἐπιμένοι ἡ αἰτία, τοῖς δρασ-
τικωτέροις κεχρῆσθαι προςήκει, οἷόν ἐστι τοῦτο· σηπίας
5 ὀστράκου δραχ. η'· κισσήρεως δραχ. η'· μίλτου σινωπικῆς,
ἀμμωνιακοῦ θυμιάματος ἀνὰ δραχ. ι'· κόμεως δραχ. η', ὕδωρ·
τούτῳ χρώμενος μεγάλως εὐδοκιμήσεις· παρ' αὐτὰ γὰρ τῆς
ἐγχρίσεως ἐπιδερματίδες τινὲς ἐν τῷ σπογγίζειν ἐκπίπτουσι·
ψυχρῷ δὲ ὕδατι μετὰ τὴν χρῖσιν τοῦ κολλυρίου δέον ἀπο-
10 σπογγίζειν. ἔστι δὲ καὶ ἄλλο κολλύριον πρὸς τὰς τοιαύτας
διαθέσεις, λαμβάνον ²⁹⁰ καδμίας < δ', λεπίδος χαλκοῦ < δ',
ἁλὸς ἀμμωνιακοῦ < δ', ὀπίου < β', κόμεως < ιβ'· ὕδωρ.
ἐγὼ δὲ τῷ Σεβηριανῷ ξηρῷ κολλυρίῳ χρησάμενος ὠφέλησα,
ἕξεις δὲ καὶ τούτου τὴν πεῖραν διδάσκαλον.

15 Ὁ δὲ Ἀπολλώνιός φησι φαρμάκοις χρηστέον ἐπὶ τῶν
τετραχυσμένων βλεφάρων, οἷς καὶ τὰς παχυτάτας οὐλὰς ἀπο-
καθαίρομεν, οἷόν ἐστι τοῦτο· χαλκοῦ κεκαυμένου < η', σμύρνης < α', λεπίδος χαλκοῦ < α', ἀκακίας < β', καδμίας < β',
ναρδοστάχυος < α', κιναμώμου < α', κρόκου < α', πεπέρεως
20 κόκκοι ις', ὑπερείκου < γ', ἀμμωνιακοῦ θυμιάματος < γ', ἰοῦ
ὀβολοὶ ²⁹¹ β', κόμεως < α'· λεάνας οἴνῳ παλαιῷ αὐστηρῷ
ἀνάπλασσε κολλύρια καὶ χρῶ. Ἄλλο πρὸς ῥεύματα παλαιὰ
καὶ δασέα βλέφαρα. Καδμίας < ις', χαλκοῦ κεκαυμένου < δ',
ὑοσκυάμου σπέρματος < α', ὀπίου < β', σμύρνης, ἐρείκης ²⁹²
25 καρποῦ, ἀκακίας ἀνὰ < δ', κόμεως < η'. ξηρὰ πάντα λειότατα ποιήσας ἐπίβαλλε γάλα γυναικεῖον καὶ συλλεάνας ἀναλάμβανε ⟨εἰς⟩ κολλύρια; καὶ γάλακτι ὁμοίως ἀποτρίβων ἔγχριε
παχὺ προπυριάσας. Ὑγρὰ τραχωματικὴ, ποιεῖ καὶ ὑποπύοις·
χαλκίτεως κεκαυμένης < γ', κρόκου < η', μέλιτος < θ'. λεά-
30 νας τὰ ξηρὰ μεθ' ὕδατος μετὰ τὸ ξηρανθῆναι μίσγε τὸ μέλι
καὶ χρῶ.

Θεοφίλου καλουμένη ὑγρὰ πρὸς τὰς συκώδεις ἐπαναστάσεις
καὶ πάσης ²⁹²ᵃ σαρκὸς ἐξοχήν· χαλκοῦ κεκαυμένου < β', μί-

---

²⁹⁰ T. -ων. ²⁹¹ -οῦ <.
²⁹² T. ὀρίκης. ²⁹²ᵃ Besser πᾶσαν.

verursacht man grössere Rauhigkeit und Augenfluss. Dauert die schädliche Ursache an, so muss man kräftigere Mittel gebrauchen, wie z. B. folgendes: Sepia-Schale 8 Drachmen, Bimstein 8 Drachmen, sinopischen Röthel, Ammon'sches Räucherwerk je 10 Drachmen, Gummi 8 Drachmen, in Wasser gelöst. Durch den Gebrauch dieses Mittels wirst du dir grossen Ruhm erwerben; denn sofort nach der Einreibung fallen einige Stückchen des Oberhäutchens aus bei dem Abtupfen. Man muss aber mit kaltem Wasser, nach der Einreibung des Mittels, mittelst eines Schwämmchens auftupfen.

Es giebt aber auch ein andres Collyr gegen diese Krankheiten. Es enthält Galmei 4 Drachmen, Kupfer-Hammerschlag 4 Drachmen, Ammon'sches Steinsalz 4 Drachmen, Opium 2 Drachmen, Gummi 12 Drachmen, Wasser q. s.

Ich aber habe mit des Severus trockenem Collyr grossen Nutzen gestiftet, und dich wird auch darüber der Versuch belehren.

Apollonius sagt, solche Mittel sind bei Lid-Rauhigkeiten anzuwenden, mit welchen wir auch die dicksten Narben reinigen, wie z. B. das folgende: Geglühtes Kupfer 8 Drachmen, Myrrhe 1 Drachme, Kupfer-Hammerschlag 1 Drachme, Akazien-Gummi 2 Drachmen, Galmei 2 Drachmen, Spieka-Nard 1 Drachme, Zimmt 1 Drachme, Safran 1 Drachme, Pfeffer 16 Körner, Johanniskraut 3 Drachmen, Ammon'sches Räucherwerk 3 Drachmen, Grünspan 2 Obolen, Gummi 1 Drachme; verreibe es mit altem herbem Wein, und forme Collyrien daraus zum Gebrauch.

Ein andres Mittel gegen alten Fluss und Lid-Rauhigkeit: Galmei 16 Drachmen, geglühtes Kupfer 4 Drachmen, Bilsenkraut-Samen 1 Drachme, Opium 2 Drachmen, Myrrhe, Heidekraut-Frucht, Akazien-Gummi, je 4 Drachmen, Gummi 8 Drachmen, alles getrocknet und fein gepulvert; füge hinzu Frauenmilch, verreibe es damit und forme Collyrien; und davon gleichfalls mit Frauenmilch etwas verreibend streiche es dick ein, nach voraufgegangener Bähung.

Ein feuchtes Trachom-Mittel, es wirkt auch bei Hypopyon: geröstetes Kupfer-Erz 3 Drachmen, Safran 8 Drachmen, Honig

συος κεκαυμένου [293] < α', σμύρνης, κρόκου, όμφακίου ἀνὰ < α',
οἴνου χίου ἢ ἑτέρου στύφοντος παλαιοῦ εὐώδους Γο ιϛ'. μέλιτος ἀττικοῦ Γο ι'.. καὶ ἔστι δὲ καὶ ἕτερα κολλύρια ποιοῦντα πρὸς τραχώματα, οἷός ἐστιν ὁ φοίνιξ καὶ Διόνυσος καὶ
5 τὰ παραπλήσια, ἅτινα ἀναγραφήσεται ἐν τοῖς πολυχρήστοις [293a]
κολλυρίοις. ἐφ᾽ ὧν δὲ σὺν τῇ τραχύτητι τῶν βλεφάρων καὶ
οἱ χιτῶνες τῶν ὀφθαλμῶν ὀδυνῶνται φλεγμαίνοντες, παραμίσγειν χρὴ τοῖς ἰδίοις τῆς φλεγμονῆς φαρμάκοις τι τῶν
ῥυπτικῶν, ὁποῖά ἐστι τὰ δι᾽ οἴνου γραφησόμενα κολλύρια.
10 Ἀφλεγμαντοτέρων [293b] δὲ γενομένων τῶν κατὰ τὸν ὀφθαλμὸν, ἀπορρύψαι χρὴ τὰς τραχύτητας. ἐπὶ δὲ τῶν ἕλκος
ἐχόντων μετὰ ῥεύματος δακνώδους οὐχ οἷόν τε τοιούτῳ
φαρμάκῳ χρῆσθαι· διαβρωθήσεται γὰρ ἐπὶ πλέον ὁ κερατοειδὴς,
ἥ τε τοῦ ῥαγοειδοῦς πρόπτωσις μείζων ⟨γενήσεται⟩ [294] ὀδύνη
15 τε σφοδρὰ καταλήψεται τὸν ἄνθρωπον, ἐπιταθήσεται δὲ καὶ
τὸ κακόηθες ῥεῦμα. ἐπὶ τούτων οὖν τὸ κολλύριον σκευάζειν
χρὴ τὸ τοιοῦτον· κίσσηριν* λειοτάτην ποιήσαντες ἀναλαμβάνο-
μεν ⟨εἰς⟩ [295] τραγάκανθον βεβρεγμένην ἢ κόμην, καὶ ἀνα-
πλάττομεν μικρὰ κολλύρια· εἶτα ἐκστρέφοντες κούφως τὰ
20 βλέφαρα τρίβομεν ἐπὶ πολύ, κἄπειτα ἐγχυματίζομεν γάλακτι
καὶ τοῖς πρὸς φλυκταίνας καὶ ἕλκη κολλυρίοις χρώμεθα·
παυομένου δὲ ἐν τῷ χρόνῳ τοῦ ῥεύματος μεταβαίνομεν ἐπὶ
τὰ δριμύτερα κολλύρια, ἀνατρίβοντες αὐτοῖς ὡς εἴρηται τὰ
βλέφαρα· μίγνυμεν δὲ καὶ τοῖς πρὸς τὰ ἕλκη ἁρμόττουσι
25 τὰ δι᾽ οἴνου κολλύρια, κατὰ βραχὺ ἐπαύξοντες αὐτῶν τὴν
μίξιν, ὥστε μήτε τὰ βλέφαρα ἐνοχλεῖν τοῖς χιτῶσι τῶν ὀφθαλμῶν, τά τε ἕλκη καθαρὰ γενόμενα πληρωθῇ τε καὶ συν-
ουλωθῇ.

---

[293] T. -ης.   [293a] T. -χρίστ.   [293b] T. -ωτέρ.
[294] fehlt im T.
[295] fehlt im T.

* Vgl. Galen XII, 709 u. Gesch. d. Augenheilk, S. 133.

9 Drachmen; verreibe die trocknen Stoffe mit Wasser und, nachdem es wieder trocken geworden, mische den Honig hinzu und gebrauche es.

Die sogenannte Augensalbe des Theophilus gegen feigenartige Erhebungen und alles wilde Fleisch: geglühtes Kupfer 2 Drachmen, geröstetes Vitriol-Erz (Misy) 1 Drachme, Myrrhe, Safran, Saft unreifer Trauben je 1 Drachme, Chier-Wein (oder ein andrer herber, alter, wohlriechender) 16 Unzen, Attischer Honig 10 Unzen.

Es giebt auch noch andre Collyrien, die gegen Trachom wirken, wie z. B. der Phönix und der Dionysus und die ähnlichen, die ich beschreiben werde in dem Kapitel über die gebräuchlichen Collyrien.

Für diejenigen aber, bei denen gleichzeitig mit der Rauhigkeit der Lider die Häute des Auges unter Entzündung schmerzhaft sind, muss man zu den specifischen Mitteln gegen Augen-Entzündung ein wenig hinzufügen von den reinigenden Mitteln; dazu gehören die aus Wein, die noch beschrieben werden sollen. Wenn aber die Theile des Auges von Entzündung frei geworden, muss man zur Beseitigung der Rauhigkeiten übergehen. Bei denjenigen aber, die ein Geschwür haben mit beissendem Fluss, sind wir nicht im Stande, ein solches Mittel anzuwenden. Denn die Hornhaut wird stärker zerfressen werden und der Iris-Vorfall sich vergrössern und heftiger Schmerz wird den Kranken befallen, und auch der bösartige Fluss wird verstärkt werden.

Bei diesen Kranken muss man das folgende Collyr herrichten. Bimstein* verwandeln wir in das allerfeinste Pulver und nehmen es auf in eingeweichten Traganth oder Gummi, und bilden daraus kleine Collyrien; dann drehen wir zart die Lider um und reiben lange, und endlich träufeln wir Milch ein und verwenden die gegen Pusteln und Geschwüre gebräuchlichen Collyrien.** Wenn aber mit der Zeit der Fluss nachlässt, gehen wir über zu den schärferen Collyrien, indem wir mit ihnen, wie beschrieben, die Lider massiren. Wir mischen dann auch den für die Ge-

---

* Galen XII, 709.   ** Die nicht metall-haltig!

Περὶ ὀφθαλμῶν ἀτονίας· Δημοσθένους. μϛ´.

Ἀτονεῖν λέγονται οἱ ὀφθαλμοὶ οἱ μήτε[296] λευκὸν μήτε λαμπρὸν μήτε πυρῶδες ὁρᾶν ὑπομένοντες, ἀλλ᾽ ὑπὸ τῆς τυχούσης προφάσεως συνεχόμενοι τὰς ὄψεις καὶ δακρύοντες, καὶ μάλιστα ἐν τῷ ἀναγινώσκειν. διαφέρουσι δὲ οὗτοι τῶν ῥοιαδικῶν, ὅτι οἱ μὲν ῥοιαδικοὶ καὶ χωρίς τινος ἔξωθεν προφάσεως δακρυρροοῦσιν, οὗτοι δὲ πρόφασίν τινα λαμβάνοντες. θεραπευτέον δὲ αὐτοὺς περιπάτοις[297], δρόμοις, γυμνασίοις τῶν ἄνω μερῶν, μετὰ τρίψεως καὶ κατοχῆς πνεύματος, καὶ κεφαλῆς ξυρήσει καὶ τρίψει τῶν ὀφθαλμῶν ἐλαφρᾷ[298] μετὰ τὰ γυμνάσια καὶ ψυχροῦ κατὰ κεφαλῆς καταχύσει· χρῆσθαι δὲ καὶ ὑδροποσίᾳ καὶ διαίτῃ μέσῃ· συμφέρει δὲ καὶ ἀναγινώσκεν μετὰ κραυγῆς καὶ γράφειν. φαρμάκοις δὲ εἴποτε δεοίμεθα χρῆσθαι, στύφουσι καὶ ψύχουσι καὶ ἐμπλάσσουσι χρησόμεθα.

Περὶ μυωπίας. μζ´.

Μύωπες λέγονται οἱ ἐκ γενετῆς τὰ μὲν σμικρὰ καὶ σύνεγγυς βλέποντες, τὰ δὲ μεγάλα καὶ πόρρω βλέπειν μὴ δυνάμενοι· τά τε γεγραμμένα ἀναγινώσκοντες συνεγγίζουσι τοῖς ὀφθαλμοῖς· καὶ οἱ μὲν ἀνωμάλως[299] σκορδόφθαλμοί εἰσιν,

[296] T. μὴ δὲ. (Zwei Mal.)   [297] T. -ους.   [298] T. -ά.

[299] T. -ους. Das giebt auch einen Sinn, aber die Satzbildung wird dann zusammengesetzter, als bei Aët. üblich. — Ohne σκόρδ. εἰσιν giebt der Satz keinen rechten Sinn. (Corn., alii inaequales, alii aequales oculos habent. Das ist falsch gedeutet worden. Vgl. G. d. Augenheilk., S. 344, Anm. 4.)

schwüre passenden Collyrien die aus Wein zu, indem wir allmählich die Mischung verstärken, so dass einerseits nicht die Lid-(Rauhigkeit) den Häuten des Auges lästig fällt, andrerseits die Geschwüre nach ihrer Reinigung sich füllen und vernarben.*

Cap. XLVI. Über die Augenschwäche. Nach Demosthenes.**

Schwach heissen die Augen, welche den Anblick weder des Weissen, noch des Glänzenden, noch des Feurigen aushalten, sondern bei derartiger Veranlassung die Sehe verschliessen und thränen: besonders auch bei (längerem) Lesen. Sie unterscheiden sich dadurch von den Thränenträuflern, dass die letzteren auch ohne eine äussere Veranlassung in Thränen schwimmen, sie selber aber nur, wenn sie einen solchen Grund dazu haben. Behandeln muss man sie mit Spaziergängen***, mit dem Dauerlauf, mit Gymnastik der oberen Extremitäten, mit Massage und Anhalten des Athems, und Scheeren des Kopfes und leichter Massage der Augen nach der Gymnastik und mit Übergiessung kalten Wassers über den Kopf. Auch ist Wassertrinken und mittlere Lebensweise anzuwenden. Es ist auch zuträglich, mit lauter Stimme zu lesen und zu schreiben. Falls wir einmal genöthigt sein sollten, örtliche Augenmittel zu gebrauchen; so werden wir die zusammenziehenden und abkühlenden und verstopfenden anwenden.

Cap. XLVII. Über die Kurzsichtigkeit.

Kurzsichtig nennt man diejenigen, welche von Geburt an die kleinen und nahen Gegenstände sehen, aber die grossen und

---

* Die Abhandlung des Severus über Körnerkrankheit, im c. XLV des Aëtius, kann auch heute noch als höchst bemerkenswerth bezeichnet werden. Wir müssen bis zur Mitte unsres Jahrhunderts vorschreiten, ehe wir Besseres finden.

** Auch dieses Kapitel, nach Demosthenes, ist höchst bemerkenswerth. Erst um die Mitte unsres Jahrhunderts ist dieser Gegenstand befriedigend aufgeklärt worden.

*** So noch Jüngken, mein Lehrer!

οἱ δὲ ὁμαλοὺς ἔχουσι τοὺς ὀφθαλμούς. ἀνίατος δὲ ἡ τοιαύτη διάθεσις.

Περὶ νυκτάλωπος. μή'.

Νυκτάλωπα δὲ λέγουσιν, ὅταν συμβῇ τὴν μὲν ἡμέραν βλέπειν, δύναντος³⁰⁰ δὲ τοῦ ἡλίου ἀμαυρότερον³⁰⁰ᵃ ὁρᾶν, εἶτα νυκτὸς γενομένης μηδόλως βλέπειν. γίγνεσθαι δὲ τοῦτο δοκεῖ μᾶλλον διά τινα ἀσθένειαν περὶ τὴν κεφαλήν, καὶ μάλιστα διὰ τὴν τοῦ ὀπτικοῦ πνεύματος παχύτητα καὶ τῶν λοιπῶν περὶ τὸν ὀφθαλμὸν ὑγρῶν καὶ χιτώνων. τισὶ δὲ συμβαίνει, νυκτὸς μὲν βέλτιον ὁρᾶν, ἡμέρας δὲ χεῖρον καὶ, εἰ νυκτὸς σελήνη φαίνοι, μὴ ὁρᾶν· σπάνιον δὲ τοῦτο, τὸ δὲ πρῶτον πλείστοις συμβαίνει. θεραπεύειν δὲ τοὺς ἐν νυκτὶ μὴ ὁρῶντας, τοὺς μὲν εὐέκτας φλεβοτομοῦντα³⁰⁰ᵇ ἀπ' ἀγκῶνος καὶ τῶν κανθῶν, τοὺς δὲ κακοχύμους καθαίροντα³⁰⁰ᵇ καταλλήλῳ φαρμάκῳ. ἔπειτα δὲ μετὰ τὴν καθολικὴν κένωσιν ἀποφλεγματισμοῖς χρῆσθαι καὶ διὰ ῥινῶν καθαίρειν καὶ πταρμοὺς κινεῖν. ἔρρινον δὲ αὐτοῖς ἁρμόδιον τοῦτο· πεπέρεως, σταφίδος ἀγρίας³⁰⁰ᶜ ∋ β', σινήπεως ∋ α', κόψας, σήσας, ἐπίβαλλε σεύτλου ῥιζῶν χυλόν, ὡς μέλιτος ὑγροῦ ἔχειν τὴν σύστασιν, καὶ συλλεάνας ἔγχει εἰς τὰς ῥῖνας· καὶ κέλευε ἀνασπᾶν, καὶ τοῦτο ποίει ἐπὶ ἡμέρας ἑπτὰ ἢ ε'. χρῶ δὲ καὶ τοῖς ἄλλοις ἐρρίνοις τοῖς προγεγραμμένοις ἐν τῷ περὶ τῶν τῆς ῥινὸς παθῶν λόγῳ. πινέτωσαν δὲ πρὸ τροφῆς ὕσσωπον, ὀρίγανον, πήγανον· δίαιτα δὲ λεπτύνουσα ἔστω πᾶσιν. ἐὰν δὲ μὴ ὑπακούῃ διὰ τούτων, πάλιν καθαρτήριον διδόναι, οἷόν ἐστι τοῦτο· σκαμμωνίας μὲν τριώβολον, καστορίου δὲ ὀβολοὺς δύο, καὶ ἁλῶν τριώβολον. ἐπὶ δὲ τῶν ἀσθενεστέρων τῆς σκαμμωνίας ὀβολοὺς β' ἔμβαλε. ἡ γὰρ τοιαύτη κάθαρσις πολλάκις παραχρῆμα ἀπήλλαξε τοῦ

---

[300] statt δύντος. [300a] T. -ώτ.
[300b] T. -ας. Unsre Schreibweise ist wenigstens eindeutig. Dazu kommt, dass auch in dem folgenden Satz die Einzahl steht (κύψας).
[300c] fehlt ἀνὰ.

fernen Gegenstände zu sehen nicht vermögen und die Schrift beim Lesen dem Auge nähern. Einige von ihnen haben unregelmässige Bollen-Augen*, die andern aber haben normale Augäpfel. Dieser Zustand ist unheilbar.

Cap. LVIII. Über Nachtblindheit.

Von Nachtblindheit spricht man, wenn Jemand bei Tage sehen kann, nach Sonnen-Untergang aber schlechter sieht; endlich, wenn die Nacht hereingebrochen, gar nicht mehr sieht. Ursache des Leidens dürfte sein Schwäche im Kopf und besonders Verdickung der Seh-Innervationsluft und der sonstigen Feuchtigkeiten und Häute des Auges.

Einigen andren aber passirt es, Nachts besser zu sehen und bei Tage schlechter, und wenn Nachts der Mond scheint, nicht zu sehen: aber das letztgenannte Übel (der Tagblindheit) ist selten, das erstgenannte (der Nachtblindheit) kommt häufig vor.

Behandeln muss man die Nachtblinden, wenn sie kräftig sind, mit dem Aderlass in der Ellenbeuge und an den Augenwinkeln, aber bei schlechten Säften mit der Reinigung durch ein passendes Abführmittel. Dann muss man nach der allgemeinen Entleerung des Körpers Gurgelmittel gebrauchen und durch die Nase reinigen und Niessen erregen. Als Nasenmittel passt das folgende: Pfeffer, Läusekraut je 2 Scrupel, Senf 1 Scrupel; zerkleinere es, siebe, füge hinzu so viel Mangold-Wurzel-Saft, dass es die Consistenz von flüssigem Honig erlangt, verreibe es zusammen und träufle es in die Nase, und lasse es aufziehen. Dies mache 5 — 7 Tage. Verwende auch die übrigen Nasenmittel, welche ich in dem Kapitel über die Nasenleiden schon mitgetheilt habe. Einnehmen sollen die Kranken vor der Mahlzeit Ysop, Dosten, Raute; die Lebensweise sei für alle auf Abnahme des Körpergewichtes eingerichtet. Wenn es aber dabei nicht nach Wunsch geht, soll man wiederum ein Abführmittel geben, z. B. das folgende: Scammonium 3 Obolen, Bibergeil 2 Obolen, Salz 3 Obolen.

---

* Merkwürdige Beobachtung der Sehaxen-Verlängerung.

πάθους ἢ πολλῷ βέλτιον διέθηκε. μετὰ δὲ ἡμέρας ὀλίγας
διδόναι καθαρτήριον φλέγμα καὶ χολὴν ἄγον, οἷόν ἐστι τοῦτο·
κολοκυνθίδος ὀβολοὺς β', σκαμμωνίας ὀβολοὺς δ', ἀλόης ὀβολοὺς δ', ἀναλάμβανε ⟨εἰς⟩³⁰¹ καταπότια ἓξ καὶ δίδου ταῖς μέσαις
5 ἕξεσι γ', ταῖς δὲ ἰσχυροῖς πάντα.³⁰¹ᵃ ἐγχρίειν δὲ τοὺς ὀφθαλμοὺς
μέλιτι ἀπεζεσμένῳ καὶ καταμύειν συνέχοντα τὰ ὑγρά, ἢ ἐλαίῳ
παλαιοτάτῳ ὁμοίως ἐγχρίειν· ἢ στυπτηρίας σχιστῆς κεκαυμένης
ἐπ' ὀστράκου < β', ἁλὸς ἀμμωνιακοῦ ἢ καππαδοκικοῦ < α',
λεῖα μετὰ μέλιτος καὶ γάλακτος γυναικείου· ἢ ὑαίνης χολὴν
10 μετὰ μέλιτος. παραιτεῖσθαι μέντοι τὴν συνεχῆ χρῆσιν τῶν δρι-
μυτέρων φαρμάκων, συνεχῶς δὲ κεχρῆσθαι τῷ παλαιοτάτῳ
ἐλαίῳ. δοκεῖ δὲ αὐτοῖς ὠφελεῖν ἧπαρ τράγου ὀπτὸν μεθ' ἁλὸς
ἄνευ ἐλαίου θερμότατον ἐσθιόμενον· οἱ δὲ καὶ τῷ ἀπορρέοντι
ἰχῶρι ἐκ τοῦ ἥπατος ὀπτωμένου³⁰² ἐγχρίουσιν· οἱ δὲ ἑψοῦν-
15 τες³⁰²ᵃ τὸ ἧπαρ ὑπὲρ τὸν ἀναφερόμενον ἀτμὸν τὴν ὄψιν
προσάγοντες πυριῶσι τοὺς ὀφθαλμούς. βοηθεῖ δὲ καὶ τὸ ἐλα-
τήριον σὺν μέλιτι ἐκ διαλειμμάτων ἐγχριόμενον καὶ πέρδικος
χολὴ ἢ αἰγὸς ἀγρίας ἢ τράγου· καὶ βουγλώσσου δὲ χολὴ ἐγχριομένη σφόδρα ὠφελεῖ. ἡ δὲ σύμπασα δίαιτα λεπτύνουσα ἔστω.
20 κατ' ἀρχὰς δὲ καὶ οἴνου ἀπέχεσθαι, παραιτεῖσθαι δὲ τὰ παχύ-
νοντα πάντα. ἐπὶ δὲ τῶν νύκτωρ μὲν βέλτιον ὁρώντων, ἡμέρας
δὲ χεῖρον, ἡμεῖς τεκμαιρόμεθα, λεπτύνεσθαι ἐπὶ πολὺ τὸ πνεῦμα
ἢ τοὺς χιτῶνας ἀραιοῦσθαι κἀκ τούτου ⟨ἡμέρας⟩ σκιδνάμενον³⁰³
τὸ πνεῦμα³⁰⁴ ἀμαυροῦν τὴν ὄψιν, νύκτωρ δὲ παχυνόμενον καὶ
25 συνιστάμενον κινεῖν τὴν αἴσθησιν. καὶ χρὴ ἐπὶ τούτων μᾶλλον
τόνον ἐντιθέναι τῷ ὀφθαλμῷ. Ἡρόφιλος δὲ τὸ ἀνάπαλιν ἐν
τῷ περὶ ὀφθαλμῶν φησι πρὸς τοὺς³⁰⁵ ἡμέρας μὴ βλέποντας
κόμμι, κροκοδείλου χερσαίου τὴν κόπρον³⁰⁶, μίσυ, χολὴν ὑαί-
νης³⁰⁷ λείαν μετὰ μέλιτος ὑπόχριε δὶς τῆς ἡμέρας, καὶ ἐσθί-

---

301 fehlt im T.
301ᵃ T. τοῖς μέσοις ταῖς ἕξεσι γ', τοῖς δὲ ἰσχυροῖς. (Man erwartet eher τὰς ἕξεις.) 302 T. -φ. 302ᵃ T. -ῶντες. 303 T. σκινδνούμενον.
304 Text hat noch ein τὸ, ich vermisse das Wort ἡμέρας vor σκιδνάμενον. Die seltsame, aber folgerichtige Erklärungsweise des Aët. ist von Cornar. nicht verstanden worden.
305 Text hat hier noch ein unbrauchbares ἐν.
306 T. ἡ κόπρος. 307 T. ὑγιαίνης.

(Bei grösserer Körperschwäche setze nur 2 Obolen Scammonium hinzu.) Diese Abführung hat oft (den Kranken) rasch von seinem Leiden befreit oder wenigstens erheblich gebessert.*

Einige Tage später gebe man ein andres Abführmittel, das Schleim und Galle treibt, z. B. das folgende: Koloquinthen 2 Obolen, Scammonium 4 Obolen, Aloe 4 Obolen: mache daraus 6 Pillen und gieb den mittleren Constitutionen 3, den starken alle 6.

Einstreichen sollen sie in's Auge aufgekochten Honig und die Augen schliessen, um die Flüssigkeit zurückzuhalten; oder ganz altes Öl in gleicher Weise einstreichen. Oder auch Faser-Alaun, auf einer Scherbe geröstet, 2 Drachmen, Ammon'sches Steinsalz oder Kappodocisches 1 Drachme, verrieben mit Honig und Frauenmilch. Oder Hyänen-Galle mit Honig. Vermeiden soll man den anhaltenden Gebrauch der schärferen Mittel, anhaltend aber das alte Öl gebrauchen. Zu nützen scheint ihnen auch Bocksleber, mit Salz, aber ohne Öl gebraten und ganz heiss gegessen. Einige aber pflegen auch mit der Brühe, welche abläuft aus der Leber während des Bratens, das Auge einzustreichen; andre lassen, beim Kochen der Leber, über den aufsteigenden Dunst die Sehe halten und bähen so die Augen.

Es hilft auch die Eselsgurke, mit Honig von Zeit zu Zeit eingestrichen, und Galle des Rebhuhns oder der wilden Ziege oder des Bocks. Auch die Galle der Scholle, ins Auge eingestrichen, gewährt grossen Nutzen. Aber (wie gesagt) die ganze Lebensweise soll dünn machen. Im Anfang muss man sich auch des Weins enthalten und alles, was dick macht, meiden. Bei denen, die Nachts besser sehen und bei Tage schlechter, nehme ich an, dass die Innervations-Luft sehr dünn oder die Häute durchlässig seien und die daraus bei Tage erfolgende Zerstreuung der Innervations-Luft die Sehe blind macht, bei Nacht aber Verdickung und Sammlung (jener Luft) eintrete, so dass sie die Sinnes-Empfindung zu erregen im Stande ist. Also muss man bei diesen (Tagblinden) dem Auge eher Festigkeit verleihen.

Herophilus hinwiederum sagt in seinem Werk über Augen-

---

* In den heilbaren Fällen von Nachtblindheit kann diese Abführung, die den Kranken an's Haus fesselt, erheblich nützen.

ειν δίδου νήστισιν ³⁰⁸ ἧπαρ τράγου. ἐγὼ δὲ τεκμαίρομαι τοῦτο ποιεῖν μᾶλλον τοῖς νύκτωρ μὴ ὁρῶσιν.

Περὶ ἀμβλυωπίας· Γαληνοῦ. μθ'.

Ἀμβλυωπία δέ ἐστιν ἀμυδρότης τοῦ ὁρᾶν διὰ πλείστας αἰτίας γιγνομένη, ἢ τοῦ ὀπτικοῦ πνεύματος παχυνομένου ἢ τῶν χιτώνων πυκνουμένων ³⁰⁹ καὶ παχυνομένων ἢ τῶν ἐν ὀφθαλμῷ ὑγρῶν παχέων καὶ γλίσχρων γινομένων. συμβαίνει δὲ ἀμβλυωπεῖν ³¹⁰ καὶ τοὺς πολυχρονίῳ ³¹¹ νόσῳ ³¹² συσχεθέντας καὶ ἐπὶ λύπαις ἰσχυραῖς. ἐπὶ δὲ τῶν γεγηρακότων, σὺν τῷ παχύνεσθαι καὶ τὰ ὑγρὰ καὶ τοὺς χιτῶνας καὶ τὸ ὀπτικὸν ⟨νεῦρον⟩, καὶ ἀτονία πάρεστι τοῦ ὀπτικοῦ πνεύματος καὶ μείωσις πολλὴ καὶ σύμπτωσις καὶ οἷον ῥυτίδωσις τοῦ ὀπτικοῦ νεύρου καὶ τῶν ἐν τῷ ὀφθαλμῷ χιτώνων πυκνουμένων καὶ παχυνομένων. ἐλαττουμένων γὰρ τῶν ἐν τῷ ὀφθαλμῷ ὑγρῶν τοῖς πρεσβύταις ⟨καὶ⟩ ³¹³ ἐλάττονος καταφερομένου τοῦ ἄνωθεν πνεύματος ἐπὶ τὴν κόρην, ῥυσὸς εἰς τοσοῦτον πολλάκις γίγνεται ὁ κερατοειδὴς χιτών, ὥστε οἱ μὲν τῶν γερόντων οὐδόλως ὁρῶσιν, οἱ δὲ φαύλως καὶ μόγις ἔτι βλέπουσιν. ἐπιπίπτουσι γὰρ ἀλλήλως αἱ ῥυτιδώσεις καὶ οἷον ἐπιδιπλοῦται ὁ χιτὼν καὶ πάχος ἕτερον ἐπίκτητον λαμβάνει. βοηθήματα δὲ κοινῶς καὶ τοῖς ἀμβλυώττουσι συντίθεται ἐκ τῆς αὐτῆς ὕλης, ἐξ ἧς κἀπὶ τῶν ἀρχομένων ὑποχύσεων, τὰ μὲν εἰς κολλυρίων ἰδέας ἀναπλαττόμενα, τὰ δὲ ὑγρά, ἅπερ καὶ σκιρρουμέναις φλεγμοναῖς τῶν χιτώνων ἁρμόττει, τὰ δὲ ξηρά. ῥηθήσονται ⟨δὲ⟩ τούτων αἱ σκευασίαι περὶ τὰ τέλη ³¹⁴ τοῦδε τοῦ λόγου.

---

³⁰⁸ T. νήστιν.
³¹⁰ T. -ᾶν.
³¹² T. ὅσῳ.
³¹⁴ T. -ει.

³⁰⁹ T. -κουμ.
³¹¹ T. -ίαν.
³¹³ fehlt im T.

krankheiten: Gegen Tagblindheit (nimm) Gummi, den Koth des Landkrokodils, Vitriol-Erz, Hyänen-Galle, mit Honig verrieben, streiche es zweimal täglich in das Auge; und gieb den Kranken nüchtern Bocksleber zu essen. Ich vermuthe, dass dieses besser wirkt bei Nachtblindheit.

Cap. XLIX. Über Amblyopie. Nach Galen.

Amblyopie ist Verdunklung des Sehens und entsteht aus verschiedenen Ursachen: entweder weil die Seh-Innervationsluft sich verdickt, oder die Häute sich verdichten und verdicken, oder die Augenflüssigkeiten dick und zäh werden. Sehschwäche tritt auch ein bei den mit langwierigen Körper-Leiden behafteten und in Folge schweren Kummers. Im höheren Greisenalter pflegt mit der Verdickung der Augen-Feuchtigkeiten und der Häute und des Sehnerven auch Abspannung der Seh-Innervationsluft einzutreten und erhebliche Verringerung derselben und Zusammenfallen und eine Art von Runzelung des Sehnerven und der verdichteten und verdickten Augenhäute. Denn, da bei den Greisen die Augenfeuchtigkeiten sich verringern, und weniger Innervationsluft von oben zur Pupille herabströmt, wird oft die Hornhaut bis zu dem Grade runzlig, dass von den Greisen die einen überhaupt nicht sehen, die andren aber schlecht und mühsam noch etwas sehen. Denn die Runzeln legen sich übereinander, und die Haut verdoppelt sich gewissermassen und nimmt eine neuerworbene Dicke an. Die Augenmittel werden gemeinsam auch für die Schwachsichtigen aus denselben Stoffen bereitet, wie auch für den beginnenden Star: die einen werden in die Form von Collyrien gebracht, die andren sind feucht, die auch für die mit Verdickung verbundenen Entzündungen der Augenhäute passen, noch andre sind trocken. Ihre Zubereitung wird am Schluss dieses Abschnittes mitgetheilt werden.

Περὶ ἀμαυρώσεως· Δημοσθένους καὶ Γαληνοῦ. ν'.

Ἀμαύρωσίς ἐστιν ὁ παντελὴς ὡς ἐπὶ τὸ πολὺ παραποδισμὸς τοῦ ὁρᾶν χωρὶς φανεροῦ πάθους περὶ τὸν ὀφθαλμόν, καθαρᾶς δηλονότι φαινομένης τῆς κόρης. καὶ τοῖς μὲν κατὰ βραχὺ τὸ πάθος συνίσταται, τοῖς δὲ ἀθρόως ἐπιπίπτει, ὡς ἐλάχιστον ἢ καθάπαξ μὴ ὁρᾶν. τῆς μὲν οὖν κατὰ βραχὺ συνισταμένης ἀμαυρώσεως αἰτίαι πλείους εἰσὶν αἱ ἐπὶ τῆς ἀμβλυωπίας προειρημέναι. τῆς δὲ ἀθρόως ἐμπιπτούσης ἡ ⟨αἰτία⟩[315] ἔμφραξίς ἐστι τοῦ ὀπτικοῦ νεύρου, παχέων καὶ γλίσχρων ὑγρῶν ἐμπεσόντων ἐν αὐτῷ ἀθρόως, ἢ παράλυσις αὐτοῦ τοῦ νεύρου. προηγοῦνται δὲ τοῦ πάθους ἀπεψίαι συνεχεῖς καὶ ἀκρατοποσίαι, ἡλίωσις, ἔκκαυσις τῆς κεφαλῆς ἢ κατάψυξις, ἢ συνεχὴς ἀνάγνωσις μετὰ τροφὴν ἢ βαλανεῖα ὁμοίως συνεχῆ ἐπὶ τροφῇ, καὶ ἔμετοι ἄκαιροι, συνουσία ἄμετρός τε καὶ ἄκαιρος, καὶ κατοχὴ πνεύματος βιαία, ὥσπερ ἐπὶ τῶν σαλπιστῶν γίνεται. ταῦτα γὰρ καὶ τὰ τούτοις παραπλήσια, σύμμετρα μὲν γενόμενα, ἀμβλυωπίαν ἐργάζεται, ὑπέρμετρα δὲ τὴν ἀμαύρωσιν. γίγνεται δὲ ἐνίοτε ἡ ἀμαύρωσις καὶ ἐπὶ πληγαῖς ἰσχυραῖς κατὰ τῆς κεφαλῆς ἢ καταπτώσεσιν ἐξ ὑψηλοῦ, παραλυθέντος ἐνίοτε τοῦ ὀπτικοῦ ⟨νεύρου⟩[315a] ἢ καὶ ἀποῤῥαγέντος ἢ, τὸ πάντων ἠπιώτατον, τῇ σφοδρᾷ κατασείσει πλῆθος* ὑγρῶν ἐπενεχθὲν καὶ ἐμφράξαν[316] τὸ ὀπτικὸν νεῦρον. ἐπὶ μὲν οὖν ταῖς τοῦ πόρου παραλύσεσι βραδέως κινεῖται ὁ ὀφθαλμὸς ἢ οὐδόλως. ὅταν δὲ ἐκ βιαίου πληγῆς κατὰ κεφαλῆς γιγνομένης ἢ καταπτώσεως ἀποῤῥαγῇ τῆς συμφυΐας τοῦ ἐγκεφάλου, πρῶτον μὲν προπετέστερος ὁ ὀφθαλμὸς ⟨γίνεται⟩[316a], ὕστερον δὲ κοιλαίνεται καὶ ἀτροφεῖ. ὅταν δὲ διὰ πλῆθος ὑγρῶν παχέων ἢ γλίσχρων ἔμφραξιν ἀθρόως ὑπομένῃ ὁ πόρος χωρὶς αἰτίας, ἀνάγκη βάρος παρέπεσθαι τῆς κεφαλῆς καὶ μάλιστα ἐν βάθει κατὰ τὰς ῥίζας τῶν ὀφθαλμῶν. τοὺς μὲν ἀθρόως ἀμαυρουμένους θεραπευτέον

---

[315] fehlt im T. [315a] fehlt im T.
[316] T. -φαξ. [316a] fehlt im T.

* Unregelm. Construction: Nom. absol. für Gen. absol.

Cap. L. Von der Amaurose. Nach Demosthenes und Galen.*

Amaurose ist die gemeinhin vollständige Behinderung des Sehens ohne eine sichtbare Veränderung am Auge, wobei natürlich die Pupille rein erscheint. In einzelnen Fällen entwickelt sich das Leiden ganz allmählich; andre aber befällt es plötzlich, so dass sie nur ein Minimum oder auf ein Mal gar nichts sehen. Für die allmählich sich entwickelnde Erblindung giebt es verschiedene Ursachen, die wir schon (im vorigen Kapitel) bei der Amblyopie erwähnt haben. Für die plötzlich hereinbrechende Erblindung ist Ursache die Verstopfung des Sehnerven, indem nämlich dicke und zähe Ausschwitzungen ihn plötzlich befallen, oder die Lähmung des Sehnerven selber. Voraufgegangen sind dem Leiden hartnäckige Verdauungsstörung und Missbrauch des Weines**, Sonnenstich, Überhitzung oder Erkältung des Kopfes, oder unablässiges Lesen nach der Mahlzeit oder gleichfalls fortgesetztes Baden nach der Mahlzeit, oder unzeitiges Erbrechen, unmässiger und unzeitiger*** Coïtus, und gewaltsames Anhalten des Athems, wie es bei den Trompetern stattfindet. Diese und dergl. Schädlichkeiten pflegen, wenn sie mässig bleiben, Amblyopie zu bewirken; wenn übermässig, die Amaurose zu verursachen. Es erfolgt auch bisweilen Amaurose bei starken Kopf-Verletzungen und beim Fall aus grosser Höhe, indem der Sehnerv gelegentlich gelähmt wird oder auch abreisst, oder, was von allen diesen das mildeste ist, durch die heftige Erschütterung wird eine Überfülle von Feuchtigkeit in den Sehnerven hineingebracht und verstopft denselben. Bei der Nerven-Lähmung erfolgt auch Schwer- oder Un-Beweglichkeit des Augapfels. Wenn aber in Folge einer heftigen Kopfverletzung oder eines Sturzes (der Nerv) abreisst von der Verwach-

---

* Bis gegen die Mitte unsres Jahrhunderts hat man darüber nicht viel mehr gewusst, als was Demosthenes u. Galen uns überliefert.

** Wir würden sagen des Alkohols. (ἄκρ. = Trinken unverdünnten Weines).

*** Aristoph., Frieden, 291.

φλεβοτομοῦντας ἀπ᾽ ἀγκῶνος, εἰ πληθωρικὸς εἴη ὁ νοσῶν·
ὀξύτατον γὰρ αὐτῶν βοήθημα ἡ φλεβοτομία· εἶτα διαλιπόν-
τας ἡμέρας τινὰς στραγγάλην περιτιθέντας τῷ τραχήλῳ καὶ
περισφίγγοντας³¹⁷, ἕςτ᾽ ἄν³¹⁷ᵃ τὰ περὶ τὸ μέτωπον ἀγγεῖα κυρ-
5 τωθῇ³¹⁸, ⟨καὶ⟩³¹⁹ ἀνιέντας³²⁰ μετὰ τὴν κύρτωσιν καὶ ⟨τὸ
δεύτερον καὶ⟩³²¹ τὸ τρίτον ταὐτὸ³²² ποιοῦντας³²³ πρὸς τὸ τῇ
κινήσει τοῦ πνεύματος καὶ τῶν ὑγρῶν σαλεύεσθαι βιαίως τὰ
ἐμφράγματα. εἶτα τὰς κυρτωθείσας ἐγκανθίους³²⁴ φλέβας ἑκατέρωθεν τῆς ῥινὸς διελεῖν χρὴ ἀμφοτέρας καὶ κένωσιν ἰσχυ-
10 ρὰν ποιεῖσθαι. ἐγὼ γὰρ καὶ μέχρι κοτυλῶν τριῶν ἐκ τῶν
ἐγκανθίων³²⁵ φλεβῶν ποτε ἐκένωσα. μετὰ δὲ ταῦτα σικύαν
παραχρῆμα τῷ ἰνίῳ προσβάλλειν μετὰ κατασχασμοῦ³²⁶· συμβαίνει γὰρ ὡς ἐπὶ τὸ πολὺ παραχρῆμα ἔτι τῆς σικύας ἐπικειμένης
ἀναβλέψαι τὸν ἄνθρωπον. ἀλλ᾽ οὐ δεῖ ἀρκεῖσθαι τῷ βοηθή-
15 ματι τούτῳ, ἀλλ᾽ ἀνακτησάμενον³²⁷ τὴν δύναμιν μετὰ ⟨τὴν⟩
τρίτην ἡμέραν καθαίρειν, εἶτ᾽ ἐπὶ τὴν δίαιταν ἀνάγειν. ἐπὶ
δὲ τῶν κατὰ βραχὺ ἐν πολλῷ χρόνῳ ἀμαυρουμένων³²⁸ προ-
διαιτήσαντες³²⁹ ἀπὸ τῶν ἐγκανθίων³³⁰ φλεβῶν τὴν κένωσιν
ὡς προείρηται ποιησόμεθα, καὶ ἀπὸ τῶν μὲν³³¹ πολυαίμων
20 ἀπὸ τῶν κανθῶν ἀφαιρετέον εὐθὺς ἐξ ἀρχῆς. ἔπειτα σικύαν
τῷ ἰνίῳ προσβάλλειν· καὶ μέτα ταῦτα καθαίρειν. διαιτῶν
δὲ μάλιστα τὴν κοιλίαν εὔλυτον ποίει διὰ τῶν τροφῶν, εὐπεψίας πρὸ πάντων προνοούμενος³³². διὰ δέ τινων ἡμερῶν
διδόναι ἀλόην καταπίνειν ἀναληφθεῖσαν μετὰ τερεβινθίνης
25 εἰς καταπότια· ποιεῖ δὲ καὶ κνήκου³³³ χυλὸς μετὰ μέλιτος·
γυμνασίοις τε τῶν κάτω μερῶν χρηστέον καὶ περιπάτοις
πλείοσιν ἐν σκεπηνοῖς τόποις· παραιτεῖσθαι δὲ καὶ οἴνου πόσιν,
ἀνδρείως δὲ ὑπομενετέον τὴν ὑδροποσίαν· παραιτεῖσθαι δὲ
καὶ πᾶσαν τροφὴν παχύνουσαν καὶ συνεχῆ συνουσίαν καὶ ἡλίωσιν
30 τῆς κεφαλῆς, οὐδὲ φιλολουστέον οὐδὲ ἡμέρας καθεύδειν οὐδὲ

---

[317] T. -ες.   [317a] T. ὅταν.   [318] T. κυρωτῇ.   [319] fehlt im T.
[320] T. -ες.   [321] fehlt im T.   [322] T. αὐτὸ.
[323] T. -ες.   [324] T. -καθ.   [325] T. -καθ.
[326] T. καταχ.   [327] T. -ος.   [328] T. -ρομ.
[329] T. προδιαρτ. (vorher aufhängen!).   [330] T. ἐγκαθίδων.
[331] T. μὴ.   [332] T. -ουμένους.   [333] T. κνίκου.

sung mit dem Gehirn, so tritt zuerst Vorfall des Augapfels ein, danach Einsinken und Schwund. Wenn aber durch Überfülle dicker und zäher Ausschwitzung plötzlich der (Sehnerv-) Kanal eine Verstopfung erleidet, ohne (merkbare) Ursache; so muss nothwendiger Weise (Empfindung von) Schwere des Kopfes erfolgen und besonders in der Tiefe, an den Wurzeln der Augen.

Die ganz plötzlich erblindeten muss man behandeln mit dem Aderlass an der Ellenbeuge, falls der Kranke plethorisch ist. Denn das schnellste Heilmittel ist der Aderlass. Hierauf lässt man einige Tage verstreichen und legt dann eine Binde um den Hals des Kranken und schnürt sie zu, bis die Gefässe der Stirn geschlängelt erscheinen, und lockert die Binde nach der Schlängelung und macht dasselbe 2 und 3 Mal, um durch die (Hin- und Her-) Bewegung der Luft und der Flüssigkeiten gewaltsam an der Verstopfung zu rütteln. Dann muss man die beiden geschlängelten Adern an den (inneren) Augenwinkeln beiderseits von der Nase durchtrennen und eine starke Entleerung sich bewirken. Ich habe bis zu 3 Bechern aus den Augenwinkel-Adern einmal entleert. Danach muss man sofort einen blutigen Schröpfkopf an das Hinterhaupt setzen. Es passirt ja recht häufig, dass sofort, während der Schröpfkopf noch sitzt, der Kranke seine Sehkraft wiedererlangt.

Aber mit dieser Therapie darf man sich nicht genügen lassen, sondern muss, sowie jener seine Kraft wiedergewonnen, nach dem dritten Tage ihn abführen lassen und dann Diät einleiten. Aber bei denjenigen, welche ganz allmählich im Verlauf langer Zeit erblinden, werden wir, nach vorbereitender Diät, an den Augenwinkel-Adern die Blut-Entleerung in der beschriebenen Weise machen; bei den blutreichen aber muss man an den Augenwinkeln sofort im Anfang eine Blutentziehung machen. Dann einen Schröpfkopf an das Hinterhaupt setzen, danach abführen. Hinsichtlich der Lebensweise halte man den Darm flüssig durch die Nahrung und sorge vor Allem für gute Verdauung. Einige Tage hindurch soll man Aloë verabreichen, welche mittelst Terpentin in Pillenform gebracht ist. Es wirkt auch Saflor-Saft mit Honig. Ferner ist Gymnastik der unteren Extremitäten anzuwenden und reichliches Spazierengehen an geschützten Orten.

μετὰ τροφὴν κινεῖσθαι σφοδρότερον ἢ ἀναγινώσκειν ἢ γράφειν. παραφυλάττεσθαι δὲ ὀργὰς θυμούς τε καὶ φροντίδας συντόνους καὶ ἐκπλήξεις σφοδρὰς καὶ φόβους, μάλιστα μετὰ τὴν τροφὴν, καὶ τοὺς συνεχεῖς ἐμέτους. κλύζειν δὲ καθ'
5 ἑκάστην τὸ πρόσωπον ψυχρῷ ὕδατι, μάλιστα ὀμβρίῳ, καὶ συγχρίεσθαι τὸ πᾶν σῶμα δι' ἑτέρων. χρονίζοντος δὲ τοῦ πάθους καὶ τὴν κεφαλὴν καθαίρειν δι' ἐρρίνων[334], ἐγχέοντα[335] τοῖς μυκτῆρσιν[336], ὅσα πρὸς κεφαλαλγίαν εἴρηται· χρῆσθαι δὲ καὶ τοῖς ἐκεῖθεν ῥηθεῖσιν ἀποφλεγματισμοῖς. ἡ δὲ ὑπάλειψις τῶν
10 ὀφθαλμῶν, χρονίζοντος ἤδη τοῦ πάθους, πρῶτον μὲν διὰ τῶν ἁπλῶν γενέσθω, καθάπερ διὰ τοῦ ἀκάπνου* μέλιτος ἢ ἐλαίου παλαιοῦ· μετὰ δὲ ταῦτα καὶ τοῖς συνθέτοις χρηστέον· ἡμεῖς δὲ εὐδοκιμοῦμεν ἐπ' αὐτῶν τῷ τε διακεντήτῳ κολλυρίῳ καὶ τῇ πρὸς ὑποχύσεις Ἀγλαΐδου[337] ὑγρᾷ χρώμενοι. κοινὸν
15 δὲ πάσης ἀμαυρώσεως καὶ ἀμβλυωπίας καὶ τοῦτο, δοκεῖ δὲ ποιεῖν καὶ πρὸς τὰς παχύτητας τῶν ὑμένων· κρόκου < α΄, ζιγγιβέρεως < α΄, πεπέρεως κόκκοι ιε΄, νάρδου στάχυος ὀβολοὶ β΄, μαράθρου[338] χυλοῦ < ις΄, ἀμμωνιακοῦ θυμιάματος < α΄, μέλιτος Γο ε΄, πάντα λειότατα ποιήσας ἐπίχεε τὸν τοῦ
20 μαράθρου χυλόν, εἶτα λεάνας ἀναξήρανον καὶ μίξας τὸ μέλι ἀναλάμβανε εἰς πυξίδα χαλκῆν καὶ χρῶ· πρὸ δὲ τοῦ ἐγχρίειν ἀποπυριᾶν χρὴ σπόγγῳ τοὺς ὀφθαλμοὺς εἰς θερμὴν[339] θάλασσαν ἀποβάπτων[339a], ἐνίοτε δὲ καὶ τὸ πρόσωπον εἰς θάλασσαν χλιαρὰν ὅλον καθιέναι. ταῦτα μὲν κοινὰ πάσης ἀμαυρώσεως.
25 ἰδίως δὲ τοῖς κατὰ θλῖψιν πολλῶν ἢ παχέων ὑγρῶν ἐπενεχθέντων τῷ πόρῳ ἐμποδιζομένοις τὸ ὁρᾶν μετὰ τὴν φλεβοτομίαν καὶ τὸν σικυασμὸν καὶ τὴν κάθαρσιν σιναπίζειν τὴν κεφαλὴν, ἔπειτα καὶ καυστικῷ[340] φαρμάκῳ ἑλκῶσαι τὸ ἰνίον καὶ καταχύματι χρῆσθαι κατὰ τῆς κεφαλῆς θερμοῦ ὕδατος, καὶ
30 μᾶλλον εἰ[341] ἁλμυρὸν ἢ νιτρῶδες εἴη τὸ ὕδωρ.

---

[334] T. διάρρινον. [335] T. ἐκχ. [336] T. -ῆσιν.
[337] T. ἀγ. [338] T. μαράθου.
[339] T. -όν. (Nur in den h. Hom. u. b. Hesiod. ist das Adj. 2.)
[339a] Nom. für Acc. [340] T. κλυστικῷ. [341] T. εἰς.

* Strabo: ἀκάπνιστος, ohne Räucherung herausgenommen.

Zu meiden ist Wein-Genuss, und männlich das Wassertrinken zu ertragen. Zu meiden ist auch jegliche dickmachende Nahrung und häufiger Coïtus und Bestrahlung des Kopfes. Auch darf man das Bad nicht zu sehr pflegen, noch bei Tage schlafen, auch nach der Mahlzeit sich nicht viel Bewegung machen oder lesen oder schreiben. Man muss sich hüten vor heftigem Zorn, Aufregung, Sorgen und starkem Schreck und Angst, besonders nach der Mahlzeit, und auch vor andauerndem Erbrechen. Täglich soll man das Gesicht mit kaltem Wasser begiessen, am besten mit Regenwasser, und den ganzen Leib von andren einsalben lassen. Wenn das Übel einwurzelt, soll man auch den Kopf reinigen durch Nasen-Mittel, die man in die Nasenlöcher einträufelt, wie sie gegen Kopfschmerz von mir angegeben sind, und auch die dort angeführten Gurgelmittel anwenden. Das Einstreichen ins Auge, bei bereits chronischem Übel, soll zuerst mit den einfachen Mitteln gemacht werden, z. B. mit ungeräuchertem Honig und altem Öl; später soll man auch die zusammengesetzten anwenden. Ich aber habe Ruhm erlangt, da ich hierbei das Durchstich-Collyr und des Aglaïdes Star-Augensalbe verordne.

Das folgende ist ein gemeinsames Heilmittel für jede Amblyopie und Amaurose, und scheint ausserdem gegen Verdickung der Augenhäute zu wirken: Safran 1 Drachme, Ingwer 1 Drachme, Pfeffer 15 Körner, Spieka-Nard 2 Obolen, Fenchelsaft 16 Drachmen, Ammon'sches Räucherwerk 1 Drachme, Honig 5 Unzen: pulvre alles (feste) auf das feinste und giesse dann den Fenchel-Saft dazu; verreibe, trockne, mische den Honig zu und hebe es auf in kupferner Büchse; und wende es an. Aber vor dem Einstreichen muss man die Augen mit einem in warmes Meerwasser getauchten Schwamm bähen; gelegentlich auch das Gesicht in laues Meerwasser ganz eintauchen. Das ist die gemeinsame Therapie für alle Fälle der Amaurose. Aber speciell bei denjenigen, welche durch Druck reichlicher oder dicker Ausschwitzungen, die sich auf den Sehnerv geworfen haben, im Sehen behindert sind, muss man nach dem Aderlass und dem Schröpfen und Abführen einen Senfteig auf den Kopf

Περὶ παραλύσεως ὀφθαλμῶν. να'.

Οὐ μόνον τὸ ὀπτικὸν νεῦρον ὡς προείρηται, ἀλλὰ καὶ ὅλος ὁ ὀφθαλμὸς ἐνίοτε παραλύεται, ποτὲ μὲν μετὰ τοῦ λοιποῦ σώματος τῶν δεξιῶν ἢ τῶν ἀριστερῶν μερῶν παραλυθέντων· ἔστι δ' ὅτε κατ' ἰδίαν γίγνεται περὶ τὸ βλέφαρον [342] μόνον παράλυσις, ποτὲ δὲ καὶ ὅλος ὁ ὀφθαλμὸς ⟨παραλύεται⟩ [343]. καὶ εἰ μὲν τὸ βλέφαρον παραλυθείη, μέμυκε διηνεκῶς ὁ ὀφθαλμὸς καὶ ἀναισθητεῖ τὸ βλέφαρον. εἰ δὲ ὅλος ὁ ὀφθαλμὸς παραλυθείη, τὰς εἰς τὰ πλάγια καὶ ἄνω καὶ κάτω κινήσεις οὐ δύναται ἐπιτελεῖν· καὶ εἴ τις ὑπαλείφοι δριμυτέρῳ φαρμάκῳ, οὐκ ἐπιδάκνεται. εἰ μὲν τοῦ βλεφάρου μόνον εἴη παράλυσις, προκαθαίροντες σύμπαν τὸ σῶμα τοῖς ἀλοηδαρίοις [344] καὶ ὑδροποσίᾳ χρησάμενοι [345] καὶ περιπάτῳ πλείονι καὶ τρίψει πολλῇ τῶν κάτω μερῶν ἐπιχρίειν τε συνεχῶς τὸ βλέφαρον καὶ στυπτηρίᾳ σχιστῇ μετ' ὄξους δριμέος καὶ τοῖς δριμυτέροις κολλυρίοις ἢ τῷ διὰ σάνδυκος· μὴ καθισταμένου δὲ ἀναρράπτειν τὸ βλέφαρον. αἱ δὲ τοῦ ὀφθαλμοῦ ὅλου παραλύσεις δυσίατοί εἰσιν, καὶ μάλιστα ἐπὶ τῶν προβεβηκότων τῇ ἡλικίᾳ. εἰ δὲ καὶ ἐκ γενετῆς συνέβη, ἀδύνατον ταύτην διορθώσασθαι. ἐφ' ὧν μὲν οὖν ἐλπίδες σωτηρίας εἰσὶ, τὴν ἐπιμέλειαν τοιαύτην ποιητέον· πρὸ πάντων μὲν, εἰ εὐέκτης εἴη, φλεβοτομεῖν ἀπ' ἀγκῶνος, ἐξῆς δὲ κλύζειν τὴν κοιλίαν, ἔπειτα καθαρτηρίῳ κενοῦν τὸ σῶμα, εἶτα ἀποφλεγματισμοῖς χρῆσθαι, εἶτα δι' ἐρρίνων καθαίρειν καὶ μετέπειτα σικύαν προσβάλλειν τῷ ἰνίῳ μετὰ κατασχασμοῦ [346] καὶ βδέλλας τοῖς κροτάφοις. προποτιστέον δὲ καστόριον καθ' αὑτὸ, καὶ μετὰ ἀψινθίου

---

[342] T. τὸν ὀφθαλμόν.   [343] fehlt im T.   [344] T. ἄλλου δ.
[345] Unregelm. Constr.: regelmässig wäre χρησόμεθα, oder besser χρησάμενοι ... ἐπιχρίομεν.
[346] T. καταχ.

legen, dann auch mit einem Ätzmittel ein Geschwür am Hinterkopf anlegen und warme Übergiessungen über den Kopf anwenden; und besser ist es, wenn salziges oder sodahaltiges Wasser dazu genommen wird.

Cap. LI. Über die Augen-Lähmung.

Nicht nur der Sehnerv, wie bereits angedeutet, sondern auch der ganze Augapfel wird bisweilen gelähmt, manchmal mit Lähmung der rechten oder linken Körper-Hälfte. Gelegentlich beschränkt sich die Lähmung auf das Lid, manchmal wird aber auch der ganze Augapfel von Lähmung befallen. Und wenn das Lid gelähmt ist, bleibt das Auge immer geschlossen und das Lid ist unempfindlich. Wenn aber der ganze Augapfel gelähmt ist, kann er die Bewegungen nach den Seiten und nach oben und nach unten nicht ausführen; und, wenn man ein scharfes Mittel einstreicht, verspürt er kein Beissen*. Wenn nur Lidlähmung besteht, müssen wir zuerst den ganzen Körper reinigen, und Aloë-Mittel und Wasser-Trinken anwenden und viel Spazierengehen und reichliche Massage der unteren Extremitäten, und regelmässig das Lid salben, sowohl mit Faser-Alaun nebst scharfem Essig, als auch mit den schärferen Collyrien oder dem aus Mennige. Wenn das Leiden dabei sich nicht giebt, muss man die Empornähung des Lides verrichten**.

Die Lähmungen des ganzen Augapfels sind schwer zu heilen, zumal bei den alten Leuten. Wenn die Lähmung aber von Geburt herrührt, so ist es unmöglich, sie wieder auszugleichen. Bei denjenigen Kranken nun, bei denen noch Hoffnung auf Genesung besteht, müssen wir die folgende Kur anwenden. Vor allem, wenn der Kranke kräftig ist, den Aderlass an der Ellenbeuge verrichten, danach aber den Darm ausspülen, hierauf mit einem Abführmittel den Leib entleeren,

---

* Aët. scheint anzunehmen, dass Lähmung der Bewegung und der Empfindung immer zusammen vorkommt.

** Eine bemerkenswerthe Regel. Gemeinhin pflegten die Alten bei Lähmung von Operation abzurathen.

διδόναι καὶ ὑσσώπου ⟨καὶ⟩ ³⁴⁷ γλήχωνος, ⟨καὶ⟩ ³⁴⁸ πήγανον
μετ' ὀξυμέλιτος καὶ ἁλῶν. ἔπειτα καὶ καστορίῳ τὴν κεφαλὴν
ἐπιχρίειν μετὰ ῥοδίνου καὶ ὄξους, ἐκ τοῦ αὐτοῦ δὲ χρίσματος
μαλακῷ ἐρίῳ ἀναλαμβάνοντα μεμυκότι τῷ ὀφθαλμῷ ἐπιτιθέναι,
5 στοχαζόμενον ³⁴⁹ μὴ ἐπιστάξαι εἰς τὸν ὀφθαλμόν. θεραπεύειν
δὲ δὶς τῆς ἡμέρας. ἐπιχρίειν δὲ ἔξωθεν τὰ βλέφαρα καὶ τὸ
μέτωπον καστορίῳ μετὰ κρόκου σὺν ὄξει· ἐμοὶ δὲ δοκοῦσιν
αἱ διὰ καστορίου καὶ μέλιτος ὑγραὶ ἐπιτήδειοι τῷ πάθει, αἷς
καὶ ἐγχριστέον καὶ ἐπιχριστέον. οἴνου δὲ καὶ τῆς κρεώδους
10 τροφῆς καὶ πολυτρόφου καὶ παχυχύμου πάσης ἀπέχεσθαι·
λαμβάνειν δὲ, ὅσα τὰς ἐκκρίσεις εὐλύτους ποιεῖ καὶ τὰ ὑγρὰ
λεπτύνει. τοὺς δὲ πρώτους χρόνους καὶ τὰ βαλανεῖα παραιτεῖσθαι καὶ τὰ πυριατήρια καὶ ἡλιώσεις· ἐμέτοις δὲ ἐκ διαλειμμάτων χρῆσθαι νήστισιν ³⁵⁰ ἀπὸ ῥαφανίδων καθεψο-
15 μένων ³⁵¹, ἐπιδεδεμένου τοῦ ὀφθαλμοῦ καὶ χωρὶς πολλοῦ
σπαραγμοῦ.

Περὶ γλαυκώσεως. νβ'.

Γλαύκωσις λέγεται διττῶς. ἡ μὲν γὰρ κυρίως γλαύκωσις
μεταβολή ἐστι πρὸς τὸ γλαυκὸν καὶ ξηρότης καὶ πῆξις τοῦ
20 κρυσταλλοειδοῦς ὑγροῦ. τὸ δὲ ἕτερον εἶδος τῆς γλαυκώσεως
ἐκ προηγησαμένου ὑποχύματος γίνεται, πηγνυμένου κατὰ τὴν
κόρην τοῦ ὑγροῦ σφοδρότατα καὶ ξηραινομένου. καὶ ἔστι
τοῦτο τὸ εἶδος ἀνίατον· τὴν δὲ κυρίως γλαύκωσιν ἀρχομένην
ἐνίοτε δυνατὸν ἰᾶσθαι περιπάτῳ τε πρὸς δύναμιν καὶ τρίψει
25 τοῦ ὅλου σώματος χρώμενοι ³⁵² καὶ λουτροῖς μάλιστα κατὰ
κεφαλῆς· θέρους δὲ καὶ ψυχρολουτρεῖν· καὶ πρὸς χρῶτα κείρειν

---

³⁴⁷ u. ³⁴⁸ fehlt im T.   ³⁴⁹ T. -ος.   ³⁵⁰ T. νῆστις.
³⁵¹ T. καθεζόμενον. Corn. hat hier das richtige nicht gefunden.
³⁵² Unregelm. Constr. Regelm. wäre der Acc., oder der Nom. mit
δυνάμεθα.

dann Gurgelwässer anwenden, danach durch Nasenmittel reinigen und endlich einen blutigen Schröpfkopf an das Hinterhaupt setzen und Blutegel an die Schläfen. Vorher muss man Bibergeil eingeben für sich, und es mit Absinth geben und mit Ysop und Polei, und Raute mit Honig-Essig und Salz. Danach auch den Kopf salben mit Bibergeil nebst Rosen-Öl und Essig, von derselben Salbe aber etwas mit weicher Wolle aufnehmen und dies auf das geschlossene Auge legen, indem man Acht giebt, es nicht in's Auge zu träufeln. Diese Behandlung muss man täglich zweimal vornehmen. Auch äusserlich die Lider salben und die Stirn mit Bibergeil, nebst Safran mit Essig. Mir scheinen die Salben aus Bibergeil und Honig passend für das Übel zu sein; mit diesen soll man auf- und einstreichen. Des Weines und der Fleisch-Nahrung und jeglicher, die stark nährt und dicke Säfte macht, soll man sich enthalten; dagegen eine solche wählen, welche die Ausscheidungen flüssig macht und die Säfte verdünnt. In der ersten Zeit muss man auch das Bad meiden und die Schwitzbäder und die Bestrahlung seitens der Sonne. Erbrechen ist zeitweise anzuwenden, in nüchternem Zustand, mittelst gekochtem Rettig, bei verbundenen Augen, ohne viel Würgen.

Cap. LII. Über Glaukom*.

Der Name Glaukom wird in zwiefacher Bedeutung angewendet. Das eigentliche Glaukom ist eine Verfärbung der Krystall-Feuchtigkeit nach dem Wasserblauen hin, und Vertrocknung und Gerinnung derselben. Die andre Art des Glaukom entsteht aus Star-Bildung, indem in der Pupille die Ausschwitzung auf das stärkste sich verhärtet und vertrocknet. Diese letztere Art ist unheilbar. Das eigentliche Glaukom kann man im Beginn mitunter heilen durch Anwendung des Spazierengehens, entsprechend den Körperkräften, und Massage des ganzen

---

* In diesem Kapitel unterscheidet sich Aët. etwas von den andren Griechen. Glaukom der (späteren) Griechen ist das, was man heutzutage Cataracta complicata cum amaurosi zu nennen pflegt.

τὴν κεφαλήν· τοὺς δὲ ὀφθαλμοὺς ὑπαλείφειν ἐλαίῳ παλαιῷ μόνῳ.

Περὶ ὑποχύσεως· Δημοσθένους. νγ'.

Τὸ δὲ ὑπόχυμα ὑγρῶν ἐστι παρέγχυσις πηγνυμένων κατὰ τὴν κόρην, ὥστε, ἐπειδὰν τελειωθῇ, κωλύειν τὸ ὁρᾶν. ἀρχομένης δὲ τῆς ὑποχύσεως τοιαῦτα παρέπεται τοῖς πάσχουσιν· οἷον κωνώπια μικρὰ καί τινα ὀρφνώδη παραφαίνεσθαι δοκεῖ πρὸ τῶν ὀφθαλμῶν ἀδιαλείπτως, καί τινες μὲν αὐτῶν τριχοειδῆ ὁρῶσιν, ἕτεροι δὲ ὡς ἐρίων μηρύματα ἢ ἀραχνίων ὑφάσματα, τισὶ δὲ περὶ τοὺς λύχνους κύκλοι φαίνονται. τούτων δὲ προφαινομένων ποτὲ μὲν καθαρὰ ἡ κόρη φαίνεται τοῖς ἀμελέστερον κατανοοῦσι, ποτὲ δὲ τῇ χρόᾳ θαλασσίζει. αὐξανομένου δὲ τοῦ πάθους αὔξει καὶ τὰ συμπτώματα· τελειουμένου δὲ ὁ μὲν ἄνθρωπος οὐκ ὄψεται, ἡ δὲ κόρη τὴν χροιὰν ἐπὶ τὸ λευκὸν τρέπει, καὶ ὅλως οὐ διαυγεῖται. πλείω δὲ τῆς χροιᾶς τὰ εἴδη· τὰ μὲν γὰρ τῶν ὑποχυμάτων ἀερίζει, τὰ δὲ ὑελίζει, τὰ δέ ἐστιν ἔκλευκα, τὰ δὲ ἐπὶ τὸ κυανεώτερον τρέπεται· τὰ δὲ ἀπογλαυκοῦται[353] καὶ ἔστιν ἀνίατα*. θεραπεύειν δὲ τοὺς ὑποχύσει πειραζομένους ἐν ἀρχῇ αἵματος ἀπ' ἀγκῶνος ἀφαιρέσει, εἰ μηδὲν κωλύει, καὶ κλυστῆρσι δριμυτέροις καὶ καθάρσεσιν· ἔπειτα καὶ σικύαν τῷ ἰνίῳ προςβάλλειν μετὰ κατασχασμοῦ[354], ἀποφλεγματισμοῖς τε χρῆσθαι καὶ ἐρρίνοις ἐκ διαλειμμάτων τινῶν. οἴνου δὲ ἀπέχεσθαι παρ' ὅλην τὴν θεραπείαν, καὶ πάντων τῶν πληρω-

---

[353] T. -νται.   [354] T. καταχ.

* Nicht bloss nach der Wortstellung hat man allein die wasserblauen Stare (ἀπογλαυκοῦται) für unheilbar anzusehen, sondern auch mit Rücksicht auf das vorige Kapitel (S. 130, Z. 22) und auf den in diesem Kapitel folgenden Satz θεραπεύειν u. s. w. Allerdings lautet der Text ἀνίατον, doch dürfte ἀνίατα die richtige Lesart sein. Dass wir die Star-Operation hier vermissen, habe ich schon in der Vorrede hervorgehoben; ebenso dass Aëtius im c. XXX dieses Buches Collyrien anführt, die bei der Star-Operation benutzt werden.

Körpers und Übergiessung, besonders des Kopfes; im Sommer muss man auch kalt baden lassen. Ferner den Kopf scheeren bis auf die Haut und die Augen salben, allein mit altem Öl.

Cap. LIII. Über den Star. Nach Demosthenes.

Der Star ist ein Erguss von Ausschwitzung, welche gerinnt, in der Pupille, so dass, wenn er vollständig geworden, er das Sehen aufhebt. Aber im Beginn der Star-Bildung stösst folgendes den Kranken zu: es ist ihnen so, als ob kleine Mücken und dunkle Körperchen vor den Augen unablässig schweben; einige sehen haarähnliche Gebilde, andre wie Woll-Fäden oder Spinngewebe, einigen erscheinen Kreise um die Lichtflammen. Während diese Erscheinungen bereits vorschweben, scheint bisweilen die Pupille noch rein, wenigstens dem nicht sorgfältigen Beobachter; bisweilen sieht sie bereits meerfarben aus. Indem aber das Leiden zunimmt, wachsen auch die Erscheinungen. Und, wenn es vollendet ist, sieht der Kranke nicht mehr, die Pupille aber hat ihre Farbe nach dem weisslichen hin geändert, und ist überhaupt nicht mehr durchsichtig. Es giebt verschiedene Arten der Verfärbung. Ein Theil der Stare ist luftblau, andre glasgrün, andre ganz weiss, noch andre dunkelblau; andre aber werden wasserblau, und diese sind unheilbar.

Behandeln muss man die vom Star heimgesuchten zu Anfang mit Blut-Entziehung an der Ellenbeuge, wenn keine Gegenanzeige vorliegt, und mit schärferen Klystiren und Abführungen. Danach auch einen blutigen Schröpfkopf an's Hinterhaupt setzen und Gurgel- wie Nasen-Mittel von Zeit zu Zeit gebrauchen. Des Weines aber (müssen die Kranken) sich enthalten während der ganzen Behandlungsdauer, sowie aller Dinge, die den Kopf überfüllen, und des Bades, wenn nicht wegen Entkräftung und langsamer Verdauung die Nothwendigkeit desselben sich herausstellen sollte. Und auch dann nicht in der Bade-Atmosphäre verweilen, und nicht lange in der Wanne bleiben, sondern bald hineinsteigen und schnell wieder herausgehen.

τικῶν τῆς κεφαλῆς, καὶ λουτροῦ, εἰ μὴ κόπου ἕνεκα καὶ
βραδυπεψίας ἀνάγκη γένοιτο λούειν. καὶ τότε μηδόλως ἐν
τῷ ἀέρι ⟨λουτρου⟩³⁵⁵ διατρίβειν, μηδὲ μὴν ἐν τῇ ἐμβάσει
χρονίζειν, μετὰ μικρὸν μὲν ἐμβαίνειν, ταχέως δὲ ἀνιέναι.
δίαιτα δὲ πᾶσα ἔστω λεπτύνουσα. φαρμάκοις δὲ χρηστέον
τὸ μὲν πρῶτον ἁπλοῖς, καθάπερ μέλιτι καὶ ἐλαίῳ παλαιῷ
καὶ μαράθρου χυλῷ· ἔπειτα δὲ καὶ τοῖς συντέθοις ὑγροῖς τε
καὶ ξηροῖς φαρμάκοις καὶ κολλυρίοις, ἅτινα γραφήσεται μετὰ
βραχὺ ἐν τοῖς κοινοῖς βοηθήμασι.

Περὶ μυδριάσεως ἤτοι πλατυκορίας. νδ'.

Μυδρίασις καὶ πλατυκορία καλεῖται, ὅταν ἡ κόρη τῷ μὲν
χρώματι μηδὲν ἀλλοιοτέρα γένηται, πλατυτέρα δὲ πολλῷ τοῦ
κατὰ φύσιν, ὥστε ἐνίοτε συνεγγίζειν τῷ τῆς ἴρεως κύκλῳ·
καί ποτε ὁλοσχερῶς ἐμποδίζειν τῷ ὁρᾶν· ποτὲ δὲ ὁρῶσιν,
ἀμυδρῶς δὲ, καὶ τὰ ὁρώμενα αὐτοῖς δοκεῖ πάντα μικρότερα
εἶναι, χεομένου δηλονότι τοῦ ὀπτικοῦ πνεύματος*. γίγνεται
δὲ τὸ πάθος δι' ἐπιφορὰν ὑγρῶν, ἤτοι ἀθρόως φερομένων
ἢ κατὰ βραχὺ, ἀνεπαισθήτως διατεινομένου τοῦ ῥαγοειδοῦς
καὶ ἐπὶ πλεῖον πλατυνομένης τῆς κόρης. ἔστι δὲ τὸ πάθος
ἄγαν δυσίατον· ὑμενώδης γὰρ ὑπάρχων ὁ ῥαγοειδής, ὅταν
ἅπαξ διαστῇ, σκληρύνεται καὶ οὐκέτι ῥᾳδίως δύναται ⟨συστῆ-
ναι⟩.³⁵⁶ γίγνεται δὲ τὸ πάθος μᾶλλον παιδίοις διὰ τὴν τῶν
χιτώνων ἀσθένειαν· καὶ οἱ μελανόφθαλμοι δὲ φύσει με-
γαλόκοροί εἰσι, διόπερ καὶ τῷ πάθει ἔμπτωτοί εἰσι. θερα-
πεύειν³⁵⁷ δὲ τὸ πάθος, εἰ μηδὲν κωλύει, φλεβοτομοῦντας
ἀπ' ἀγκῶνος, ἢ καθαίροντας. εἰ δὲ ταῦτα ποιεῖν ἀδύνατον,
τοὺς ἐγκανθίους³⁵⁸ λύειν φλέβας, ἔπειτα σικύαν τῷ ἰνίῳ

---

³⁵⁵ fehlt im Text.
³⁵⁶ fehlt im Text.
³⁵⁷ T. -ει.
³⁵⁸ T. -καθ.

* Gelegentlich einmal beobachtet, dann theoretisch verallge-
meinert. Ebenso das Grössersehen bei Pupillen-Verengerung. Vgl. d.
folg. Kapitel.

Die ganze Lebensweise sei eingerichtet auf Abnahme des Körpergewichts. Heilmittel sind anzuwenden zuerst die einfachen, wie Honig und altes Öl und Fenchel-Saft, nachher auch die zusammengesetzten feuchten und trocknen Arzneimittel und Collyrien, welche ich gleich beschreiben werde in den Kapiteln über die allgemeine (Augen-) Heilmittellehre.

Cap. LIV. Über Mydriasis oder Pupillen-Erweiterung.

Mydriasis und Pupillen-Erweiterung heisst der Zustand, wo die Pupille zwar in ihrer Farbe unverändert geblieben, aber viel weiter geworden, als in der Norm, so dass sie bisweilen sogar dem Hornhaut-Umkreis sich annähert; und gelegentlich das Sehen vollständig behindert. In andren Fällen sehen wohl die Kranken, aber verschwommen, und die gesehenen Gegenstände scheinen ihnen alle verkleinert zu sein, da ja natürlich die Seh-Innervationsluft sich zu stark ausbreitet.

Die Ursache des Leidens ist Flüssigkeits-Erguss. Entweder geschieht derselbe ganz plötzlich, — oder ganz langsam; unmerklich spannt sich die Regenbogenhaut auseinander und erweitert sich die Pupille.

Das Leiden ist ganz besonders schwer heilbar*. Denn da die Regenbogenhaut eben nur eine dünne Haut darstellt, so muss sie, einmal auseinandergezogen, sich verhärten und kann nicht leicht wieder sich zusammenziehen. Das Leiden befällt mehr die kleinen Kinder wegen der Zartheit der Häute. Die Schwarzäugigen haben von Natur eine grosse Pupille, deshalb neigen sie zu diesem Leiden.

Behandeln soll man das Leiden, wenn kein Gegengrund vorliegt, mit dem Aderlass an der Ellenbeuge oder mit Abführung. Wenn es aber unmöglich scheint, dies vorzunehmen; muss man

---

* Sehr richtig.

προςβάλλειν. περιπάτοις τε ἠρεμαίοις καὶ πλείοσι χρῆσθαι ἐν τόποις σκεπηνοῖς· καὶ παντὶ τρόπῳ περισπᾶν τὴν ὕλην ἐπὶ τὰ κάτω μέρη· διὸ καὶ κατ᾽ ἀρχὰς καὶ κλυστῆρι χρηστέον καὶ τρίψει τῶν κάτω μερῶν, δι᾽ ἑτέρων. μετὰ δὲ τὸν περί-
5 πατον καὶ τὸ ἄλειμμα θαλάσσῃ προςαντλεῖσθαι τὸ πρόσωπον, χειμῶνος μὲν χλιαρᾷ, θέρους δὲ ψυχρᾷ, καὶ καθεῖναι ὅλον τὸ πρόσωπον εἰς τὸ ὕδωρ, χρόνον τινὰ διανοίγοντα τοὺς ὀφθαλμούς. θαλάσσης δὲ μὴ παρούσης, ἁλὸς ὀλίγον παραμίσγειν τῷ ὕδατι ἢ ὀξυκράτῳ χρῆσθαι ὑδαρεῖ [359]. οἴνου
10 δὲ ἀπέχεσθαι, ἕως οὗ ἡ διάθεσις λυθῇ. καὶ ἡ δίαιτα πᾶσα λεπτοτέρα ἔστω καὶ εὐκοίλιος, βαλανείου δὲ σπανίως ἡ χρῆσις, καὶ τότε μὴ πάνυ καταχέειν τῆς κεφαλῆς. φαρμάκοις δὲ ὑποστύφουσιν ⟨χρῆσθαι⟩[359a], οἷον ῥόδῳ, κρόκῳ, νάρδῳ, λιβάνου φλοιῷ, πομφόλυγι καὶ σποδίῳ καὶ ἀκακίᾳ. αἱ γὰρ
15 σφόδρα δριμεῖαι δυνάμεις ἐπισπώμεναι ὑγρῶν πλῆθος διατείνουσι τοὺς ὑμένας καὶ πλατυτέραν ἐργάζονται τὴν κόρην. διόπερ καὶ τὰ στύφοντα σφοδρῶς, καθάπερ χαλκῖτις, μίσυ, καὶ τὰ ἐπὶ πλέον ψύχοντα, ὡς κώνειον, σκληρύνουσι τοὺς ὑμένας. καὶ τὸ ἐπὶ πλέον δὲ συνάγειν καὶ στενοῦν τὴν κόρην
20 ἀλυσιτελές· περιίσταται γὰρ εἰς φθίσιν.

Περὶ φθίσεως τῆς κόρης. νε΄.

Φθίσις δὲ λέγεται τῆς κόρης, ὅταν στενωτέρα [359b] καὶ ἀμβλυτέρα γένηται, τοῦτο δὲ γίνεται τοῖς πλείστοις ἐξ ἀσθενειῶν ἐπικινδύνων ἢ ἐπιτεταμένων κεφαλαλγιῶν. μείζονα
25 δὲ τοῦ κατὰ φύσιν φαίνεται τούτοις τὰ ὁρώμενα διὰ τὴν

---

[359] T. -ῷ. (Diese Form findet sich fast nur bei Hesych.)
[359a] fehlt im Text. [359b] T. -οτέρα.

die Adern an den Augenwinkeln öffnen, sodann einen Schröpfkopf an das Hinterhaupt setzen. Und ruhigen, reichlichen Spaziergang in Anwendung ziehen, an geschützten Orten. Und in jeder Weise die Materie nach den unteren Körpertheilen hinziehen. Deshalb muss man auch im Anfang das Klystir verwenden und die Massage der unteren Extremitäten, durch die Hand eines Gehilfen. Nach dem Spaziergang und der Einsalbung des Körpers soll man das Gesicht mit Meerwasser begiessen, im Winter mit lauem, im Sommer mit kaltem, und das ganze Gesicht für einige Zeit in das Wasser eintauchen und dabei die Augen offen halten. Wenn aber Meerwasser nicht zur Verfügung steht, soll man zu (süssem) Wasser ein wenig Salz zusetzen oder stark verdünntes Essigwasser gebrauchen. Des Weines soll man sich enthalten, bis die Krankheit sich gelöst hat. Und die ganze Lebensweise soll auf Dünn-Machen ausgehen und auf flüssigen Leib, das Bad komme selten zur Verwendung, und dann soll man niemals Übergiessungen des Kopfes vornehmen.

Von örtlichen Heilmitteln soll man die nur leicht adstringirenden anwenden, wie Rosen, Safran, Narden, Weihrauch-Rinde, Zinkblume, Metall-Asche und Akazien-Gummi. Denn die sehr scharfen Mittel ziehen einen Überschuss von Flüssigkeiten herbei und spannen die Häute auseinander und erweitern noch mehr die Pupille. Deshalb müssen auch die stark adstringierenden Mittel, wie Kupfer-Erz, Vitriol-Erz, und die besonders abkühlenden, wie Schierling, die Häute verdichten. Auch das stärkere Zusammenziehen und Verengen der Pupille ist schädlich. Denn das schlägt um in Pupillen-Schwund.

Cap. XLV. Über Pupillen-Schwund.

Von Schwund der Pupille spricht man, wenn dieselbe enger und schwächer wird. Dies erfolgt gewöhnlich aus gefährlichen Krankheiten (des Körpers) oder aus gewaltigem Kopfschmerz*. Aber vergrössert erscheinen diesen Kranken

---

* Iritis.

τῆς κόρης στενότητα. τὴν δὲ θεραπείαν ἐπὶ τούτων ἐναντίαν τῇ μυδριάσει ποιεῖσθαι χρή, γυμνάζοντας τὰ ἄνω μέρη, ὤμους καὶ χεῖρας, μετὰ κατοχῆς τοῦ πνεύματος, καὶ τρίβοντας ἐπιμελῶς τὴν κεφαλὴν καὶ τὸ πρόσωπον, εἶτα καὶ τοὺς
5 ὀφθαλμοὺς ἄκροις τοῖς δακτύλοις. καὶ ὕδατι θερμῷ προςαντλεῖσθαι τὸ πρόσωπον, ἀλείφοντας τὴν κεφαλὴν μύρῳ τινὶ θερμαίνειν μετρίως δυναμένῳ, οἷον ἰρίνῳ, καὶ μικρῷ διαστήσαντας ὑπαλείφειν τοὺς ὀφθαλμοὺς ἀραιοῦντι καὶ δριμυτέρῳ φαρμάκῳ καὶ ὑγρασίαν ἐπισπωμένῳ, οἷόν ἐστι τοῦτο
10 τὸ κολλύριον· ἀμμωνιακοῦ θυμιάματος $<$ α΄, κροκομάγματος $<$ δ΄, κρόκου $<$ β΄, ἰοῦ $<$ δ΄, λεάνας ἐν ὕδατι ἀνάπλασσε καὶ χρῶ. ποιεῖ δὲ καὶ ἡ Ἐρασιστράτου ὑγρά. τροφὴ δὲ ἔστω εὐχυμωτάτη καὶ ῥοφηματώδης [360] καὶ οἶνος κιρρὸς καὶ εὐώδης· καὶ ὕπνος διαδεχέσθω τὴν τροφήν· καὶ τὰ λουτρὰ
15 δὲ ἁρμόδια καὶ κατάχυσις θερμοῦ κατὰ κεφαλῆς.

Περὶ ἀτροφίας ὀφθαλμοῦ[361]. νς΄.

Ἀτροφεῖν δὲ λέγουσι τὸν ὀφθαλμὸν, ὅταν ἐκ σφοδρῶν κεφαλαλγιῶν ἢ ἐν πυρετοῖς ὀξέσι κατὰ βραχὺ ὁ ὀφθαλμὸς ταπεινούμενος καὶ κοιλαινόμενος καὶ τὸ ὅλον μικρότερος γενό-
20 μενος καὶ ἐπὶ ποσὸν ἀμαυρότερος ἐμποδίζει τὸ ὁρᾶν. συμβαίνει δὲ τοῦτο πολλάκις καὶ ἐκ περισκυφισμῶν καὶ ἀνατρήσεων, οἵτινες καὶ δυσίατοί εἰσι. διαφέρει δὲ ἡ ἀτροφία τῆς φθίσεως, ὅτι ἡ μὲν φθίσις τὴν κόρην μόνην μικροτέραν ποιεῖ, ἡ δὲ ἀτροφία ὅλον τὸν ὀφθαλμὸν μικρότερον καὶ τα-
25 πεινότερον ἐργάζεται. θεραπεύειν δὲ καὶ τούτους, σπόγγοις [361a] ἐκ θερμοῦ ὕδατος ἀποπυριῶντες [362] τοὺς ὀφθαλμοὺς καὶ γάλα χλιαρὸν ἐγχυματίζοντες, ἀπεχόμενοι δὲ παντὸς κολλυρίου

---

[360] T. ῥοφήματα.   [361] T. [καὶ φθίσεως.]   [361a] T. -ους.
[362] Unregelm. Constr., statt des Acc. — Oder Nom. mit θεραπεύσομεν.

die gesehenen Gegenstände, wegen der Verengerung der Pupille.

Die Behandlung muss man bei diesen Kranken in entgegengesetzter Weise führen, wie bei der Mydiasis: nämlich Gymnastik der oberen Körpertheile, der Schultern und der Hände treiben, mit Anhalten des Athems; Kopf und Gesicht sorgsam massiren, dann auch die Augen mit den Finger-Spitzen; und mit warmen Wasser das Gesicht übergiessen, den Kopf salben mit einem mässig erwärmenden Parfüm, wie Lilien-Salbe, und kurze Zeit danach die Augen einstreichen mit einem auflockernden und etwas schärferen, Flüssigkeit anziehenden Heilmittel, wie z. B. dem folgendem Collyr: Ammon'sches Räucherwerk 1 Drachme, Safranfaser 4 Drachmen, Safran 2 Drachmen, Grünspan 4 Drachmen; verreibe es in Wasser, mache daraus Collyrien und brauche es. Es wirkt auch des Erasistratus Augensalbe. Die Nahrung soll kräftig sein und dabei leicht zu schlürfen, der Wein gelb und wohlriechend. Der Schlaf folge auf die Mahlzeit. Auch Bäder passen und warme Übergiessung des Kopfes.

Cap. XLVI. Über Verkleinerung des Augapfels.

Man spricht von Atrophie des Augapfels, wenn nach heftigem Kopfschmerz oder in akut-fieberhaften Erkrankungen allmählich der Augapfel flach wird und einsinkt und im ganzen sich verkleinert, und bis zu einem gewissen Grade sich verdunkelt, und so dass Sehen behindert. Dieser Zustand erfolgt auch häufig nach der chirurgischen Durchschneidung der Schädelhaut und nach der Trepanation, und diese Fälle sind schier unheilbar.

Es unterscheidet sich aber die Atrophie von der Phthise folgendermassen: die Phthise macht nur die Pupille kleiner; die Atrophie macht aber den ganzen Augapfel kleiner und flacher.

Behandeln müssen wir aber auch diese Kranken, indem wir mit Schwämmen, die in warmem Wasser ausgedrückt werden, die Augen bähen und laue Milch einträufeln, aber jeder Collyr-

προςαγωγῆς· τροφὰς δὲ διδόναι πολυτρόφους καὶ εὐχυμοτάτας³⁶³ καὶ οἶνον κιρρὸν³⁶³ᵃ καὶ λεπτὸν, καὶ λουτροῖς χρῆσθαι καὶ καταχύσει θερμοῦ κατὰ κεφαλῆς καὶ γυμνασίοις τῶν ἄνω μερῶν καὶ κατοχῇ πνεύματος.

Περὶ ἐκπιεσμοῦ. νζ'.

Ἐκπιέζονται δὲ οἱ ὀφθαλμοὶ ἐνίοτε, ὥςτε διαμένειν προέχοντες³⁶⁴. συμβαίνει δὲ τοῦτο τοῖς ἀπαγχομένοις καὶ ἐν ἀγῶσι δὲ ἀθλητικοῖς καὶ γυναιξὶ ταῖς ἐπὶ πλέον διαταθείσαις ἐν ταῖς ὠδῖσιν, ἢ ἐκ ῥευμάτων πλείστων ἀθρόως ἐκ τῆς κεφαλῆς καταρρευσάντων. τοὺς μὲν οὖν ἀπ' ἀγχόνης εἰς τοῦτο ἐμπεσόντας φλεβοτομεῖν ἀπ' ἀγκῶνος· εἰ δὲ ἄλλως τισὶ πάχος ἐπιρρεῦσαν προςεμβάλλει τοῖς ὀφθαλμοῖς, καθαίρειν ἐλλεβόρῳ μέλανι, ἢ σκαμμωνίᾳ. τὰς δὲ ἐπὶ γυναικῶν ἐκ τῶν ὠδίνων τῶν ἐν τοῖς τόκοις πολλάκις γινομένας ἐκθλίψεις τῶν ὀφθαλμῶν αἱ διὰ τῶν γυναικείων τόπων καθάρσεις λύουσιν³⁶⁴ᵃ, ὅθεν δεῖ συνεργεῖν ταύταις. ἐπὶ δὲ τῶν ἀνδρῶν μετὰ φλεβοτομίαν ἢ κάθαρσιν, εἰ ἐπιμένοι, σικύαν τῷ ἰνίῳ κολλᾶν, καὶ ὑδροποσίᾳ καὶ σιτίων ὑποστολῇ χρῆσθαι. ἐπιτιθέναι δὲ τῷ ὀφθαλμῷ ἔριον μέλιτι κεχρισμένον μετ' ὀλίγου κρόκου καὶ ἄνωθεν πτύγμα καὶ ἐπιδεσμεῖν πιέζοντα ἡσυχῇ. συμφέρει δὲ τούτοις μετὰ τὴν ἀρχὴν καὶ θάλασσα ψυχρὰ προςαντλουμένη τῷ προςώπῳ, καὶ σέρεως χυλὸς καὶ πολυγόνου καὶ ψυλλίου μετὰ ὀπίου χριόμενα καὶ τὰ ἄλλα, ὅσα δυνατὰ³⁶⁵ στέλλειν καὶ συνάγειν.

---

³⁶³ T. εὐχυμωτάτας.
³⁶³ᵃ T. κυρρόν.
³⁶⁴ T. προσέχ.
³⁶⁴ᵃ T. -ωσιν.
³⁶⁵ T. -ον.

Anwendung uns enthalten; Nahrung aber müssen wir geben, die wirklich nahrhaft ist und gute Säfte bildet, und gelben und dünnen Wein, und Bäder anwenden und warme Übergiessung des Kopfes und Gymnastik der oberen Theile und Anhalten des Athems.

Cap. XLVII. Über die Vordrängung des Augapfels (Exophthalmus).

Manchmal werden die Augäpfel herausgedrängt, so dass sie draussen bleiben. Dies erfolgt beim Versuch sich zu erhängen und in den athletischen Wettkämpfen, oder bei den Frauen, die sich zu sehr bei den Geburtswehen anstrengen, oder auch in Folge von reichlichen Flüssen, die plötzlich vom Kopf herabströmen. Denjenigen, welche in Folge des Aufhängens in diesen Zustand gerathen sind, muss man an der Ellenbeuge zur Ader lassen. Wenn aber aus andrer Ursache einem eine dicke Ausschwitzung die Augen bedrängt, so soll man mit schwarzem Niesswurz abführen lassen oder mit Skammonium. Aber die bei den Frauen in Folge der Geburtswehen oft erfolgende* Hervordrängung der Augen wird von den Reinigungen der weiblichen Geschlechtstheile zur Lösung gebracht; deshalb muss man diese zu befördern suchen. Bei den Männern muss man, wenn nach dem Aderlass oder der Abführung die Hervordrängung des Augapfels bestehen bleibt, einen Schröpfkopf an das Hinterhaupt setzen und Wassertrinken und Verminderung der Speisen in Anwendung ziehen. Auf das Auge aber lege man einen Wolle-Bausch, der mit Honig und einem wenig Safran bestrichen ist, und darüber eine Compresse und verbinde mit sanftem Druck. Es nützt auch hierbei nach dem Anfang Übergiessung des Gesichts mit kaltem Meerwasser und Aufstreichen des Saftes von Wegwart und von Blutkraut und Flohkraut mit Opium, und die andren Mittel, welche zusammenziehen und anstringiren können.

---

* Dies dürfte eine irrige Auffassung der bei Frauen so häufigen Basedow'schen Krankheit sein. In der That wird bei starken Wehen wohl augenblickliches Vortreten der Augäpfel beobachtet; aber die Vordrängung bleibt nicht bestehen nach der Entbindung.

Περὶ συγχύσεως. νη΄.

Σύγχυσις δὲ τοῦ ὀφθαλμοῦ τὰ πολλὰ πληγαῖς ἕπεται σφοδραῖς, καὶ ἐπὶ φλεγμονῇ δὲ τοῦ ῥαγοειδοῦς συμβαίνει, ῥαγέντων τῶν ἐν αὐτῷ ἀγγείων. ἡ δὲ κόρη τῷ χρώματι[366] θολερὰ γίγνεται καὶ ἢ μείζων ἑαυτῆς γίγνεται ἢ μικροτέρα. θεραπεύειν μὲν οὖν τὰς ἐκ πληγῆς συγχύσεις φλεβοτομίᾳ ἀπ᾽ ἀγκῶνος, αἵματι δὲ νεοσφαγοῦς, μάλιστα μὲν[367] τρυγόνος, εἰ δὲ μή γε ⟨καὶ⟩ περιστερᾶς, ἐκπληροῦν ὅλον τὸν ὀφθαλμόν. ἔριον δὲ μαλακὸν βρέξαντας[368] εἰς ᾠὸν ἀνακεκομμένον μετ᾽ οἴνου καὶ ῥοδίνου ἐπιτιθέναι καὶ ἐπιδεῖν καὶ τῇ ἑξῆς τὸ αὐτὸ ποιεῖν. τῇ δὲ τρίτῃ ἀποπυριᾶν, καὶ γάλακτι ἐγχυματίζειν· ἔπειτα καταπλάττειν ᾠῶν ὀπτῶν λεκίθους μετὰ μέλιτος καὶ κρόκου λείου εἰς ὀθόνιον ἐγχρίσαντα. ὅταν δὲ ἤδη προκαθαίρηται[368a] ἡ κόρη, ὑπαλείφειν τοῖς πρὸς τὰς παλαιὰς διαθέσεις κολλυρίοις, οἷον τῷ ἀρωματικῷ καὶ τῷ χιακῷ Ἀπολλωνίου καὶ τοῖς ὁμοίοις. εὐιατοτέρα[368b] δέ ἐστι σύγχυσις, ἐφ᾽ ὧν ἡ κόρη μόνη[369] διευρύνεται, τῷ δὲ χρώματι καὶ τῷ σχήματι ὁμοίῳ διαμένει. δυσίατος δέ, ἐφ᾽ ὧν παρέσπασται ἡ κόρη.

Περὶ τῶν ἐπιφυομένων τῷ λευκῷ τοῦ ὀφθαλμοῦ. νθ΄.

Τὰ ἐπιφυόμενα τῷ λευκῷ τοῦ ὀφθαλμοῦ παρὰ φύσιν πάντα, τὰ μὲν ἀνώδυνα, ἐφ᾽ ὧν τρίχες* πολλάκις ἐκπεφύκασι καὶ τὰ μὴ πάνυ διαλλάττοντα τῆς κατὰ φύσιν χρόας[370] θε-

---

[366] T. χρήματι.   [367] T. δὲ.
[368] T. -ες. (Richtigstellung nach Paull. Aeg.)
[368a] T. προςκ.   [368b] T. -ωτέρα.
[369] Man erwartet ja eher *μόνον*.
[370] T. χρέας.

* Angeborne Dermoïde an der Hornhautgrenze.

Cap. XLVIII. Über das Zusammenfliessen*.

Das Zusammenfliessen des Auges folgt gewöhnlich den starken Verletzungen desselben, aber es kommt auch vor bei heftiger Entzündung der Regenbogenhaut, wenn dabei ihre Gefässe gesprengt werden. Die Pupille erleidet eine schmutzige Verfärbung und wird entweder vergrössert oder verkleinert. Behandeln muss man nun das Zusammenfliessen in Folge von Verletzung durch den Aderlass in der Ellenbeuge, und mit dem Blut einer frischgeschlachteten Taube (am besten einer Turteltaube, wenn man diese nicht hat, einer Haustaube,) das ganze Auge ausfüllen; und weiche Wolle, getränkt in ein zerschlagenes Ei, mit Wein und Rosen-Öl, auflegen und verbinden, und am folgenden Tage das nämliche thun. Am dritten Tage bähen und Milch einträufeln. Dann Umschläge machen, indem man von gebackenen Eiern** das Gelbe mit Honig und gepulvertem Safran in ein Bäuschchen streicht. Wenn aber die Pupille schon anfängt, sich zu reinigen; muss man das Auge einsalben mit den gegen die alten Krankheiten gebräuchlichen Collyrien, wie mit dem gewürzigen und dem aus Chier-Wein des Apollonius und den ähnlichen.

Leichter zu heilen ist dasjenige Zusammenfliessen, wobei die Pupille sich nur erweitert, aber in der natürlichen Farbe und Gestalt verharrt. Schwer zu heilen ist dasjenige, wo die Pupille verzerrt ist.

Cap. XLIX. Über die Gewächse im Weissen des Auges.

Von allen widernatürlichen Gewächsen im Weissen des Auges wird man zwar die schmerzlosen, auf denen oft Härchen wachsen, und diejenigen, welche nicht ganz abweichen von

---

* Dieses Wort gebrauche ich in Anlehnung an das volksthümliche Ausfliessen, des Auges."

** Die alten Ärzte unterscheiden drei Arten von zubereiteten Eiern: 1) hartgekochte; 2) gebratene (gebackene); 3) Rühr-Eier. S. Oribas. Eupor. I, 19. Das Braten geschieht entweder in der Pfanne, oder in heisser Asche. Thes. 1. gr. (unter ᾠόν) ist unvollständig.

ραπευτέον ἀγκίστρῳ ἐπιλαβόμενος³⁷¹ καὶ ἀνατείνων, ἔπειτα πτερυγοτόμῳ ἀποτέμνων, εἶτα ἐπιπάσσων³⁷² ἅλας λεπτόν, καὶ πτύγμα ἐπιτιθεὶς καὶ ἐπιδεσμῶν καὶ τὴν λοιπὴν ἐπιμέλειαν ποιούμενος, ὡς ἐπὶ τῶν πτερυγοτομουμένων. τὰ δὲ ὑπέρυθρα καὶ ὀχθώδη καὶ κιρσωμένα, ἐπώδυνα καὶ τραχέα καὶ συμπαθείας τῶν κροτάφων ἐπιφέροντα, πάντα ταῦτα φεύγειν χρὴ ὡς κακοήθη καὶ κινδύνους καὶ προπτώσεις τῶν ὀφθαλμῶν ἐπιφέροντα ἐν ταῖς χειρουργίαις.

Περὶ πτερυγίων. ξ'.

Πτερύγιον λέγεται, ὅταν ἐπὶ πλεῖον ἑλκωθέντος καὶ³⁷³ ὑπερσαρκήσαντος τοῦ ἐν τῷ ὀφθαλμῷ λευκοῦ ἔκ τινος ψωροφθαλμίας ἢ ῥευματισμῶν συνεχῶν ⟨ὑμὴν λεπτὸς καὶ νευρώδης ἐπιδράμῃ τὸν ὀφθαλμόν⟩³⁷⁴. ἄρχεται δὲ τούτου ἡ αὔξησις πλειστάκις μὲν ἀπὸ τοῦ πρὸς τῇ ῥινὶ κανθοῦ τοῦ μεγάλου καλουμένου, σπανιώτερον δὲ ἀπὸ τοῦ μικροῦ, ἔτι δὲ σπανιώτερον γεννᾶται ἀπὸ τοῦ ἄνωθεν ἢ κάτωθεν βλεφάρου. ἐπεκτείνεται δὲ μέχρι τοῦ μέλανος· ὅταν δὲ μεῖζον γένηται, καὶ τῆς κόρης ἅπτεται καὶ παραποδίζει τὸ ὁρᾶν. εὐΐατα δέ ἐστι πτερύγια λευκανθίζοντα καὶ στενὴν τὴν βάσιν ἔχοντα· τὰ δὲ ἐναντία τούτων δυσίατα· τὰ μὲν γὰρ ὑπέρυθρα μετὰ τὴν χειρουργίαν σφακέλους καὶ ὀδύνας ἡμικρανικὰς ἐπιφέρει, ἀλλ' ὅμως μετὰ τὴν καθαίρεσιν τῶν συμπτωμάτων ἐλευθεροῦται ὁ ὀφθαλμός. τὰ δὲ πτερύγια, ἐφ' ὧν καὶ ἀρχαί εἰσιν ὑποχύσεως, οὐ δεῖ θεραπεύειν· τούτων γὰρ ἀρθέντων θᾶττον ἡ ὑπόχυσις συνίσταται. μήτε δὲ τὰ παχέα θεραπεύειν καὶ ἐκτρεπόμενα καὶ ὀχθώδη καὶ ἐσκιρρωμένα καὶ κροτάφων

---

³⁷¹ Unregelm. Constr., Nom. statt der Acc. — Oder θεραπεύσεις mit Nom.

³⁷² T. ἐπιπλ.

³⁷³ T. αὐξηθέντος ἡ. Der Anfang dieses Cap. ist in Unordnung gerathen.

³⁷⁴ Die grammatisch wie sachlich fühlbare Lücke habe ich aus Galen(?), Med., XIV, 772 ergänzt. (Corn. scheint sie nicht empfunden zu haben). Aus jener Stelle ist auch die Berichtigung Nr. 373.

der normalen Färbung, so behandeln, dass man sie mit einem Häkchen fasst und emporzieht, dann mit einem (vorn abgerundeten) Flügelfell-Messer abschneidet, hierauf Salz-Pulver aufstreut und eine Compresse auflegt und die weitere Behandlung so ausführt, wie nach der Abtragung des Flügelfells. Aber die röthlichen und hügligen und mit erweiterten Blutgefässen ausgestatteten und rauhen und Mitleiden der Schläfen verursachenden, — alle diese soll man meiden, da sie bösartig sind und Gefährdung und Vorfall des Auges bei der Operation veranlassen.

Cap. LX. Vom Flügelfell.

Vom Flügelfell spricht man, wenn nach stärkerer Verschwärung und Wucherung des Weissen im Auge, in Folge von Lid-Krätze oder hartnäckigen Augenflüssen, eine zarte und sehnige Haut über den Augapfel sich verbreitet. Es beginnt aber ihr Wachsthum gewöhnlich an dem sogenannten grossen, nach der Nasenseite zu liegenden Augenwinkel, seltner an dem kleinen (oder Schläfen-Winkel); noch seltner entsteht sie von der Gegend des oberen oder des unteren Lides. Es erstreckt sich aber (das Flügelfell) bis zum Schwarzen. Wenn es noch grösser wird, erreicht es sogar die Pupille und behindert das Sehen. Leicht zu heilen sind Flügelfelle, welche eine weisse Farbe und schmale Grundfläche besitzen. Die diesen entgegengesetzten (Formen) sind schwer zu heilen. Denn die röthlichen pflegen nach der Operation (örtliche) Nekrose und (dazu) halbseitigen Kopfschmerz zu verursachen; nichtsdestoweniger wird nach Beseitigung dieser Symptome das Auge wieder frei. Aber diejenigen Flügelfelle, welche mit dem Beginn der Star-Bildung complicirt sind, darf man nicht (operativ) behandeln: denn, wenn das Flügelfell fortgenommen worden, pflegt der Star schneller sich auszubilden.

Ebensowenig darf man behandeln die verdickten und nach aussen gestülpten und hervorragenden und verhärteten und durch Mitleiden der Schläfen complicirten; denn diese sind bös-

ποιοῦντα συμπαθείας· ἔστι γὰρ κακοήθη καὶ καρκινώδη. τὰ
δὲ μέχρι τῆς κόρης ⟨ἐπεκτεινόμενα⟩³⁷⁵ καὶ διὰ τοῦτο παρα-
ποδίζοντα τὸ ὁρᾶν, ἀφαιρούμενα ⟨μὲν⟩ ἐλευθεροῖ τὸν ὀφθαλμὸν
τῶν ῥευματισμῶν· ἡ δὲ ἐπιγιγνομένη κατὰ τὴν κόρην ἐκ τῆς
5 χειρουργίας οὐλὴ οὐδὲν ἧττον κωλύει τὸ βλέπειν. τῶν δὲ
πτερυγίων ταῦτα χειρίζειν δεῖ, ὅσα αὐξηθέντα ἐπιβάλλει τῷ
μέλανι· ὅσα δὲ μικρὰ καὶ ἐπὶ τοῦ λευκοῦ ἐστι, ταῦτα φαρμάκοις πειρᾶσθαι καταστέλλειν.

Φάρμακα πρὸς πτερύγια. ξα΄.

10   Καταστέλλει δὲ ἱκανῶς τὰ πτερύγια τὸ διὰ τῆς χαλκίτεως καὶ καδμίας ξηρὸν ψωρικόν, τὸ πρὸς τοὺς ψωρώδεις
κανθοὺς ἀναγεγραμμένον, καὶ τὰ παραπλήσια καὶ τὸ Θεοδότιον κολλύριον Σεβήρου λεπτοποιηθὲν καὶ ξηρὸν προσαγόμενον καὶ τὰ ῥυπτικὰ πάντα κολλύρια, τὰ ἐπὶ τῶν τραχωμά-
15 των καὶ συκώσεων γεγραμμένα, καὶ τὰ ἐπὶ τῶν μυιοκεφάλων
καὶ σταφυλωμάτων ἁρμόζοντα, τὰ δι᾽ οἴνου μάλιστα. Ἀρχι-
γένης δέ φησι πρὸς πτερύγια· χαλκάνθου < β΄, ἁλὸς ἀμμωνιακοῦ < β΄, κόμεως < α΄, ὄξει λεάνας ἀνάπλαττε κολλύρια,
καὶ χρῶ. Πρὸς πτερύγια δόκιμον, ἀναλίσκει γὰρ αὐτὰ τάχιστα·
20 χαλκίτεως κεκαυμένης, ὡς γενέσθαι πυρρὰν, < δ΄, κρόκου
< α΄, λείοις χρῶ ξηροῖς. Ἄλλο καὶ αὐτὸ πεπειραμένον· χαλ-
κίτεως κεκαυμένης < κ΄, καδμίας < ι΄, λεπίδος ἐρυθρᾶς < α΄,
πεπέρεως < α΄, χρῶ. Ἄλλο, ἀφαιροῦν πτερύγια ἐκ βάσεως·
χαλκάνθου ὀπτῆς < β΄, χαλκοῦ κεκαυμένου < α΄· ξηρῷ πα-
25 ράπτου, μετὰ δὲ τὸ ἀφελεῖν θεράπευε τῷ διὰ ῥόδων³⁷⁶, ἢ
τῷ διὰ κρόκων κολλυρίῳ. (Ἄλλο·) μαγνήτην²⁷⁶ᵃ ζῶντα λίθον λειώσας ἀκριβῶς χρῶ ξηρῷ, ἅπαξ τῆς ἡμέρας. Ἄλλο.
αἰγείρου ὀπὸν³⁷⁷ μετὰ διπλοῦ μέλιτος ἔγχριε.

---

³⁷⁵ fehlt im Text. (Man kann auch ein andres Particip ergänzen,
wie προϊόντα u. dgl.)
³⁷⁶ T. -ῳ.   ³⁷⁶ᵃ T. -ῆτιν.
³⁷⁷ T. ὀπτόν.

artig und krebshaft. Was aber die bis zur Pupille vordringenden und dadurch das Sehen behindernden Flügelfelle betrifft, so pflegt ihre Abtragung wohl das Auge von dem Fluss zu befreien; aber die in der Pupillen-Gegend in Folge der Operation zurückbleibende Narbe behindert nichtsdestoweniger das Sehen.

Chirurgisch muss man diejenigen Flügelfelle behandeln, welche schon grösser geworden und das Schwarze bedecken. Aber diejenigen, welche kleiner sind und auf das Weisse des Auges sich beschränken, suche man durch örtliche Heilmittel zur Schrumpfung zu bringen.

Cap. LXI. Heilmittel gegen Flügelfell.

Zur Beseitigung des Flügelfells dient das trockne Krätz-Mittel aus Kupfer-Erz und Galmei, das gegen die krätzigen Lidwinkel verschrieben wird, und die ähnlichen und des Severus Theodotisches Collyr, gepulvert und trocken aufgetragen, und alle reinigenden Collyrien, alle, die bei Trachom und Feigbildung verschrieben werden, und diejenigen, welche bei Fliegenkopf und Staphylom passen, am besten die aus Wein.

Archigenes aber empfiehlt gegen Flügelfell:

Kupfer-Vitriol 2 Drachmen, Ammon'sches Steinsalz 2 Drachmen, Gummi 1 Drachme; verreibe es mit Essig, forme Collyrien und brauche sie. Ein Mittel, gegen Flügelfell erprobt, denn es verzehrt das letztere ganz schnell: Kupfer-Erz, geröstet, so dass es gelb geworden, 4 Drachmen, Safran 1 Drachme; gebrauch' es als trocknes Pulver. Ein andres, gleichfalls bewährtes Mittel: Geröstetes Kupfer-Vitriol 20 Drachmen, Galmei 10 Drachmen, rother (Kupfer-) Hammerschlag 1 Drachme, Pfeffer 1 Drachme, gebrauche es. Ein andres, das Flügelfelle mit der Wurzel fortnimmt: Geröstetes Kupfer-Vitriol 2 Drachmen, geglühtes Kupfer 1 Drachme, trage es trocken auf; aber nach der Beseitigung (des Fells) behandle weiter mit dem Collyr aus Rosen oder dem aus Safran. Ein andres: Den Magnet-Eisenstein zerpulvre sorgsam und wende ihn trocken an, ein Mal des Tags. Ein andres. Der Schwarzpappel Saft mit der doppelten Menge Honig streiche ein.

Ἄλλο· χαλκάνθου³⁷⁸ μετὰ χολῆς χοιρείας ἴσα τῷ σταθμῷ συλλεάνας ἔγχριε.

Ἄλλο· σηπίας ὀστράκου κεκαυμένου μεθ᾽ ἁλῶν ἀμμωνιακῶν λεάνας χρῶ, ἔστω δὲ ἴσα.

Ἄλλο, ποιεῖ καὶ ὑπωπίοις³⁷⁹ καὶ ἀμβλυωπίαις· λίθου μαγνήτου ζῶντος < δ´, ἰοῦ < α´, μίλτου σινωπικῆς < δ´, ἀμμωνιακοῦ θυμιάματος < δ´, κρόκου < β´, μέλιτος Γο ε´· ποιεῖ καὶ πρὸς λευκώματα. ⟨Ἄλλο·⟩³⁸⁰ γλαύκιον κόψας, σήσας, ἔπειτα ὕδατι ὀλίγῳ λειώσας καὶ σποδὸν πομφόλυγος ἐπιβαλῶν, ὅσον ἐπιδέχεται, ἀνάπλασσε κολλύρια, καὶ χρῶ μεθ᾽ ὕδατος δὶς τῆς ἡμέρας. Ἄλλο· χαλκὸν κεκαυμένον λεῖον μετὰ οὔρου παιδὸς ἀφθόρου καὶ χρῶ.

Ἄλλο· λεπίδος ἐρυθρᾶς, νίτρου ἐρυθροῦ, κισσήρεως, κιμωλίας ἀνὰ < δ´, λεῖον ὄξει ἕως ξηρανθῇ καὶ χρῶ· ἀπόθου δὲ ἐν ὀστρακίνῳ ἀγγείῳ καθαρῷ.

Χειρουργία πτερυγίων. ξβ´.

Ἐγχειροῦμεν δὲ οὕτω πρὸς τὴν ἀφαίρεσιν τοῦ πτερυγίου· διαστέλλοντες τὰ βλέφαρα ἀπ᾽ ἀλλήλων καὶ ἄγκιστρον καταπείροντες περὶ τὰ μέσα τοῦ πτερυγίου ἀνατείνομεν ἠρέμα, ἵνα μὴ ἡ ἐπιδερματὶς τοῦ κερατοειδοῦς μετεωρισθῇ· συναφαιρεθεῖσα γὰρ φλεγμονὰς παμμεγέθεις ἐπιφέρει. εἶτα βελόνην³⁸¹ λαμβάνομεν³⁸² λίνον ἔχουσαν διῃρημένον καὶ τρίχα ἱππείαν, καὶ ταύτην ὑποβάλλομεν τῷ πτερυγίῳ ἀνατεθέντι διὰ τοῦ ἀγκίστρου· εἶτα ἀποδήσαντες³⁸³ τῷ ὑποβληθέντι λίνῳ τὸ πτερύγιον ἀνατείνομεν ἕλκοντες ἠρέμα τὸ λίνον ἄνω καὶ δόντες ὑπηρέτῃ κατέχειν εὐφυῶς τὴν ἀρχὴν τοῦ λίνου, ἀμφοτέραις ταῖς χερσὶ κατέχοντες τὴν τρίχα διακινοῦμεν³⁸⁴ ἄνω τε καὶ

---

³⁷⁸ T. -ος.   ³⁷⁹ T. -αις.   ³⁸⁰ fehlt im T.
³⁸¹ T. -ώνην.   ³⁸² T. -ων.   ³⁸³ T. -ήσαν.
³⁸⁴ T. διχ.

Ein andres: Kupfer-Vitriol und Ferkel-Galle, zu gleichen Gewichtstheilen, verreibe zusammen und streiche es ein.

Ein andres: Gebrannte Sepia-Schalen mit Ammon'schem Steinsalz, zu gleichen Theilen; verreibe und gebrauche es.

Ein andres, es wirkt auch gegen Sugillationen und Amblyopien: Magnet-Eisenstein 4 Drachmen, Grünspan 1 Drachme, Sinopischer Röthel 4 Drachmen, Ammon'sches Räucherwerk 4 Drachmen, Safran 2 Drachmen, Honig 5 Unzen. Es wirkt auch gegen Leukome.

Ein andres: Zerschneide Schöllkraut, siebe es, verreibe es sodann mit einem wenig Wasser und füge Asche der Zinkblume dazu, soviel es aufnimmt, und forme Collyrien, und gebrauche sie mit Wasser, zwei Mal am Tage.

Ein andres: Geglühtes Kupfer verreibe mit dem Urin eines unschuldigen Knaben und gebrauche es.

Ein andres: Rothen (Kupfer-)Hammerschlag, rothes Natron, Bimstein, weissen Thon, je 4 Drachmen, verreibe mit Essig, bis es trocken geworden, und gebrauche es. Bewahre es auf in einem reinen irdenen Gefäss.

Cap. LXII. Operation des Flügelfells*.

Wir operiren folgendermassen zur Entfernung des Flügelfells. Wir ziehen die Lider von einander und bohren ein Häkchen ein, ungefähr in die Mitte des Flügelfells, und spannen es langsam in die Höhe, damit nicht die Epidermis der Hornhaut abgehoben werde. Denn, wenn die letztere mit entfernt wird, so bewirkt dies gewaltige Entzündung. Dann nehmen wir eine Nadel, in welche sowohl ein Faden als auch ein Pferdehaar eingefädelt ist, und führen dieselbe unter das Flügelfell durch, das mittelst des Hakens emporgezogen ist. Hierauf unterbinden wir mittelst des darunter geführten Fadens das Flügelfell und spannen es empor, indem wir langsam den Faden nach oben ziehen; geben einem Gehilfen das Ende des Fadens,

---

* Musterhafte Beschreibung.

κάτω, ὑποδέροντες τὸ πτερύγιον, ἀρχόμενοι ἀπὸ τοῦ μέλανος, μέχρι τοῦ κανθοῦ. εἶτα ἀπολύσαντες τὴν πρὸς τὸ μέλαν αὐτοῦ συνέχειαν διὰ τῆς τριχός, καὶ ἀνατείναντες τῷ λίνῳ, ἀφαιροῦμεν πτερυγοτόμῳ ἐκ τῆς βάσεως τὸ πρὸς τὸν κανθὸν
5 μέρος τοῦ πτερυγίου, φυλασσόμενοι τὰ βλέφαρα καὶ τὸν κανθόν. τοῖς μὲν γὰρ τὰ βλέφαρα συνδιακοπεῖσι προςφύσεις γίγνονται. τοῖς δὲ ἐκ βάσεως τὸν κανθὸν ἀποτμηθεῖσι ῥυάδες γίγνονται. εἰ δὲ βάσις τοῦ πτερυγίου καταλειφθῇ³⁸⁵, παλιγγενεσία γίγνεται, εἰ μὴ φαρμάκῳ τινὶ τῶν προειρημένων
10 δαπανηθείη. στοχάζεσθαι οὖν δεῖ τῆς συμμετρίας. ἐὰν δὲ ὥσπερ δεδιότες οἱ πάσχοντες μὴ τολμῶσιν ἀνοίγειν τοὺς ὀφθαλμούς, ἄγκιστρον ὑποβάλλοντες τῷ ἄνω βλεφάρῳ καὶ ἠρέμα ὑποστρέφοντες ἐπὶ τὸ σκότος* ἀνατείνομεν, καὶ οὕτως ἐνεργοῦμεν, ὡς προείρηται. μετὰ δὲ τὴν ἀφαίρεσιν ἄλμῃ δρι-
15 μυτέρᾳ δέον ἐγχυματίζειν τὸν ὀφθαλμόν, εἶτα ἔριον ὠοβραχὲς ἐπιτιθέντας³⁸⁶ ἐπιδεῖν τὸν ὀφθαλμόν. τῇ δὲ ἑξῆς ἐπιλύσαντες καὶ μετρίως πυριάσαντες ἐγχυματίζομεν τῷ λευκῷ καὶ ἁπαλῷ κολλυρίῳ Σεβήρου. τῇ δὲ τετάρτῃ ὑπαλείφομεν τοῖς πρὸς τὰς διαθέσεις κολλυρίοις, παραιτούμενοι τὸ λοιπὸν
20 τὰ ἁπαλὰ καὶ σαρκωτικὰ κολλύρια. εἰσὶ δὲ πρὸς διαθέσεις τὰ ναρδινὰ καὶ τὰ Θεοδότια καὶ τὰ δι' οἴνου πάντα.

---

³⁸⁵ T. -ληφ.
³⁸⁶ T. -ες.

* Anagnostakes (chir. oc. chez les anciens, Athen 1872, S. 32) hat gelegentlich diesen Satz übersetzt: tournant légèrement du côté de l'ombre la figure du malade. Diese Übersetzung scheint mir zweifelhaft. Grammatisch gehört ἄγκ. auch zu ὑποστ. (und zu ἀνατ.). Corn. hat die fragwürdigen Worte ὑποστρέφοντες ἐπὶ τὸ σκότος überhaupt nicht wiedergegeben. Operiren kann man nicht im Dunkeln.
Vielleicht ist ἐπὶ τὸ βάθος oder dgl. zu setzen.

es passend zu halten, fassen mit beiden Händen das Haar und bewegen es auf und ab*, und trennen so das Flügelfell von der Unterlage ab, anfangend vom Schwarzen, bis zum Augenwinkel hin. Dann lösen wir mittelst des Pferdehaars die Anheftung des Flügelfells am Schwarzen (den Kopf) und spannen dasselbe mit dem Faden empor und entfernen mit dem (geknöpften) Flügelfell-Messer den nach dem Augen-Winkel zu gelegenen Theil des Flügelfells mitsamt der Wurzel, indem wir die Lider und den eigentlichen Winkel vor Verletzung bewahren. Denn diejenigen Kranken, welchen die Lider mit zerschnitten wurden, erleiden Anwachsung**. Diejenigen aber, denen der Winkel gänzlich ausgeschnitten ward, erleiden das Thränenträufeln. Lässt man aber die Wurzel des Flügelfells (im Winkel) zurück, so erfolgt Recidiv, falls man jene nicht mit einem der vorhergenannten Mittel zu tilgen im Stande ist. Man muss also genau achten auf das richtige Maass (der Ausschneidung). Wenn aber aus Feigheit die Kranken nicht wagen, die Augen zu öffnen; so legen wir einen (stumpfen) Haken*** unter das obere Lid, lassen ihn langsam in's Dunkel (in die Tiefe) gleiten und und ziehen empor und operiren so nach dem beschriebenen Verfahren.

Nach der Fortnahme des Flügelfells muss man stärkere Salz-Lake in's Auge träufeln, dann eiweiss-getränkte Wolle auflegen und das Auge verbinden. Am folgenden Tage lösen wir den Verband, bähen mässig und träufeln des Severus weisses und zartes Collyr ein. Am vierten Tage salben wir das Auge ein mit dem „Collyr gegen Augenleiden" und vermeiden für die weitere Behandlung die zarten und fleischbildenden Collyrien. Es sind aber die „Collyrien gegen Augenleiden" die Narden-Mittel und die Theodotischen und alle aus Wein.

---

* Wie bei dem Durchsägen eines Balkens.
** Des Lids an den Augapfel, von den Alten auch Ankyloblepharon genannt, von den Neuen — Symblepharon.
*** Lid-Heber, Elévateur.

Περὶ ἐγκανθίδος. ξγ'.

Ἐγκανθίδα δὲ καλοῦσιν, ὅταν ὑπερσαρκήσῃ [387] ὁ πρὸς τῇ ῥινὶ μέγας κανθὸς αὐξηθείς, ὅπερ γίγνεται ἐπὶ κυνῶν μάλιστα· ἐπὶ δὲ τῶν ἀνθρώπων πλεονάζει τοῖς ἐν θαλάσσῃ διατρίβουσιν. ἡ μὲν οὖν εὐήθης ἐγκανθὶς ⟨ἄπονος, ἀπαλή, μαλακή· ἡ δὲ κακοήθης⟩ [388] σκληρά, ἀνώμαλος, νυγματώδεις [389] πόνους ἔχουσα. δεῖ δὲ τὰς εὐήθεις θεραπεύειν, τὰς μὲν μικρὰς φαρμάκοις ξηροῖς, ὡς [389a] ⟨τῷ⟩ [390] πρὸς ψωρώδεις κανθοὺς διὰ καδμίας καὶ χαλκίτεως, ἢ τούτῳ καλλίστῳ ὄντι· στυπτηρίας σχιστῆς, μίσυος ὀπτοῦ, χαλκάνθου ἴσα· ἱκανῶς δαπανᾷ πάσας τὰς ἐγκανθίδας. χρῶ δὲ καὶ τῷ Θεοδοτίῳ [391] Σεβήρου κολλυρίῳ λεάνας αὐτὸ ξηρὸν καὶ τῷ [392] πρὸς μυιοκέφαλα δι' οἴνου.

Χειρουργία ἐγκανθίδων. ξδ'

Τὰς δὲ μείζονας κακοήθεις ἐγκανθίδας μυδίῳ* ἐπιλαμβανόμενον δεῖ ἀποτέμνειν. εἰ δὲ μείζων εἴη ἡ ὑπεροχή, βελόνην [393] χρὴ λίνον διπλοῦν ἔχουσαν πρὸς τῇ βάσει διείρειν, εἶτα ἀποσφίγγειν τὸ λίνον, καὶ διαστήσαντα βραχύ, ἕως πελιωθῇ ἡ σάρξ, σμιλίῳ ἀφαιρεῖν· καὶ τῷ ψωρικῷ ξηρῷ ἐφάπτεσθαι καὶ πτύγματα ἐπιτιθέναι. τῇ δὲ ἑξῆς ἀποπυριᾶν, καὶ μετὰ τὴν τρίτην τῷ μέλιτι χρώμενον ἀποθεραπεύειν. παραφυλάττεσθαι δὲ μὴ συναφαιρεῖν ἐκ βάσεως τὸν κανθὸν σὺν τῇ παρὰ φύσιν σαρκί. εἰ δὲ μή, ῥυάδες ἐπιγίγνονται.

---

[387] T. -ώσῃ. Das ist falsch, wiewohl derselbe Fehler Galen (?) XIV, 772 zu finden.

[388] Hier ist offenbar eine Lücke im Text, die ich nach ähnlichen Stellen unsres Aëtius und nach der Übersetzung des Corn. ergänzt habe.

[389] T. *νυγματώδης, πόνους.*   [389a] T. *ὥστε.*

[390] fehlt im T.   [391] T. -ου.   [392] T. *τό.*   [393] -η.

* Wörtlich Mäuslein, also kleine Haken-Pincette; *λαβίς* ist grosse Pincette, Zange.

Cap. LXIII. Über die Carunkel-Geschwulst.

Von Carunkelgeschwulst spricht man, wenn gewuchert ist der nach der Nase zu belegene grosse Augenwinkel. Dies geschieht am meisten bei den Hunden. Von den Menschen werden hauptsächlich diejenigen befallen, welche auf dem Meere leben. Die **gutartige** Carunkelgeschwulst ist schmerzlos, zart, weich; die bösartige hart, uneben, von stechendem Schmerz begleitet.

Die gutartigen soll man behandeln, die kleinen mit trocknen Arzneimitteln, wie mit dem gegen Lidwinkel-Krätze, aus Galmei und Kupfer-Erz; oder mit dem folgenden, welches das beste ist: Faser-Alaun, geröstetes Vitriol-Erz, Kupfer-Vitriol, zu gleichen Theilen. Dies tilgt recht befriedigend alle Carunkel-Geschwülste. Gebrauche aber auch das Theodotische Mittel des Severus, indem du es zu einem trocknen Pulver verreibst, und das gegen Fliegenkopf, aus Wein.

Cap. LXIV. Operation der Carunkel-Geschwulst.

Die grösseren **bösartigen** Carunkel-Geschwülste muss man mit einer Pincette fassen und abschneiden. Sollte aber die Hervorragung allzugross sein, so muss man eine Nadel mit doppeltem Faden an der Grundfläche der Geschwulst durchziehen, darauf den Faden zusammenschnüren und nach einigem Zuwarten, bis das Fleisch dunkelblau geworden, mit einem Messerchen die Abtragung machen; und das Krätz-Mittel auftragen und Bäuschchen auflegen. Am folgenden Tage bähen und nach dem dritten Tage mittelst der Anwendung von Honig die Kur vollenden. Man muss sich aber wohl in Acht nehmen, nicht vollständig die Substanz des Winkel mit fortzunehmen mit dem widernatürlichen Fleisch. Sonst erfolgt Thränenträufeln.

Περὶ αἱμοῤῥαγίας ἐκ τῶν κανθῶν. ξε΄.

Γίγνεται δὲ αἱμοῤῥαγία ἀπὸ τῶν κανθῶν καὶ μάλιστα παιδίοις, διὰ τοὺς συνεχεῖς κλαυθμοὺς καὶ τὰς διατάσεις ἀναστομουμένων τῶν περὶ τὰ βλέφαρα ἀγγείων. θεραπευτέον δὲ αὐτοὺς προςαντλήσει ὀξυκράτου ψυχροῦ καὶ κατὰ κεφαλῆς [394] καταχύσει [395] ψυχροῦ· ἐγχυματίζειν δ᾽ ᾠοῦ τὸ λευκὸν καθ᾽ αὑτὸ καὶ σύν τινι τῶν πρὸς τὰ λεπτὰ ῥεύματα ἁρμοττόντων κολλυρίων· καὶ διαθέσει [396] τῶν κάτω μερῶν χρῆσθαι καὶ παχυνούσῃ τροφῇ· ἐπὶ δὲ τῶν τελείων καὶ σικύαν τῷ ἰνίῳ προςβάλλειν μετὰ κατασχασμοῦ [397].

Περὶ προςφύσεως βλεφάρων καὶ ἀγκυλώσεων. ξϛ΄.

Προςφύεται τὰ βλέφαρα τῷ λευκῷ ἢ τῷ μέλανι ἢ πρὸς ἄλληλα, ἑλκώσεως προηγησαμένης. ὅταν οὖν πρὸς τὸ λευκὸν ἡ πρόςφυσις τῶν βλεφάρων γίγνηται, κατὰ δὲ τὴν κίνησιν ἐμποδίζηται ὁ ὀφθαλμός, καλοῦσι τὸ πάθος ἀγκύλωσιν. ὅσαι μὲν οὖν προςφύσεις κατὰ τὸν κανθὸν γεγόνασι τῶν βλεφάρων ἀμφοτέρων, ἀγκίστροις ἀνατείνοντα χρὴ διελεῖν καὶ ἀναστέλλειν μότῳ κἄπειτα θεραπεύειν ὡς τὰ κοινὰ ἕλκη. ὅσαι δὲ προςφύσεις τοῦ ταρσοῦ πρὸς τοὺς χιτῶνας γεγένηνται, τυφλαγκίστρῳ ἀνατείνοντα πτερυγοτόμῳ ἀπολύειν τὴν πρόςφυσιν· ἔπειτα τὰ ὑπερσαρκώματα ξηρῷ τινι καταστέλλειν καὶ χαλκῷ λειοτάτῳ καθ᾽ ὑποβολὴν [398] τὰ βλέφαρα ὑποχρίειν ⟨καὶ⟩ μέχρις ἀποθεραπείας ἀνεπίδετον ἐᾶν [399] τὸν ὀφθαλμόν.

---

[394] Im Text steht überflüssig noch προςαντλήσει ψυχροῦ ὀξυκράτου καί.

[395] Corn. will auch den Kopf mit Essigwasser übergiessen lassen, was unzulässig.

[396] T. -θέσ.   [397] T. καταχ.

[398] T. ὑπερβολήν. Corn. hat dies unübersetzt gelassen.

[399] T. ἐῶν.

Cap. LXV. Über die Blutung aus den Augen-Winkeln.

Es erfolgt Blutung aus den Augen-Winkeln, besonders bei Säuglingen*, indem wegen des unablässigen Weinens und der Spannung die Blutgefässe an den Lidern sich öffnen.

Behandeln muss man diese Kranken mit Umschlägen von kaltem Essigwasser und mit kalter Übergiessung des Kopfes; aber einträufeln Eiweiss für sich sowie zusammen mit einem der gegen dünnen Fluss passenden Collyrien; ferner muss man Umschnürung der unteren Extremitäten anwenden und kräftig ernährende Kost. Bei den Erwachsenen auch einen blutigen Schröpfkopf an's Hinterhaupt setzen.

Cap. LXVI. Über die Anwachsung der Lider und die Versteifung des Augapfels.

Die Lider können verwachsen mit dem Weissen oder mit dem Schwarzen des Augapfels oder mit einander, wenn eine Geschwürsbildung voraufgegangen war. Wenn nun mit dem Weissen die Verwachsung der Lider erfolgt, und dadurch der Augapfel in seiner Bewegung behindert wird; so pflegt man das Leiden als Versteifung zu bezeichnen. Alle Verwachsungen der beiden Lider mit einander, die im (Schläfen-) Winkel erfolgen, soll man mit den gewöhnlichen Häkchen spannen und durchtrennen und mit Charpie auseinanderhalten und dann die Behandlung der gewöhnlichen Geschwüre einleiten. Aber bei allen Verwachsungen des (freien) Lidrandes mit den Augenhäuten soll man mit dem Blind-Haken (das Lid) emporziehen und mit dem (geknöpften) Flügelfell-Messer die Verwachsung abpräpariren. Dann das zurückbleibende wilde Fleisch mit irgend einem trocknen Mittel adstringiren und mit feingepulvertem Kupfer, das mit der Sonde darunter gebracht wird, die Lid-Innenfläche bedecken und bis zur Ausheilung das Auge unverbunden lassen.

---

* puer, Corn., ist grammatisch und sinngemäss nicht richtig. (Die Krankheit ist selten, kann aber, bei Blutern, zum Tode führen.)

Περὶ τῶν ἐν βλεφάροις φθειρῶν. ξϚ΄.

Φθεῖρες γίγνονται κατὰ τὰς βλεφαρίδας, πλατεῖς, μικροὶ πολλοί, ἐξ ἀδηφαγίας⁴⁰⁰ τὴν γένεσιν λαμβάνοντες καὶ ἀλουσίας⁴⁰¹ καὶ φαύλης διαίτης. θεραπευτέον αὐτοὺς οὖν πρῶτον μὲν ἐπιμελῶς ἐκκαθαίροντας τοὺς φθεῖρας καὶ θαλάσσῃ προςαντλοῦντας⁴⁰² χλιαρᾷ, εἶτα προςαπτομένους τῷ τόπῳ τῷ ὑπογεγραμμένῳ φαρμάκῳ· στυπτηρίας σχιστῆς <β΄, σταφίδος ἀγρίας ὀβολὸς α΄, πεπέρεως ὀβολοὶ β΄, χαλκοῦ κεκαυμένου <α΄, σμύρνης ὀβολοὶ β΄, λίθου σχιστοῦ τριώβολον⁴⁰³, μίσους ὀπτοῦ <α΄· λεῖα ποιήσας ξηρῷ χρῶ. λούειν τε καὶ σμήχειν τοῖς διαφοροῦσι καὶ τονοῦσι τὴν κεφαλὴν καὶ γυμνάζειν τὰ κάτω μέρη καὶ διαίτῃ εὐχύμῳ χρῆσθαι. παραπλησίως καὶ τὰς γιγνομένας περὶ τὰ βλέφαρα κόνιδας θεραπεύειν.

Περὶ τριχιάσεως καὶ διστιχιάσεως καὶ φαλαγγώσεως⁴⁰⁴· Σεβήρου. ξη΄.

Τριχίασιν δὲ λέγουσιν, ὅταν ὑπὸ τὰς ἐν τοῖς βλεφάροις κατὰ φύσιν τρίχας ἄλλαι ὑποφυεῖσαι⁴⁰⁴ᵃ καὶ εἴσω νεύουσαι διανύττουσι τοὺς χιτῶνας καὶ ῥευματίζουσι τὸν ὀφθαλμόν. λέγεται δὲ τριχίασις, καὶ ὅταν αὐτὰ τὰ βλέφαρα χαλασθέντα ἢ̄ ⟨καὶ⟩⁴⁰⁵ ὁ ταρσὸς εἴσω νεύσας, ὥστε μὴ φαίνεσθαι ῥᾳδίως

---

⁴⁰⁰ T. ἀδδ.
⁴⁰¹ Hier folgt im Text noch einmal καὶ ἀδδηφαγίας.
⁴⁰² T. προςαντλῶντα. Man könnte ja danach auch ἐκκαθαίροντα vorher und προςαπτόμενον später setzen, da so für uns die Construction leichter ist; aber der Grieche hat diese Schwierigkeit weniger empfunden.
⁴⁰³ T. τριόβ.   ⁴⁰⁴ T. κεφαλαλγιῶν.   ⁴⁰⁴ᵃ T. ἀπ.
⁴⁰⁵ T. statt ἢ̄ καὶ, nur ἢ.

Cap. LXVII. Über die Läuse an den Lidern.

Läuse bilden sich an den Wimpern, platte, kleine, in grosser Zahl; sie nehmen ihren Ursprung aus Gefrässigkeit der Kranken und aus Unsauberkeit und schlechter Lebensweise.

Behandeln muss man den Kranken, indem man zuvörderst sorgfältig die Läuse entfernt und mit lauwarmem Meerwasser spült, sodann das folgende Arzneimittel auf die erkrankte Stelle bringt: Faser-Alaun 2 Drachmen, Läuse-Kraut 1 Obolus, Pfeffer 2 Obolen, geglühtes Kupfer 1 Drachme, Myrrhe 2 Obolen, fasrigen Blut-Eisenstein 3 Obolen, geröstetes Vitriol-Erz 1 Drachme; zerpulvre es fein und wende es trocken an. Ferner soll man baden und den Kopf mit zertheilenden und stärkenden Mitteln einstreichen und Gymnastik der unteren Extremitäten und eine gesunde Kost anordnen.

Ähnlich soll man auch die an den Wimpern enstehenden Nisse (Läuse-Eier) behandeln.

Cap. LXVIII. Über die Haarkrankheit und Doppelreihigkeit der Wimpern und die Einstülpung derselben. Nach Severus.

Von Haarkrankheit spricht man, wenn hinter den natürlichen Wimper-Haaren an den Lidern andre hervorwachsen, nach innen sich wenden und die Augenhäute stechen und Thränen des Auges verursachen. Derselbe Name der Haarkrankheit wird aber auch dann gebraucht, wenn die Lider selber erschlafft* sind und der Lidrand nach innen sich dreht, so dass man die Wimpern überhaupt nicht leicht sehen kann, wenn man nicht gegenspannt und die Lider abzieht. Es pflegen die Ärzte die Erschlaffung des Lids als Reihenstellung

---

* Irrige Auffassung der Alten. Die Neueren nennen dies spastisches — Entropium!

τὰς τρίχας, εἰ μή τις ἀντιτείνοι καὶ διαστέλλοι[406] τὰ βλέφαρα. καλοῦσι δὲ οἱ ἰατροὶ τὴν μὲν τοῦ βλεφάρου χάλασιν φαλάγγωσιν ἢ πτῶσιν, τὴν δὲ τῶν τριχῶν ὑπόφυσιν διστιχίασιν. γίγνεται δὲ τὰ πάθη καὶ μάλιστα ἡ διστιχίασις διὰ πολλὴν ὑγρότητα. ὥςπερ γὰρ ἐπὶ τῆς γῆς ἡ δαψίλεια τῶν ὑδάτων πόας πλείστας ἐκφέρει, οὕτως καὶ ἐπὶ τῶν βλεφάρων, καὶ μάλιστα ὅταν ἄδηκτα ὑπάρχῃ τὰ ἐπιῤῥέοντα ὑγρά. εἰ γὰρ ἁλμυρὸν εἴη τὸ ἐπιῤῥέον, καὶ τὰς κατὰ φύσιν ἀποβάλλει τρίχας. ἡ μὲν οὖν τῆς τριχιάσεως τελεία θεραπεία ἡ ἀναῤῥαφὴ τῶν βλεφάρων ἐστίν. ἐπειδὴ δέ τινες διὰ μαλακίαν οὐκ ἀνέχονται ἑαυτοὺς τῇ χειρουργίᾳ παραδοῦναι, βοηθητέον αὐτοῖς, ὡς οἷόν τε. γεγράφασι μὲν οὖν οἱ ἀρχαῖοι βοηθήματα ἐπ᾽ αὐτῶν τοιαῦτα.

Φάρμακα πρὸς τὸ τὰς ἐκτιλλομένας τρίχας μὴ φύειν. ξθ´.

Τὰς νυττούσας τρίχας προεκτίλας[406a] καὶ ἐκτρέψας τὰ βλέφαρα κατάχριε αἵματι βατράχων προσφάτῳ καὶ ἔα ψυγῆναι· καὶ αἵματι κόρεων ὁμοίως χρῶ. ἢ χαμαιλέοντα λευκὸν καύσας ἀναλάμβανε τὴν τέφραν τῷ αἵματι τῶν βατράχων, καὶ ἐπὶ τῆς χρείας σιάλῳ ὑγράνας καὶ προεκτίλας[406a] κατάχριε τὸν τόπον. Ἄλλο· τὸν χυλὸν τῆς χελιδονίου καὶ καπνίου λεγομένης πόας λαβὼν καὶ κόμμι τὸ ἀρκοῦν ἐπιβαλὼν καὶ ξηράνας καὶ ἀναπλάσας μικρὰ κολλύρια χρῶ, ὡς προείρηται. Ἄλλο· κοχλίων σάρκας σὺν αἵματι βατράχων χλωρῶν τῶν ἐν τοῖς καλάμοις ἢ ἐχίνου χερσαίου λεάνας καὶ μέλαν γραφικὸν ἐπιβαλὼν ἔα ταριχεύεσθαι καὶ χρῶ, ὡς προείρηται, φυλαττόμενος τὴν κόρην. Ἄλλο· βδέλλας καύσας καὶ λεάνας χρῶ συνεχῶς προεκτίλας[406a]. ⟨Ἄλλο·⟩ γῆς ἔντερα ἐπ᾽ ὀστράκῳ καύσας ἕως τεφρωθῇ καὶ λειότατα[406b] ποιήσας καὶ

---

[406] T. -στείλοι.   [406a] -τιλλ. (So wiederholt in diesem Kap.)
[406b] T. -ον.

der Wimpern oder Lidfall*, das Nachwachsen von Wimpern als Doppelreihigkeit zu bezeichnen.

Es entstehen diese Leiden und hauptsächlich die Doppelreihigkeit aus einer starken Durchfeuchtung. Denn wie auf der Erde der Überfluss der Bewässerung reichlich Gras hervorspriessen lässt, so ist es auch auf den Lidern, besonders wenn die zuströmende Feuchtigkeit lind ist. Denn, wäre der Zustrom salzig, so könnte er sogar auch die natürlichen Wimper-Haare zum Ausfallen bringen.

Die Radical-Kur der Haarkrankheit besteht in der Empornähung des Lides. Da aber einige Kranke aus Feigheit es nicht über sich gewinnen, eine Operation an sich vornehmen zu lassen; so muss man diesen, so weit es möglich ist, zu helfen suchen. Verzeichnet sind in den Schriften der Alten hierfür die folgenden Heilmittel.

Cap. LXIX. Mittel gegen das Wiederwachsen der ausgerupften Wimper-Haare.

Die stechenden Haare rupfe zuvörderst aus, und wende das Lid nach aussen und streiche frisches Froschblut auf und lass es trocknen**. Und das Blut der Wanze wende in gleicher Weise an. Oder verbrenne ein weisses Chamäleon, rühre die Asche ein in Froschblut und zur Zeit des Gebrauches befeuchte es mit Speichel und streiche damit die Stelle ein, an der du die Härchen ausgerupft hast.

Ein andres. Nimm den Saft der als Schwalbenkraut und Erdrauch bezeichneten Pflanze, füge Gummi hinzu in genügender Menge und trockne dies und forme kleine Collyrien und brauche sie in der beschriebenen Weise. Ein andres. Das Fleisch von kleinen Schnecken verreibe mit dem Blut von grünen Fröschen

---

* Ptosis ist bei uns das schlaffe Herabhängen des gelähmten Oberlids, wobei die Wimpern nicht den Augapfel reiben.

** Corn. frigefieri. Aber der Frosch ist ein Kaltblüter. Und die Wanze!

προεκτίλας⁴⁰⁶ ἐπίπασσε. ⟨Ἄλλο·⟩ σάβραν* ἐν χύτρᾳ καύσας καὶ τὴν τέφραν λεάνας ἐπίβαλλε σανδαράχης τὸ ἴσον καὶ χρῶ.

Ἄλλο καλὸν ἄλυπον· κεράτια ξηρὰ μὴ παλαιὰ ἀποκλάσας⁴⁰⁷ τὸ εὑρισκόμενον ἐν ταῖς κοιλότησιν ὑγρὸν γλισχρότερον ἐλάχιστον μελιτῶδες ἀναλαβὼν πυρῆνι μήλης καὶ προεκτίλας⁴⁰⁶ᵃ τὰς τρίχας ἐπίχριε τὸν τόπον, συνεχῶς τοῦτο ποιῶν. Ἄλλο, ἄκρως δὲ ποιεῖ, φησὶν Ἀρχιγένης· ἐχίνου χερσαίου χολὴν⁴⁰⁸ καὶ τοῦ αἵματος ἴσα, καστορίου τὸ συμμετρον, λειότατον ποιήσας τὸ καστόριον, ἀνάλαμβανε τῷ αἵματι καὶ ἀνάπλαττε ὡς λεπίδας ὀψαρίου, χρῶ δὲ ἐκ ῥιζῶν τίλλων τὰς τρίχας, εἶτα λεπίδα μίαν τῷ ἐκ τοῦ στόματος σιάλῳ⁴⁰⁹ νήστει διαλύων, ἐκτρέψας⁴¹⁰ τὸ βλέφαρον κατάχριε καὶ κράτει τὸν τόπον ὡς ἡμιώριον, ἕως ξηρανθῇ· ἀλγοῦσι μὲν, ἀλλ' οὐκέτι φύονται. Ἄλλο· ψύλλειον⁴¹⁰ᵃ καὶ κωνείου σπέρμα καὶ κεδρίαν⁴¹¹ ἴσα ἀναλαβὼν αἵματι νυκτερίδος χρῶ, καθὼς προείρηται, μὴ θιγὼν⁴¹² τοῦ ὀφθαλμοῦ. Ἄλλο· ὀθόνιον ἐκ πλοίου παλαιὸν λαβὼν ἐντίθει εἰς λύχνον ἀντὶ ἐλλυχνίου· πληρώσας δὲ τὸν λύχνον ἐλαίῳ κυπρίνῳ τὴν αἰθάλην συνάγαγε ἐπὶ χαλκοῦ ἀγγείου καὶ χρῶ ἐκτίλλων καὶ στιμμίζων τὸν τόπον συνεχῶς· καὶ ἐὰν φυῶσι, τὸ αὐτὸ ποίει. Ἄλλο· ποταμογείτωνος χυλὸν καὶ ἀρτεμισίας χυλὸν τὸ ἴσον ⟨λαβὼν⟩ χρῶ. Ἄλλο· χολὴν μοσχίαν** καὶ καστορίου καὶ κόμμεως ἴσα χωρὶς ὕδατος συλλεάνας ἀνάπλασσε καὶ χρῶ, προεκτίλας καὶ ἐπιχρίων τρὶς τῆς ἡμέρας καὶ ἐπιτεύξει.⁴¹²ᵃ Ἄλλο· λαβὼν χοιρείου ἄρρενος χολὴν καὶ στέαρ ἐξ αὐτοῦ βάλε εἰς ἀγγεῖον κεραμεοῦν καινὸν τῶν πυκνοτάτων καὶ λειοτάτων καὶ ἐπίχεε⁴¹³ ὄξους δριμυτάτου κοτύλης τὸ τέταρτον καὶ

---

⁴⁰⁷ T. -κλαυ.
⁴⁰⁸ T. -ῃ.   ⁴⁰⁹ T. σιέλῳ.
⁴¹⁰ T. ἐκστρ. .Sachlich ist hier nur τρ. zulässig.
⁴¹⁰ᵃ An andern Stellen ψύλλιον.
⁴¹¹ T. κεδρέαν.
⁴¹² T. Paroxyt.   ⁴¹²ᵃ T. -ῃ.
⁴¹³ T. ἐπίχρει.

* = σαύραν.
** Nur scheinbare Unregelmässigkeit der Construction.

die im Röhricht leben, oder mit dem des Land-Igels und füge
Tinte hinzu und lasse es mumificiren und gebrauche es in der
erwähnten Weise, aber verschone dabei die Pupille.

Ein andres. Verbrenne Blutegel und pulvere sie und brauche
sie regelmässig, nach dem vorherigen Ausrupfen. Ein andres. Verbrenne Regenwürmer auf einer Scherbe zu Asche, mache ein
feines Pulver daraus und streue es auf nach dem vorherigen Ausrupfen. Ein andres. Eine Eidechse verbrenne in einem Topf und
zerpulvere die Asche und füge ebensoviel Sandarak* hinzu und
gebrauche es. Ein andres treffliches und schmerzloses Mittel.
Trockene, nicht zu alte Johannisbrot-Schoten brich auf; die in ihren
Höhlungen vorfindliche, zähe, sparsame, honigartige Flüssigkeit
nimm auf mit dem Sonden-Knopf und nach dem Ausrupfen der
Härchen bestreiche damit die Stelle und thue das regelmässig.
Ein andres, es wirkt vortrefflich, sagt Archigenes. Vom
Land-Igel nimm Galle und Blut zu gleichen Theilen, von
Bibergeil eine passende Menge; den Bibergeil, fein gepulvert,
rühre ein in das Blut, und mache Collyrien wie kleine Fischschuppen; gebrauche das Mittel so: die Haare rupfe aus mit
den Wurzeln und dann löse jedesmal ein Schüppchen in dem
nüchternen Speichel des Mundes, ziehe das Lid ab und bestreiche es und halte die Stelle eine halbe Stunde lang fest, bis
das Mittel angetrocknet ist. Die Kranken haben zwar Schmerz
dabei, aber die Haare wachsen nicht wieder. Ein andres.
Flohkraut und Schierling-Samen und Cedern-Harz zu gleichen
Theilen, mit dem Blut der Fledermaus verrührt, gebrauche
in der beschriebenen Weise, ohne den Augapfel zu berühren.
Ein andres. Ein Stück von einem alten Schiff-Segel nimm
und ziehe es in eine Lampe an Stelle des Dochtes; fülle die
Lampe mit dem Öl des Alkanna-Strauches** und sammle den
Russ auf einer kupfernen Schale und gebrauche denselben:
rupfe die Haare aus und schminke die Stelle regelmässig ein.
Und wenn die Haare doch wachsen, mache dasselbe***. Ein

---

* Realgar, As S.   ** Lawsonia alba, Lam.

*** Solche Regeln und die ungeheure Zahl der Mittel sprechen genügend für die Unwirksamkeit derselben.

Aëtius. 11

ἐλαίου ἀλήνου κοτύλης τὸ τέταρτον καὶ περιδήσας ὀθονίῳ πυκνῷ ἔα ἡμέρας ζ' καὶ ἐπιχέας αὐτὸ εἰς θυίαν τρῖβε καὶ ἀναλάμβανε ὡς χρίσιμον[414]· τὸ δὲ αὐτὸ καὶ ἐφ᾿ ὅλου τοῦ σώματος καλῶς ποιεῖ· τὸ δὲ ἄληνον ἔλαιον λέγεται εἶναι τὸ
5 ἀμυγδάλινον.

Ἀνακολλήματα τριχῶν. ο'.

Ἀνακολλᾷ δὲ τὰς εἴσω ἀνακλωμένας παρὰ φύσιν ἐν τοῖς βλεφάροις τρίχας μαστίχῃ ⟨ἐκ⟩[415] μηλωτρίδος[416] θερμῆς προσαπτομένῃ[417], καὶ οὕτως ἀνακλωμένων ἐπὶ τὴν ἰδίαν τάξιν τῶν τριχῶν. ἄσφαλτος ὁμοίως, ταυροκόλλα ὁμοίως,
10 κοχλίου τὸ κολλῶδες βελόνῃ ἀναλαμβανόμενον, ἱερακιάδος[418] ὀπός, τῶν ἀνακολλημάτων[418a] λεγομένων ὁ ὀπός, ἀμμωνιακὸν θυμίαμα, σύνθετον δὲ τοῦτο· ῥητίνης ξηρᾶς, πίσσης ξηρᾶς, θείου ἀπύρου, ἀσφάλτου ἀνὰ < α', κηροῦ < S· τήξας ἀπόθου· ἐν δὲ τῇ χρήσει μηλωτρίδα[419] πύρωσον καὶ παραπτό-
15 μενος τοῦ φαρμάκου ἀνακόλλα τὰς τρίχας.

Περὶ ἀναρραφῆς καὶ καταρραφῆς·
Λεωνίδου[420]. οα'.

Πρὸς δὲ τὴν ἀναρραφὴν καθέδριος[421] ὁ πάσχων σχηματιζέσθω πρὸς τοῖς ἀριστεροῖς μέρεσι τοῦ ἐνεργοῦντος, ταπει-

---

[414] T. χρυσίον.   [415] fehlt im T.   [416] T. μηλο.
[417] T. -ης.   [418] T. ἱερικίας   [418a] T. ἀνακολλυρίων.
[419] T. μηλο.   [420] T. -ους.   [421] T. -ον.

andres. Den Saft des Wasser-Mangold* und den des Beifuss nimm' zu gleichen Theilen, gebrauche es. Ein andres. Die Galle eines Kalbes und ebensoviel Bibergeil und Gummi reibe zusammen ohne Wasser, forme Collyrien und wende sie an, nach dem Ausrupfen, und streich' drei Mal des Tages auf und du wirst Erfolg haben. Ein andres. Nimm Galle eines männlichen Ferkels und Schmalz von demselben, thue es in ein neues irdenes Gefäss, das ganz fest und glatt ist, und giesse hinzu vom schärfsten Essig ¼ Becher und von Alēn-Öl ¼ Becher und überbinde das Gefäss mit einem festen Läppchen, lasse es 7 Tage stehen und giesse es in einen Mörser, zerreibe es und verwende es als Salbe. Dasselbe wirkt auch am ganzen Körper sehr gut. Aber das Alēn-Öl soll Mandel-Öl sein.

Cap. LXX. Klebmittel für die Wimper-Haare.

Festzukleben vermag die widernatürlich nach innen gebogenen Wimpern: Mastix, aus dem erwärmten Sonden-Löffel aufgetragen, indem dabei die Härchen in ihre natürliche Stellung zurückgebogen werden. Ebenso wirkt Bergpech, ebenso Leim aus Ochsen-Sehnen, das leimige der Schnecke, mit der Nadel aufgenommen, Saft des Habicht-Krautes, Lösung der sogenannten Klebmittel, Ammon'sches Räucherwerk. Ferner das folgende zusammengesetzte Mittel: trocknes Harz, trocknes Pech, natürlicher Schwefel, Bergpech, je 1 Drachme, Wachs ½ Drachme, schmelze es und hebe es auf; aber bei dem Gebrauch erhitze den Sonden-Löffel, bringe ihn an das Mittel und leime so die Härchen empor.

Cap. LXXI. Über die Empornähung und Herabnähung. Nach Leonidas.

Zur Empornähung (am Oberlid) muss der Kranke in eine sitzende Lage gebracht werden, zur Linken des Operateurs und niedriger, als der letztere, dem hellen Lichte zugekehrt. Nöthig sind auch die Gehilfen, zwei geübte, die daneben stehen müssen,

---

* Dioscor. m. m. IV, 99. (C. Sprengel, Potamogiton natans.)

νότερος αυτού, προς αυγήν λαμπράν. ἔστωσαν δὲ καὶ οἱ
ὑπηρέται εὐπαίδευτοι δύο παρεστῶτες, εἷς μὲν ὄπισθεν ἀντιβαίνων, εἷς δὲ ἐκ πλαγίων. ὁ δὲ χειρίζων πρῶτον σημειούσθω κολλυρίῳ ἢ ἐγχαράξεσι ἐπιπολαίοις τὴν αὐτάρκη τοῦ
5 περιττεύοντος κατὰ τὸ βλέφαρον καὶ ἐρρυτιδωμένου δέρματος ἐκτομήν, ἵνα μήτε πλέον τοῦ δέοντος ἐκτμηθῇ, μήτ'
ἔλαττον· πλατυτέρου μὲν γὰρ ἐκτμηθέντος λαγόφθαλμος
γίγνεται ὁ πάσχων· στενωτέρου δὲ ἐκτμηθέντος πάλιν χαλᾶται τὸ βλέφαρον καὶ νύττουσιν ὁμοίως αἱ τρίχες. σημει-
10 ούσθω δὲ καὶ ὁ κατὰ τὴν μεσότητα τοῦ βλεφάρου πρὸς τὸν
ταρσὸν τόπος ἐπιπολαίῳ διαιρέσει. μετὰ δὲ τὴν σημείωσιν
ἐκστρέψαντες τὸ βλέφαρον δίδομεν[422] τὴν ὑποτομὴν ἔσωθεν
τῶν παρὰ φύσιν τριχῶν, ὥςτε αὐτὰς πρὸς τὰς κατὰ φύσιν
ἔξω νεῦσαι. ἐνίοτε δὲ κατ' αὐτῶν τῶν παρὰ φύσιν τριχῶν,
15 εἴγε ἐνδοτέρω[423] ᾖ, τάσσομεν τὴν ὑποτομήν, ἵνα ἡ ἐπιγιγνομένη οὐλὴ κωλύσῃ αὐτὰς πάλιν φυῆναι. οὐδὲν δὲ κωλύει
καὶ δύο ὑποτομὰς διδόναι, μίαν μὲν ἐνδοτέρω[423] τῶν παρὰ
φύσιν τριχῶν, ἵνα ἀνάκλασις γένηται τοῦ ταρσοῦ, ἑτέραν δὲ
κατ' αὐτῶν τῶν παρὰ φύσιν τριχῶν. βαθυτέρα δὲ ἔστω ἡ
20 ὑποτομή, συνεργεῖ γὰρ τῇ ἀνακλάσει καὶ τῷ κουφισμῷ τοῦ
βλεφάρου. καὶ ἀπὸ τῶν περάτων τοῦ ταρσοῦ εἰς τὰ πέρατα
διδόσθω. ἔπειτα πτυγμάτια μικρὰ δεδιπλωμένα τρίγωνα τῷ
σχήματι τασσέσθω, ἓν μὲν παρὰ τῷ μεγάλῳ κανθῷ, καὶ
ἕτερον πλησίον τοῦ μικροῦ· κατὰ δὲ τούτων τῶν πτυγμα-
25 τίων ὁ ἔξωθέν τε καὶ ὀπίσω ἑστὼς ὑπηρέτης ἐρειδέτω τὰς
κορυφὰς τῶν μεγάλων[424] δακτύλων καὶ ὑπὸ μίαν ὁρμὴν
διατεινέτω τὸ βλέφαρον, ἐρείδων τὸν δάκτυλον ὑπὸ τὴν
ὀφρῦν, ἵνα ἰσότονος γένηται ἡ τοῦ βλεφάρου τάσις. σημεῖον
δέ σοι ἔστω τῆς καλλίστης τάσεως τοῦ βλεφάρου, ὅταν τὸ
30 μέσον σημεῖον φυλάξῃ τὸν ἴδιον τόπον, τουτέστι κατὰ τὴν
μέσην εὑρεθῇ. μετὰ δὲ τὴν διάτασιν πρῶτον δοτέον τὴν
πλαγίαν καὶ ὀβελιαίαν[425] κάτω διαίρεσιν ἐπιπολαίαν[426], ἵνα

---

[422] T. διδόαμεν.   [423] T. -ῳ.
[424] T. μέγα.   [425] T. ὁ β.
[426] Richtiger wäre -ον, doch mag Aët. -αν geschrieben haben, zumal im Anklang mit ὀβελιαίαν.

einer hinter dem Kranken, (dem Operateur) gegenübertretend; der andre seitlich. Der Operateur markire sich zuerst mit einem (schwärzlichen) Collyr oder mit oberflächlichen Ritzungen die hinreichende Ausschneidung der überschüssigen und in einer Falte aufgehobenen Haut am Lide*, damit weder zu viel, noch zu wenig ausgeschnitten werde. Denn, wenn ein zu breiter Hautstreifen ausgeschnitten wird, verfällt der Kranke dem Hasen-Auge; wenn aber ein zu schmaler ausgeschnitten wird, giebt das Lid wieder nach und die Haare stechen in alter Weise. Markirt werde auch der in der Mitte des Lides, gegen den Rand zu gelegene Punkt mit einem oberflächlichen Schnitt. Nach der Markirung stülpen wir das Lid um und verrichten den Unterminir-Schnitt nach innen von den abnormen Härchen, so dass sie sich gegen die natürlichen Wimpern hin nach aussen richten. Zuweilen aber legen wir grade an den widernatürlichen Härchen, wenn das schon sehr weit nach innen ist, den Unterminir-Schnitt an, damit die schliesslich erfolgende Narbe die ersteren am Wiederwachsen verhindert. Nichts hindert uns aber auch daran, zwei Unterminir-Schnitte zu verrichten, den einen nach innen von den widernatürlichen Härchen, zur Wiederaufrichtung des Lidrandes, den andren an den widernatürlichen Härchen selber. Aber ziemlich tief muss der Unterminir-Schnitt sein, denn so hilft er mit zur Emporknickung und Erhebung des Lids. Und von dem einen Ende des Lidrandes bis zum andren Ende muss er durchgeführt werden. Dann sollen kleine, gefaltete, dreieckige Compressen angelegt werden, die eine am grossen Augen-Winkel, die andre nahe dem kleinen; an diese Compressen soll der schläfenwärts und hinten stehende Gehilfe die Spitzen seiner Daumen stemmen und in einem Zuge das Lid quer spannen, indem er den Daumen gegen den unteren Rand der Augenbraue stemmt, damit die Spannung des Lides ganz gleichförmig werde. Beachte als Zeichen der besten Spannung des Lides, dass dann

---

* Wer dies nach des Corn. Übersetzung so versteht, dass er danach operiren kann, verdient eine Prämie. Der griechische Text ist vollkommen klar. Wir machen es heute noch ebenso.

μὴ τὸ ἐπιρρέον ἐκ τῆς ἄνωθεν αἷμα παρεμποδὼν γένηται
τῇ χειρουργίᾳ. ἔστω δὲ ἡ τομὴ συνεγγίζουσα ταῖς βλεφαρίσιν. ἔπειτα δοτέον τὴν ἄνω μηνοειδῆ διαίρεσιν. ἀρχέσθω
δὲ καὶ αὐτὴ κάτωθεν ἐκ τοῦ πρὸς τὸν μέγαν κανθὸν τόπου·
5 καὶ ἀναφερομένη ἐπὶ τὸ σημεῖον πάλιν νεμέτω⁴²⁷ κάτω περὶ
τὸν μικρὸν κανθόν. ἔστω δὲ καὶ αὐτὴ ἐπιπολαιοτέρα, ἵνα
μὴ μυότρωτος γένηται ὁ πάσχων. εἶτα ⟨ὁ⟩⁴²⁷ᵃ ἐκ πλαγίων
ἑστὼς ὑπηρέτης ἀνατεινέτω τὸ βλέφαρον. ἔπειτα ἄγκιστρον
καταπειρέσθω εἰς τὴν ἀρχὴν τοῦ περικεχαραγμένου ταινι-
10 δίου⁴²⁸, ἐπὶ μὲν τοῦ ἀριστεροῦ ὀφθαλμοῦ πρὸς τῷ μικρῷ
κανθῷ, ἐπὶ δὲ τοῦ δεξιοῦ πρὸς τῷ μεγάλῳ· ἀνατεθέντος
δὲ τοῦ ἀγκίστρου τῇ ἀριστερᾷ χειρὶ ὑποδερέσθω τὸ ταινί-
διον⁴²⁸ τῷ ἀναρραφικῷ⁴²⁹ σμιλίῳ, προςέχοντες⁴³⁰, ἵνα μὴ
ἐπὶ πολὺ βαθυνομένης τῆς ὑποδορᾶς μυότρωτοι γένωνται
15 καὶ ἀνίατον ἔχωσι τὸ χάλασμα τοῦ βλεφάρου. μετὰ δὲ τὴν
τοῦ δέρματος ἐκτομὴν ἐπὶ τὴν ἀναρραφὴν ἐλθετέον. διδόσθω δὲ πρώτη ῥαφὴ ἡ μέση, ἔπειτα ἑκατέρωθεν ἄλλαι
δύο, ὡς εἶναι τὰς πάσας ῥαφὰς πέντε. μετὰ δὲ τὴν ἀναρραφὴν ἀνατείνας τὸ βλέφαρον, ⟨ἡσυχῇ⟩⁴³¹ διὰ τὰ τραύματα,
20 συμμέτρῳ σπληνίῳ ἐχεκόλλῳ καταλαβοῦ τὰ ῥάμματα ὑπὸ
τὴν ὀφρύν· κατὰ δὲ τῶν διαιρέσεων σπληνάρια μικρὰ κολ-
λητικῆς καὶ ἀφλεγμάντου δυνάμεως ἐπιτίθει⁴³², ἔπειτα ἔριον
ᾠοβραχὲς καθ' ὅλον τὸν ὀφθαλμόν, καὶ ἐπιδέσμει. ἐπειδὰν⁴³³
δὲ ἐπιτεῖνον καὶ δριμὺ καὶ ἁλμυρὸν φερόμενον ῥεῦμα ἀπο-
25 βάλλει τὰς κατὰ φύσιν τρίχας καὶ σκληρὸν τὸν ταρσὸν ἀπο-
τελεῖ, ταῖς δὲ παρὰ⁴³⁴ φύσιν ὑποπεφυκυίαις θριξὶ καὶ αὔξησιν
παρέχει, δυσχερής τε ἐπὶ τούτων ἡ ἐκστροφὴ τοῦ βλεφάρου
γίγνεται, προςήκει βελόνην ῥάμμα στερεὸν ἔχουσαν καταπεί-

---

⁴²⁷ Vielleicht ῥεπέτω. Allerdings heisst νέμω auch locum do.
⁴²⁷ᵃ fehlt im T.   ⁴²⁸ T. τεν.
⁴²⁹ T. -ριφ.
⁴³⁰ Unregelm. Constr., die ja formal einfach zu bessern wäre durch προςεχόντως, bezw. -ων. Oder ὑποδέρομεν ... προςέχοντες.
⁴³¹ fehlt im T., auch bei Corn., scheint aber nothwendig.
⁴³² T. -θέναι.
⁴³³ T. -δή.
⁴³⁴ T. κατά.

die mittlere Marke ihren gehörigen Platz bewahrt, d. h. in der
Mitte gefunden werde. Nach der Spannung muss man zuerst
den unteren, queren, spiessförmigen Schnitt oberflächlich
anlegen, — damit nicht das aus dem oberen Schnitt herab-
fliessende Blut die Operation behindere. Es sei aber dieser
untere Schnitt nahe den Wimpern. Darauf muss man den
oberen halbmondförmigen Schnitt verrichten. Auch dieser soll
von unten angefangen werden, vom Endpunkt am grossen
Augen-Winkel; dann nach oben geführt werden bis zur Marke
und schliesslich wiederum hinab sich wenden nach dem kleinen
Augen-Winkel zu. Auch dieser Schnitt sei nur oberflächlich,
damit nicht der Kranke eine Muskel-Verletzung erleide. Hierauf muss der seitlich stehende Gehilfe das Lid emporspannen.
Darauf soll ein Häkchen eingebohrt werden in den Anfang des
so umschnittenen Hautstückchens, am linken Auge beim kleinen
Winkel, am rechten beim grossen. Indem man nun mit der
linken Hand den Haken emporzieht, präparire man das Haut-
stück ab mit dem Lidoperations-Messerchen, wobei wir gut
Acht haben müssen, dass nicht durch zu tiefes Präpariren die
Kranken eine Muskelverletzung erleiden und unheilbare Lid-
senkung zurückbehalten. Nach dem Ausschneiden der Haut
muss man zur eigentlichen Empornähung schreiten. Zuerst
soll die mittlere Naht angelegt werden, dann noch zwei zu jeder Seite der ersteren, so dass die Gesammtzahl der Nähte fünf
beträgt. Nach der Empornähung ziehe man das Lid empor,
langsam, wegen der Verwundung, und befestige mit einem passenden Pflaster-Streifen die Naht-Fäden unterhalb der Augenbraue; aber auf die Schnittgegend lege man kleine Bäuschchen
mit klebender und entzündungverhütender Arznei; dann eiweiss-
getränkte Wolle über die ganze Augengegend und verbinde.

Wenn aber einmal ein heftiger und scharfer und salziger
Fluss Ausfallen der natürlichen Wimpern veranlasst und Ver-
härtung des Lidrandes, hingegen den widernatürlich hinter (der
Einpflanzung der ersteren) nachgewachsenen Härchen sogar
Förderung des Wachsthums gewährt, und die Umstülpung des
Lids bei diesen Kranken besondere Schwierigkeit darbietet; so

ρειν τῷ μέσῳ τοῦ ταρσοῦ καὶ ἀνέλκειν ἐπι τὸ ἄνω τὸ
ῥάμμα καὶ οὕτω τῇ μήλῃ ἐκστρέφειν τὸ βλέφαρον κατὰ τὸ
ἔθος καὶ διδόναι τὴν ὑποτομὴν ὡς προείρηται.

Περὶ καταρραφῆς. οβ'.

Τοῦ δὲ κάτω βλεφάρου τριχιῶντος καταρραφὴ δοκιμάζεται. πρότερον δὲ κἀπὶ τούτων σημειούσθω ἡ[435] αὐταρκὴς τοῦ κεχαλασμένου[436] περιττοῦ δέρματος ἐκτομή. κἀνταῦθα γὰρ πλατυτέρου ἐκτμηθέντος ταινιδίου[437] ἐκτρόπιον γίγνεται, στενωτέρου δὲ ἀνωφελής ἐστιν ἡ χειρουργία· μετὰ δὲ τὴν σημείωσιν τὰ πτύγματα ὡς προείρηται κατὰ τῶν κανθῶν τασσέσθω καὶ περιτεινέσθω τὸ βλέφαρον· ἔπειτα πρὸς τῷ μήλῳ ἐρείδων τὸν δάκτυλον ὑπηρέτης[438] καθελκέτω κάτω· διδόσθω δὲ πρώτη διαίρεσις ἡ μηνοειδὴς λεγομένη ἡ κάτω, ἔπειτα ἡ ὀβελιαία καὶ πλαγία λεγομένη ἡ περὶ τὸν ταρσόν. ὑποδέρειν δὲ ὡς προείρηται καὶ ῥάπτειν καὶ τὰ ἀκόλουθα ποιεῖν. μόνη δὲ τῇ καταρραφῇ ἀρκούμεθα ἐπὶ τοῦ κάτω βλεφάρου, παραιτούμενοι τὴν ὑποτομήν, ἵνα μὴ ἐκτροπὴ τοῦ βλεφάρου γένηται.

Περὶ ἐκτροπίου· Δημοσθένους. ογ'.

Ἐκτρέπεσθαι ἐπὶ πλέον συμβαίνει τὰ βλέφαρα ἑλκώσεως προηγησαμένης καὶ ὑπερσαρκησάντων[439] τῶν βλεφάρων, ποτὲ δὲ ὑπὸ οὐλῆς σκληροτέρας συνελκομένου τοῦ βλεφάρου καὶ ἐκστρεφομένου. γίγνεται δὲ μᾶλλον περὶ τὰ κάτω βλέφαρα.

---

[435] T. εἰ.   [436] T. χαλ.
[437] T. τεν.   [438] T. -η.
[439] T. ὑπερσάρκωσαντων. Auch Leo (151) u. Galen [?] (XIV, 772) haben die unrichtige Form.

muss man eine Nadel mit festem Faden durch den Mittelpunkt des Lidrandes stechen und den Faden emporziehen und so mit Hilfe der Sonde das Lid umstülpen in der üblichen Weise, und dann den Unterminir-Schnitt anlegen, wie ich es soeben beschrieben habe.

Cap. LXXII. Über die Herabnähung.

Wenn das Unterlid an der Haarkrankheit leidet, so bewährt sich die Herabnähung. Vorher muss aber auch hier der genügende Ausschnitt der erschlafften überschüssigen Haut markirt werden. Denn auch hier pflegt, wenn ein zu breiter Hautstreifen ausgeschnitten ward, der Fehler der Ausstülpung zu erfolgen; und, wenn ein zu schmaler, ist die Operation nutzlos. Nach der Markirung sollen, wie im vorigen Kapitel beschrieben ist, die Compressen in den Winkeln angelegt, und damit das Lid allseitig gespannt werden. Darauf soll der Gehilfe den Daumen gegen die Wange stemmen und nach unten ziehen. Zuerst wird hier der untere Halbmondschnitt angelegt, dann der Spiess- oder Querschnitt nahe dem Lidrand. Man präparire ab und nähe, wie beschrieben, und mache das Weitere. Aber am Unterlid begnügen wir uns mit der Herabnähung allein und lassen den Unterminir-Schnitt fort, damit nicht Ausstülpung des Lides erfolge.

Cap. LXXIII. Über die Ausstülpung. Nach Demosthenes.

Ausstülpung der Lider wird gewöhnlich dadurch verursacht, dass Verschwärung (der Innenfläche) voraufgeht und überstarke Fleischwucherung*; manchmal aber auch dadurch, dass von einer festeren Narbe** (der Aussenfläche) das Lid zusammengezogen und nach aussen gewendet wird. Das Leiden befällt mehr das untere Lid. Behandeln muss man die mässig starken Fleischwucherungen mit dem folgenden Trocken-Mittel: geglüh-

---

* Ectrop. sarcomat. ** Narben-Ectropium.

θεραπευτέον δὲ τὰς μὲν συμμέτρους[440] ὑπερσαρκώσεις τῷ ὑποκειμένῳ ξηρῷ· χαλκοῦ κεκαυμένου < α΄, χαλκάνθου[440a] < α΄, μίσυος ὀπτοῦ < α΄, χαλκίτεως ὀπτῆς < α΄. Ἄλλο. χαλκοῦ κεκαυμένου < η΄, μίσυος ὀπτοῦ < β΄, χαλκίτεως ὀπτῆς < α΄, χαλκάνθου < α΄. Ἄλλο, πρὸς τὰ κεχρονικότα ἤδη ἐκτρόπια· ἰὸν[441] πεφρυγμένον ἐπ᾽ ὀστράκου λεάνας παράθου καθ᾽ αὑτόν[442], ἢ μόλυβδον κεκαυμένον[443] ἴσον πρόςπλεκε.

Χειρουργία ἐκτροπίου· Ἀντύλλου.[443a] οδ΄.

Τὰς δὲ μείζονας ὑπερσαρκώσεις σμιλίῳ χρὴ περιαιρεῖν, ἔπειτα χαλκῷ κεκαυμένῳ λείῳ προςάπτεσθαι, ἢ ἀλόῃ μετὰ μάννης, καὶ τῇ ἑξῆς ἀποπυριάσαντα ὁμοίως θεραπεύειν· τῇ δὲ τρίτῃ μετὰ τὴν πυρίαν μέλιτι χρῆσθαι, μέχρι ἀποθεραπείας. εἰ δὲ μείζων εἴη ἡ ἐκτροπή, δέον ἐγχειρεῖν οὕτως· ἐκ τοῦ ἔσωθεν μέρους τοῦ βλεφάρου δύο διαιρέσεις ἐκβλητέον, τὸ Λ[444] στοιχεῖον ἐχούσας σχῆμα, ἵνα τὸ μὲν στενὸν μέρος τοῦ Λ κάτω γένηται, ὡς πρὸς τῷ μήλῳ, τὸ δὲ πλατὺ ἄνω πρὸς τὰς βλεφαρίδας[445]. εἶτα ἐκκοπτέον τὸ λαμβδοειδὲς[446] ταινίδιον[447], συνεκκόπτοντας[448] καὶ τὴν ὑποκειμένην σάρκα· οὐ γάρ ἐστι χονδρῶδες τὸ κάτω βλέφαρον. τὸ μέντοι δέρμα ἀδιαίρετον φυλακτέον. εἶτα τὰ χείλη τῆς ἐκκοπῆς ῥαφῇ συνακτέον· ἀρκέσει γὰρ μία ῥαφή, ἐμβαλλομένη κατὰ τὰ πρὸς ταῖς βλεφαρίσι μέρη. οὕτως γὰρ καμπυλωθὲν καὶ κυρτὸν γενόμενον τὸ βλέφαρον εἰς τὰ ἐντὸς εἰςτραπήσεται

---

[440] T. T. -ως. [440a] χαλκοῦ.
[441] T. Τὸν.
[442] T. -ὸ.
[443] T. κεράτου. (Der Fehler entstand durch Falsch-deutung eines Siegels.)
[443a] T. Ἀντείλον. (Pape, griech. Eigennam., kennt nur Ἄντυλλος.)
[444] T. λ.   [445] T. βλεβ.
[446] T. λαβδ.
[447] T. τεν.
[448] T. -ες.

tes Kupfer 1 Drachme, Kupfer-Vitriol 1 Drachme, geröstetes Vitriol-Erz 1 Drachme, geröstetes Kupfer-Erz 1 Drachme. Ein andres. Geglühtes Kupfer 8 Drachmen, geröstetes Vitriol-Erz 2 Drachmen, geröstetes Kupfer-Erz 1 Drachme, Kupfer-Vitriol 1 Drachme. Ein andres, gegen die bereits eingewurzelten Ausstülpungen. Auf einer Scherbe gerösteten Grünspan, fein gepulvert, trage auf für sich oder füge ebensoviel geglühtes Blei hinzu.

Cap. LXXIV. Die Operation der Ausstülpung. Nach Antyllus.

Die grösseren Fleischwucherungen muss man mit dem Messer abtragen, danach geglühtes Kupfer gepulvert auftragen, oder Aloë mit Manna, und am folgenden Tage nach einer Bähung dieselbe Behandlung durchführen. Am dritten Tage, nach der Bähung, Honig anwenden, so bis zur Ausheilung. Wenn aber die Ausstülpung sehr gross ist*, muss man die folgende Operation machen. Aus der Innenfläche des Lides muss man zwei Schnitte herausbringen, welche die Figur eines Λ darstellen, so dass das schmale Ende des Λ nach unten schaut, gegen die Wange zu, das breite nach oben, gegen die Wimpern; dann muss man den lambda-förmigen (Schleimhaut-) Streifen herausschneiden und mit herausschneiden das darunter liegende Fleisch. Denn das Unterlid besitzt keinen Knorpel. Aber die Cutis soll man ungetrennt lassen. Dann die Lippen des Ausschnitts durch Naht vereinigen. Genügen wird eine Naht, nahe den Wimpern angelegt. So gekrümmt und (nach innen) gebuckelt, wird das Lid einwärts gedreht.

---

* Bei rein formaler Betrachtung des Textes könnte man denselben für fehlerhaft oder unvollständig halten. Aber er ist sachlich ganz richtig. Aët. unterscheidet die Fälle, wo mehr die Bindehaut gewuchert ist, von denen, wo mehr die Ausstülpung in den Vordergrund tritt, und empfiehlt für jede von beiden Arten eine besondere Operation; schliesslich eine dritte Operation für das reine Narben-Ectropium. Dann kommt die Aufzählung der damals, wo die Plastik unbekannt war, unheilbaren Formen. Ein höchst bemerkenswerthes Kapitel.

μέρη. εἰ δὲ οὐλὴ ἔκ τινος αἰτίας ἔξωθεν τοῦ βλεφάρου γενομένη ἐκστρέψῃ τὸ βλέφαρον, ἀφαιρεῖν μὲν καθὼς προείρηται ἐκ τῶν ἔσωθεν μερῶν τοῦ βλεφάρου τὸ λαμβδοειδὲς[449] ταινίδιον, μὴ πάνυ βαθεῖαν τὴν διαίρεσιν ποιουμένους[450], καὶ συνάγειν ῥαφῇ ὡς εἴρηται τὰ χείλη τῆς διαιρέσεως· ἔπειτα ἔξωθεν ἀγκίστρῳ ἀνατείνοντες τὴν οὐλήν, βελόνην διπλοῦν ἔχουσαν λίνον διαπείρομεν ὑπὸ τὸ ὑπερσάρκωμα ὅλης τῆς οὐλῆς, ἀπὸ τοῦ μικροῦ κανθοῦ ἀρχόμενοι καὶ ἐπὶ τὸν μέγαν τὴν παραγωγὴν τῆς βελόνης ποιούμενοι· εἶτα κειμένης τῆς βελόνης τὸ λίνον ὑποβάλλομεν ὑπ᾽ ἀμφοτέροις τοῖς μέρεσιν αὐτῆς καὶ ἀνατείνομεν δι᾽ αὐτῆς τὸ ὑπερσάρκωμα τῆς οὐλῆς ὅλον καὶ οὕτως τὴν ἐκτομὴν αὐτοῦ ποιούμεθα, συνεκφέροντες ἅμα τῷ σαρκώματι καὶ τὴν ἐμπεπαρμένην βελόνην. μετὰ δὲ τὴν χειρουργίαν τὴν ἔξω διαίρεσιν διαμοτώσαντες καὶ ἐκ ψυχροῦ ὕδατος πτύγμα ἐπιτιθέντες ἐπιδέσει χρώμεθα ⟨καὶ⟩ μέχρι τῆς τρίτης ἐπιβρέχοντες τῷ ψυχρῷ ἐῶμεν τὸ πτύγμα ἐπικείμενον. τῇ δὲ τρίτῃ ἐπιλύσαντες ὕδατι χλιαρῷ σπογγίζομεν· πυρία γὰρ ἐπὶ τούτων οὐ συμφέρει· φυλάττεσθαι γὰρ δεῖ, μή ποτε ἀποτευχθῇ ἡ ἔνδον κόλλησις. μετὰ δὲ τὸ ἀποπεσεῖν ἀπ᾽ αὐτῶν τὰ ῥάμματα κολληθέντων τῶν σωμάτων, ἀδεῶς λοιπὸν τὴν πυρίαν προσακτέον πρὸς τῷ καὶ τὴν οὐλὴν λεπτοτέραν γενέσθαι, καὶ τὸν ὀφθαλμὸν παραμυθήσασθαι. εἶθ᾽ ὑπαλείφειν τοῖς σταλτικοῖς κολλυρίοις ἔνδοθεν τὸ βλέφαρον· τὴν δὲ ἔξωθεν διαίρεσιν φυλακτέον ἐν διαστάσει κατὰ πᾶσαν τὴν θεραπείαν μαλακώτερα τὰ φάρμακα προσάγοντας[450a]. ἔσται γὰρ ἐκ τῆς ἐπιδόσεως τοῦ ἔξωθεν δέρματος σύλληψις ποσὴ εἰς τὸ τραπῆναι εἴσω τὸ βλέφαρον. εἰ δὲ δι᾽ ἐγκανθίδα[451] γιγνομένην ἐκτροπὴ γένηται τοῦ βλεφάρου, ἐκκοπείσης τῆς ἐγκανθίδος[451] εἰς τὸ κατὰ φύσιν ἐπανήξει τὸ βλέφαρον. εἰδέναι δέ σε προσήκει, ὡς ἡ τοῦ ἄνω βλεφάρου ἐκτροπὴ ἀνίατός ἐστι· ἀθεράπευτος δὲ καὶ ἡ διὰ παράλυσιν τοῦ κάτω βλεφάρου

---

[449] T. λαβδ.
[450] T. ποιούμενοι.   [450a] T. -ες.
[451] T. ἐγκαθ.

Wenn aber eine Narbe, die aus irgend einer Ursache auf der Aussenfläche des Lids sich gebildet hatte, das Lid nach aussen dreht; so muss man in der vorher beschriebenen Weise aus der Innenfläche des Lides den lambda-förmigen Streifen herausnehmen, aber die Schnittführung nicht sehr tief machen, und durch eine Naht, wie erwähnt, die Lippen des Schnittes zusammenbringen. Dann spannen wir von aussen mit einem Häkchen die Narbe (der Cutis) empor und stossen eine Nadel mit doppeltem Faden unter die Fleischbildung der ganzen Narbe durch, indem wir am kleinen Winkel beginnen und zum grossen die Nadel durchführen. Dann, während die Nadel haftet, schlingen wir den Faden unter ihre beiden Enden und ziehen mittelst derselben die ganze Fleischwucherung der Narbe empor und vollenden so die Ausschneidung der letzteren, indem wir zusammen mit der Fleischwucherung auch die eingestochene Nadel fortnehmen. Nach der Operation füllen wir den Substanzverlust der Cutis mit Charpie, legen eine in kaltes Wasser getauchte Compresse auf und den Verband darüber. Bis zum dritten Tage halten wir mit kaltem Wasser den Verband feucht und lassen die Compresse drauf liegen. Am dritten binden wir auf und waschen mit einem in laues Wasser getauchten Schwamm aus. Bähung ist bei diesen Fällen nicht nützlich. Denn man muss sich in Acht nehmen, dass nicht die Verklebung des innern Substanz-Verlustes misslinge. Nachdem aber von diesem die Fäden* abgefallen sind, nach dem Eintritt fester Verklebung; dann kann man ohne Besorgniss weiterhin die Bähung anwenden, auch zu dem Zwecke, die Narbe zarter zu gestalten und das Auge zu beruhigen. Danach soll man mit zusammenziehenden Mitteln die Innenfläche des Lides bestreichen. Aber den aussen in der Cutis befindlichen Substanzverlust soll man getrennt erhalten während der ganzen Behandlung durch Anwendung erweichender Mittel. Denn in dem Wachsthum der äusseren Haut liegt eine gewisse Unterstützung für die Einwärtsdrehung des Lides. Wenn aber durch eine

---

* Aët. hat oben nur von einer Naht gesprochen.

γιγνομένη· ὁμοίως δὲ καὶ ἡ δι' ἐκτομὴν πάνυ πλατυτέρου ταινιδίου γιγνομένη, ἐπὶ τῶν καταρραφῶν μάλιστα, καὶ διὰ πλατεῖαν οὐλὴν γιγνομένη, ἑλκώσεως δηλονότι προηγησαμένης, ὡς ἐπὶ τῶν ἀνθράκων γίγνεται.

Περὶ λαγοφθάλμων· Δημοσθένους. οε'.

Λαγόφθαλμοι καλοῦνται, ἐφ' ὧν ἀνέσπασται τὸ ἄνω βλέφαρον, καὶ ἀνέῳγεν ὁ ὀφθαλμὸς ἐν τῷ καθεύδειν, καθάπερ τῶν λαγωῶν. γίγνεται δὲ τὸ πάθος ποτὲ μὲν ἐξ ἀναρραφῆς[452] πλέον τοῦ δέοντος ἀνασπασθέντος τοῦ βλεφάρου, ὡς μὴ δύνασθαι καλύπτειν τὸν ὀφθαλμόν, ποτὲ δὲ ἑλκώσεως προηγησαμένης αὐτομάτου, ὥςπερ ἐπὶ τῶν ἀνθράκων γίγνεται. θεραπεύειν δὲ αὐτοὺς μηνοειδῆ τομὴν κατὰ τῆς οὐλῆς ὅλης ἐμβάλλοντα, ὡς τὸ μὲν κυρτὸν τῆς τομῆς ἄνω, τὰς δὲ κεραίας κάτω πρὸς τοὺς ταρσοὺς βλέπειν· ἔπειτα διαστέλλειν ξύσμασιν ὀθονίων τὴν διαίρεσιν καὶ κατάγειν κάτω τὸ βλέφαρον καὶ ἴσον ποιεῖν τῷ κατὰ φύσιν σχήματι.

Τὰ δὲ παρεσπασμένα τῶν βλεφάρων, καθ' ἃ μέρη συνέλκεται, κατ' ἐκεῖνα τὴν τομὴν ἐμβαλεῖν καὶ χαλᾶν ὁμοίως τὸ βλέφαρον. ἐν δὲ τῇ θεραπείᾳ φεύγειν δεῖ τὰ ξηραντικὰ φάρμακα καὶ τὸ μελίκρατον, προσακτέον δὲ ἀναλελυμένην τὴν τετραφάρμακον, καὶ χυλὸν τήλεως[453] ἐπαντλητέον αὐτοῖς[454] καὶ πᾶσαν ἁπλῶς τὴν χαλῶσαν[455] καὶ λιπαίνουσαν ἀγωγὴν ἐπὶ τούτων παραλαμβάνειν.

---

[452] T. ἀρρ.   [453] T. τίλ.
[454] T. ἀπαντλητέον αὐτούς.
[455] T. χαλκῶσαν.

sich bildende Carunkel-Geschwulst Ausstülpung des Lides verursacht ward, so wird nach Exstirpation der Carunkel-Geschwulst das Lid wieder in seine normale Lage zurückgelangen. Wissen soll man, dass Ausstülpung des oberen Lids unheilbar ist; nicht zu bessern auch die des unteren, welche durch Lähmung entsteht; in gleicher Weise auch die durch Ausschneiden eines zu breiten Hautstreifen entstehende, besonders bei der Herabnähung, und die aus einer sehr breiten Hautnarbe entstehende, natürlich in Folge von Geschwürsbildung, z. B. beim Carbunkel.

Cap. LXXV. Über das Hasen-Auge. Nach Demosthenes.

Hasen-Augen heissen diejenigen, deren oberes Lid emporgezogen ist, und deren Auge offen steht im Schlaf, wie bei den Hasen. Das Leiden entsteht einmal in Folge einer Empornähung, wenn mehr, als nöthig, das Lid emporgezogen ward, so dass es nicht das Auge bedecken kann; sodann nach einer spontanen Haut-Verschwärung, z. B. beim Carbunkel. Behandeln muss man diese Kranken, indem man einen halbmondförmigen Schnitt um die ganze Narbe anlegt, so dass die Convexität des Schnittes nach oben, die Hörner aber nach unten gegen den Lidrand schauen; dann muss man mit Charpie den Schnitt auseinander drängen und das Lid nach unten ziehen und es in die natürliche Lage zu bringen suchen. Was die Lid-Contracturen betrifft, so muss man da, wohin das Lid gezogen wird, den Schnitt anlegen und das Lid in gleicher Weise zum Nachgeben veranlassen. In der Behandlung soll man die austrocknenden Mittel meiden, sowie den Honig-Meth; aber anwenden in Lösung das Vier-Mittel, und mit Bocksdorn-Saft muss man diese (Augen) bespülen und einfach die ganze erschlaffende und einfettende Behandlung bei diesen Kranken in Anwendung ziehen.

Περὶ σκληροφθαλμίας· Δημοσθένους. ος'.

Σκληροφθαλμία ἐστὶν, ὅταν συμβῇ τὰ βλέφαρα σκληρὰ εἶναι καὶ αὐτὸν τὸν ὀφθαλμὸν σκληρότερον καὶ δυσκινητότερον ὑπάρχειν, ἔμπονόν τε καὶ ἐνερευθῇ καὶ μάλιστα μετὰ τὸ ἐκ τῶν ὕπνων ἐξαναστῆναι δυσκόλως διανοίγειν τὰ βλέφαρα, ὑγρασίαν τε μηδεμίαν κενοῦσθαι, λημία[456] δὲ ἐν τοῖς κανθοῖς συνίστασθαι μικρά, συνεστραμμένα, ὑπόξηρα· καὶ, ὅταν ἐκστρέφειν βουλόμεθα τὰ βλέφαρα, μὴ ῥᾳδίως στρέφεσθαι δύνασθαι διὰ τὴν σκληρότητα.

Περὶ ξηροφθαλμίας. οζ'.

Ξηροφθαλμία ἐστὶν, ὅταν ὑπόξηρος ὁ ὀφθαλμὸς γένηται καὶ κνησμώδης καὶ ἡσυχῇ ἐπίπονος χωρὶς σκληρότητος τῶν βλεφάρων.

Περὶ ψωροφθαλμίας. οη'.

Ψωροφθαλμία δέ ἐστιν, ὅταν οἱ κανθοὶ ἑλκώδεις εἰσὶ καὶ ἐνερευθεῖς καὶ κνησμώδεις σφόδρα, καὶ τὰ βλέφαρα ἐνερευθῇ, καὶ δάκρυον ἁλμυρὸν ἢ νιτρῶδες ἀποστάζει.

Ἐπιμέλεια ξηροφθαλμίας καὶ σκληροφθαλμίας καὶ ψωροφθαλμίας. οθ'.

Ἐπιμελητέον[457] τοίνυν σπουδαίως τῶν εἰρημένων διαθέσεων· ἀμεληθεῖσαι γὰρ ὑποχύσεων καὶ γλαυκώσεων καὶ ὀφθαλμίας πολυχρονίας καὶ ἑλκώσεων καὶ σταφυλωμάτων αἴτιαι γίγνονται. θεραπεύειν μὲν οὖν τὴν ξηροφθαλμίαν μετὰ τῆς λοιπῆς τοῦ σώματος ἐπιμελείας καὶ διὰ τῶν ὑγρασίαν προσκαλουμένων ἐπὶ τοὺς ὀφθαλμούς, οἷά ἐστι τὰ γραφησόμενα ξηρὰ φάρμακα τά τε στρατιωτικὰ καὶ τὸ διακέντητον κολλύριον καὶ τὰ παραπλήσια. τὴν δὲ σκληροφθαλμίαν ἰατέον ὁμοίως μὲν διὰ τῶν ὑγρασίαν ἀποκρίνειν

---

[456] T. λήμια.
[457] T. -ην.

Cap. LXXVI. Über Lidverhärtung. Nach Demosthenes.

Lidverhärtung besteht, wenn die Lider hart werden und der Augapfel selbst härter und schwerer beweglich und schmerzhaft und geröthet, und besonders nach dem Aufstehen vom Schlaf man die Lider schwer auseinander bringt, und (dabei) keine flüssige Absonderung sich entleert, jedoch kleine Schüppchen in den Augenwinkeln sich bilden, die zusammengebacken und trocken sind; und, falls wir die Lider umstülpen wollen, sie sich nicht leicht umstülpen lassen wegen der Verhärtung.

Cap. LXXVII. Über die trockene Augen-Entzündung.

Trockene Augen-Entzündung besteht, wenn das Auge trocken wird und juckt und mässig schmerzhaft ist, ohne Lidverhärtung.

Cap. LXXVIII. Über die krätzige Augen-Entzündung*.

Krätzige Augen-Entzündung besteht, wenn die Lidwinkel geschwürig sind und roth und stark juckend, und die Lider roth, und salzige oder ätzende Thränen abträufeln.

Cap. LXXIX. Behandlung der drei letztgenannten Krankheiten.

Man muss die (drei) genannten Krankheiten sorgsam behandeln. Denn, vernachlässigt, verursachen sie Star und Glaukom und chronische Augen-Entzündung und Geschwüre (der Hornhaut) und Staphylom.

Behandeln muss man die trockene Augen-Entzündung neben der sonstigen Pflege des (ganzen) Körpers auch noch mit denjenigen Mitteln, welche Flüssigkeit in die Augen ziehen, wie z. B. die noch zu beschreibenden trockenen Mittel und die sogenannten Soldaten-Mittel und das Durchstich-Collyr und die

---

* Sclerophthalmia = Blepharitis marginalis, Xerophthalmia = Catarrhus siccus, Psorophthalmia = Blepharitis ulcerosa.

δυναμένων φαρμάκων, ὑπαλείφοντας⁴⁵⁸ τῇ Ἐρασιστράτου ὑγρᾷ
καὶ τοῖς παραπλησίοις. πρὸς τούτοις δὲ καὶ τοῖς μαλάσσουσι
χρηστέον καὶ ὑγραίνουσι, καθάπερ θερμοῦ τε ⟨καὶ⟩⁴⁵⁹ προς-
ηνοῦς τῇ κράσει προςκλύσει· καὶ σπόγγοις συνεχῶς ἀπο-
5 πυριᾶν, παραιτεῖσθαι δὲ ἐπ᾽ αὐτῶν τὰ ἐμψύχοντα καὶ ἐμ-
πλάσσοντα καὶ παρακολλῶντα φάρμακα καὶ ψυχροῦ προς-
άντλησιν. σκληρύνεται γὰρ μᾶλλον ὑπὸ τούτων ὁ ὀφθαλμός.
εἰ δὲ ἅμα εἴη ψοροφθαλμία καὶ σκληροφθαλμία, τῇ γὰρ
ὑγρῶν δριμύτητι εἴωθε σκληρύνεσθαι τὰ βλέφαρα, ὥστε τοὺς
10 μὲν κανθοὺς ἀναβιβρώσκεσθαι καὶ ἑλκώδεις εἶναι⁴⁶⁰, τὸν
δὲ ὀφθαλμὸν καὶ τὰ βλέφαρα δυςκίνητα εἶναι⁴⁶⁰ καὶ σκληρά,
τοὺς τοιούτους ἀποπυριάσαντι σπόγγῳ πρότερον, παράπτε-
σθαι τῶν κανθῶν πρῶτον μὲν τῷ ψωρικῷ ξηρῷ, εἶτα σύμμετρον διαλιπόντα χρόνον ἀποπυριᾶν πάλιν σπόγγῳ καὶ
15 ὑπαλείφειν τῷ⁴⁶¹ δυναμένῳ ὑγρασίαν ἀποσπᾶν, καθάπερ τῇ
Ἐρασιστράτου ὑγρᾷ καὶ τῷ στρατιωτικῷ κολλυρίῳ καὶ τῷ
διακεντήτῳ.

Ἔστι δὲ ἡ σύνθεσις ⟨τοῦ⟩⁴⁶² πρὸς τοὺς ψωρώδεις κανθοὺς ξηροῦ ἥδε· χαλκίτεως ὠμῆς < ε΄, καδμίας < ε΄, λεῖα γι-
20 γνόμενα⁴⁶²ᵃ ἐντίθεται εἰς χυτρίδιον, ⟨ὅπερ⟩⁴⁶³ καὶ πωμασθὲν⁴⁶⁴
καταχρίεται γύψῳ καὶ ἐντίθεται εἰς ἀγγεῖον ἔχον κεκρα-
μένον⁴⁶⁵ ὄξος, ὥστε ἔξωθεν μὲν βρέχεσθαι τὸ χυτρίδιον,
μὴ παραρρυῆναι δὲ εἰς αὐτὸ τὸ ὑγρόν· καὶ ἀφίεται εἰς ἡμέρας ζ΄, εἶτα ξηραίνεται ἐν ἡλίῳ καὶ λεαίνεται. Ἄλλο Φιλο-
25 ξένου ξηρὸν ἀχάριστον πρὸς τοὺς βεβρωμένους κανθοὺς καὶ
ψωρώδεις διαθέσεις καὶ σκληροφθαλμίας· καδμίας < β΄, χαλκίτεως ὠμῆς < α΄, ἀλόης ὀβολοὶ β΄, ἰοῦ ὀβολοὶ β΄, πεπέρεως
κόκκοι ι΄, ῥόδων ἄνθους < δ΄, λείοις⁴⁶⁶ χρῶ. Ἄλλο πρὸς
ψωροφθαλμίας· καδμίας < α΄, χαλκοῦ κεκαυμένου < α΄,
30 ναρδοστάχυος < α΄, πεπέρεως πεφρυγμένου ὀβολοὶ β΄·

---

⁴⁵⁸ T. -ες.
⁴⁵⁹ fehlt im T.
⁴⁶⁰ T. ἤ.   ⁴⁶¹ T. τῷ.
⁴⁶² fehlt im T.   ⁴⁶²ᵃ T. -εν.   ⁴⁶³ fehlt im T.
⁴⁶⁴ T. -αθέν.   ⁴⁶⁵ T. -μμ.
⁴⁶⁶ T. -ους.

ähnlichen. Die harte Augen-Entzündung müssen wir gleichfalls zu heilen suchen durch die Mittel, welche Flüssigkeit auszuscheiden vermögen, indem wir die Augen einsalben mit dem flüssigen Mittel des Erasitratus und den ähnlichen. Ausserdem müssen wir auch die erweichenden und befeuchtenden Mittel gebrauchen sowie Spülung mit warmem und seiner Mischung nach mildem Stoff, und regelmässige Schwamm-Bähung anwenden. Aber vermeiden sollen wir bei diesen Kranken die abkühlenden, verstopfenden und verklebenden Mittel, sowie die Spülung mit kalter Flüssigkeit. Denn von diesen Dingen wird das Auge nur noch mehr verhärtet. Wenn aber gleichzeitig krätzige und harte Augen-Entzündung besteht, (nämlich durch die Schärfe der Absonderungen pflegen die Lider zu verhärten, so dass die Winkel zerfressen werden und geschwürig sind, das Auge aber und die Lider schwer beweglich und hart,) — so muss man diese Kranken zuvörderst mit dem Schwamm bähen, dann die Augenwinkel touchiren, zuerst mit dem trockenen Krätz-Pulver, darauf eine mässige Zeit verstreichen lassen und wieder mit dem Schwamm bähen, und schliesslich das Auge einsalben mit einem Mittel, das Flüssigkeit abzuziehen vermag, wie mit dem flüssigen des Erasitratus und dem Soldaten-Collyr und dem Durchstich. Es ist aber die Zusammensetzung des trocknen Mittels gegen krätzige Augenwinkel die folgende: Rohes Kupfer-Erz 5 Drachmen, Galmei 5 Drachmen; gepulvert wird es in ein Töpfchen gethan. Dieses wird auch noch mit einem Deckel versehen und mit Gyps verschmiert und in ein Gefäss gesetzt, das verdünnten Essig enthält, so dass zwar von aussen das Töpfchen benetzt wird, aber die Flüssigkeit nicht in dasselbe hineinfliessen kann. Man lässt es 7 Tage stehen. Dann wird (die Masse) in der Sonne getrocknet und gepulvert. Ein andres Mittel, das trockne des Philoxenus, Undank* genannt, gegen zerfressene Augenwinkel und krätzige Zustände und harte Augen-Entzündungen: Galmei 2 Drachmen, rohes Kupfer-Erz

---

* Corn. eo, quod digna ipsi gratia referri non possit. Vgl. aber G. d. Augenheilk. S. 252.

τρίβε μετ' οξους εν ήλίω και ξηράνας χρω ως σπουδαίω. Άλλο προς τους διαβεβρωμένους κανθούς [467] Μενεκλέους, αποδακρυτικόν· σποδίου < δ', ομφακίου ξηρού < β', ναρδοστάχυος τριώβολον [468], πεπέρεως πεφρυγμένου κόκκοι ιε', λείοις χρω. Άλλο· καδμίας Γο β', άλος αμμωνιακού Γο β'. φύλλου ⟨μαλαβάθρου⟩ [469] Γο β', πεπέρεως Γο α', χρω.* Άλλο ποιούν και προς ροιάδας [470] θαυμάσιον· κόστου Γο γ', χαλκού Γο β', κεδρίας αιθάλης Γο α', χρω. Άλλο προς ψωροφθαλμίας, συκώσεις, σηπεδόνας και υπερσαρκώματα· καδμίας < γ', χαλκίτεως < κ', πεπέρεως κόκκοι ν', νάρδου κελτικής < α'· τρίβε καδμίαν ⟨και⟩ χαλκίτιν μετ' οίνου και, όταν ξηρανθή, επίβαλλε νάρδον και πέπερι λειότατα και ποιήσας χνοώδη χρω. Καπίτωνος προς ξηροφθαλμίαν και βεβρωμένους κανθούς και υγραινομένους οφθαλμούς και βλέφαρα συκώδη· καδμίαν λαβόντες θραύομεν, ως αλφίτων έχειν μέγεθος· έπειτα μέλιτι αττικώ φυράσαντες εισβάλλομεν εις αγγείον κεραμεούν και πωμάσαντες πώματι τρήμα έχοντι και χρίσαντες [471] πηλώ και στήσαντες το αγγείον ορθόν μεταξύ ανθράκων ριπίζομεν· όταν δε λευκότερος γένηται ο αναφερόμενος ατμός, αίροντες και αποπωμάσαντες κατασβέννυμεν την καδμίαν οίνω παλαιώ· είτα ταύτης εμβάλλοντες < η', χαλκού κεκαυμένου < η', στίμμεως < δ'· ει δε παρείη, και αρμενίου < η'· κόψαντες δε και σήθοντες λειούμεν μετ' οίνου ως κολλύριον ξηραίνοντες και [472] ανελόμενοι χρώμεθα, πυρήνι μήλης υποστιμμίζοντες τα βλέφαρα πρωί και προς εσπέραν. ημείς δε την καδμίαν και τα λοιπά άμα πάντα στέατι εχίδνης φυράσαντες ωπτήσαμεν [473], έπειτα οίνω κατασβέσαντες και ξηραίνοντες και λειώσαντες εχρησάμεθα. Άλλο· κροκύδος πορφύρας αληθινής < η', καδ-

---

[467] Im Text folgt τό.
[468] T. τριόβ.
[469] fehlt im Text.
[470] T. -ους.   [471] T. -ήσ.
[472] T. hat καὶ vor ξηραίνοντες.
[473] T. δ.

* Ein gewichtiges und kostspieliges Recept.

1 Drachme, Aloë 2 Obolen, Grünspan 2 Obolen, Pfeffer 10 Körner, Rosen-Blumen 4 Drachmen; gebrauche es als Pulver. Ein andres, gegen krätzige Augen-Entzündung: Galmei 1 Drachme, geglühtes Kupfer 1 Drachme, Spieka-Nard 1 Drachme, gerösteten Pfeffer 2 Obolen; zerreibe es mit Essig in der Sonne und trockne es und gebrauche es als ein wichtiges Mittel. Ein andres gegen zerfressene Lidwinkel, das des Menecles, zum Abthränen: Metall-Asche 4 Drachmen, Saft unreifer Trauben, getrocknet, 2 Drachmen, Spieka-Nard 3 Obolen, gerösteten Pfeffer 15 Körner; gebrauche es in Pulverform. Ein andres: Galmei 2 Unzen, Ammon'sches Steinsalz 2 Unzen, Betel-Blätter 2 Unzen, Pfeffer 1 Unze. Gebrauche es. Ein andres, das auch gegen Thränenträufeln Wunder wirkt: Kostwurz 3 Unzen, Kupfer 2 Unzen, Cedernharz-Russ 1 Unze. Gebrauche es. Ein andres gegen Augenkrätze, Feigbildung, Eitergeschwür, Fleischwucherung: Galmei 3 Drachmen, Kupfer-Erz 20 Drachmen, Pfeffer 50 Körner, keltische Narde 1 Drachme; zerreibe Galmei und Kupfer-Erz mit Wein und, wenn es trocken geworden, füge die Narde und den Pfeffer als Pulver hinzu, mache daraus einen feinen Flaum und gebrauche es. Das Mittel des Capito gegen Augenkrätze und zerfressene Lidwinkel und flüssige Augen und feigwärzige Lider: Wir nehmen Galmei und zerstossen ihn zu Stücken von der Grösse der Gerstengraupen. Dann kneten wir diese mit attischem Honig und legen sie in ein irdenes Gefäss und bedecken dasselbe mit einem Deckel, der ein Loch hat, und verschmieren (die Deckel-Fuge) mit Lehm und stellen das Gefäss aufrecht zwischen glühende Kohlen und fachen diese an. Wenn aber der aufsteigende Dampf weisslich geworden, dann heben wir das Gefäss heraus, nehmen den Deckel ab und löschen den Galmei mit altem Wein.* Dann thun wir hiervon (in den Mörser) 8 Drachmen, von geglühtem Kupfer 8 Drachmen, von Spiessglanz 4 Drachmen, und, wenn es zu haben ist, auch von Kupfer-

---

* Höchst merkwürdige chemische Verfahrungsarten, welche beweisen, dass die Byzantiner den Arabern schon einen bedeutenden Erfahrungsschatz überliefert haben.

μίας < κ', χαλκοῦ κεκαυμένου < ι', λίθου αἱματίτου < ι', πάντα λεπτὰ ποιήσας καὶ μέλιτι φυράσας καὶ ὀπτήσας, ὡς προείρηται, καὶ σβέσας καὶ λεάνας οἴνῳ, ξηράνας χρῶ. Ἄλλο. Ἀρχιγένους πρὸς πάντα τὰ προειρημένα· ἀμόργην ἐφθὴν
5 λεάνας μετὰ μέλιτος χρῶ. χρῶ δὲ καὶ τοῖς ἀναγραφησομένοις[474] κολλυρίοις καὶ ξηροῖς ἐν τοῖς πολυχρήστοις[475].

Πρὸς μαδάρωσιν βλεφάρων, πτίλωσιν, μιλφωσιν. π'.

Ἡ μαδάρωσις καὶ ἡ πτίλωσις τῶν ταρσῶν εἰσι πάθη· καὶ
10 ἡ μὲν μαδάρωσις αὐτὸ μόνον ἐστὶν ἡ ἀπόπτωσις τῶν τριχῶν διὰ ῥεῦμα δριμὺ γιγνομένη. ἐπὶ δὲ τῶν πτίλων[475a] καλουμένων καὶ πεπάχυνται καὶ τετύλωται τὰ μέρη ταῦτα, ὡς εἶναι σύνθετον τὸ πάθος ἐκ μαδαρώσεως καὶ σκληροφθαλμίας, ὥςτε καὶ τὰ τούτων βοηθήματα παραπλήσιά ἐστι τοῖς ἐπ' ἐκείνων
15 προειρημένοις. κάλλιστον δὲ πρὸς αὐτοὺς ξηρὸν τὸ Φιλοξένου πρὸς κνησμώδεις[475b] κανθοὺς καὶ περιβεβρωμένους, ποιεῖ δὲ καὶ πρὸς ἀμβλυωπίαν· καδμίας < η', ἁλῶν ἀμμωνιακῶν

---

[474] T. ἀναγεγρ.
[475] T. -χριστ.   [475a] T. -ῶν.   [475b] T. -ους.

Lasur* 8 Drachmen; zerstossen es, sieben es, verreiben es mit Wein zu einem Collyr und trocknen es und heben es auf und gebrauchen es so, dass wir mit dem Sondenknopf die Lider schminken, Morgens und Abends. Ich aber habe den Galmei und alles übrige zugleich mit Schlangenfett gekneteet und geröstet, dann mit Wein ausgelöscht und getrocknet und als Pulver angewendet. Ein andres. Echte Purpurwollflocken 8 Drachmen, Galmei 20 Drachmen, geglühtes Kupfer 10 Drachmen, Blut-Eisenstein 10 Drachmen, alles gepulvert und mit Honig geknetet, und geröstet, wie beschrieben, und ausgelöscht und zerrieben mit Wein und getrocknet und so angewendet. Ein andres, das des Archigenes gegen alle die genannten Leiden: Gekochte Olivenöl-Hefe verreibe mit Honig und brauche sie. Gebrauche auch die Collyrien und Trocken-Mittel, welche ich noch beschreiben werde in dem Abschnitte über die gebräuchlichen Augenheilmittel.

Cap. LXXX. Gegen Wimper-Ausfall, Mauserung und Lidrand-Röthung (Madarosis, Ptilosis, Milphosis).

Der Ausfall der Wimper und ihre Mauserung sind Leiden der Lidränder. Der Ausfall (Madarosis) besteht einzig und allein im Abfallen der Wimper-Haare, verursacht durch scharfen Fluss. Bei den sogenannten Mausern (Ptilosis) sind auch die betroffenen Theile verdickt und schwielig, so dass das Leiden sich zusammensetzt aus Wimper-Ausfall und harter Augen-Entzündung (Madarosis und Sklerophthalmie)**; und auch die Heilmittel (bei der Mauser-Krankheit) ähnlich sind den bei jenen beiden Zuständen schon beschriebenen. Am besten ist aber für das vorliegende Leiden ein trocknes Mittel, das des Philoxenos gegen juckende und zerfressene Lidwinkel; es wirkt übrigens auch gegen Amblyopie: Galmei 8 Drachmen, Ammon-

---

* Basisch kohlensaures Kupfer-Oxyd. Vgl. m. G. d. Augenheilk. S. 225.

** Aëtius hat hier vergessen, die Milphosis zu erklären. Doch hat er dies im 2. Kap. dieses Buches schon gethan: es ist Lidrand-Entzündung mit Röthung, die Rothsammet-Augen des Volkes.

< β', κρόκου < β', ναρδοστάχυος < β', πεπέρεως λευκού < α', λείοις χρῶ. Ἄλλο· στίμμι γυναικεῖον, ποιοῦν πρὸς τοὺς βεβρωμένους κανθοὺς καὶ πτίλους· στίμμεως κεκαυμένης καὶ ἐσβεσμένης γάλακτι γυναικείῳ < ιγ', ἀλόης, σμύρνης,
5 ναρδοστάχυος ἀνὰ < β', κριθῶν κεκαυμένων λειοτάτων < δ', ξηρῷ χρῶ. Ἄλλο πρὸς πτίλους καὶ βεβρωμένα βλέφαρα· μυελοῦ βοείου τοῦ ἐμπροσθίου δεξιοῦ ποδὸς λειώσας μετὰ αἰθάλης χρῶ. τὴν δὲ αἰθάλην ποίει οὕτως· πάπυρον ἀντὶ ἐλλυχνίου[476] βαλὼν εἰς λύχνον καὶ πλήσας ἐλαίῳ σησαμίνῳ
10 ἄναψον καὶ τίθει ἄνω τοῦ λύχνου ὀστράκινον λεῖον ἢ χαλκοῦν ἀγγεῖον καὶ δέχου τὴν λιγνὺν καὶ σύναγε κατὰ βραχὺ πτερῷ καὶ λεάνας σὺν τῷ μυελῷ χρῶ. Ἄλλο· μόσχου πυτία[477] ἐγχριομένη ἀκριβῶς ποιεῖ. Ἄλλο, Σωσάνδρου[477a] πρὸς μιλφώσεις καὶ τὰς κεχρονισμένας διαθέσεις, ποιεῖ δὲ καὶ πρὸς ἐγκανθί-
15 δας[478]· καδμίας, στίμμεως, χαλκίτεως ὠμῆς, μίσυος ὠμοῦ[479] ἀνὰ < η', λεπτοκοπήσας καὶ μέλιτι φυράσας ὄπτα[479a], καθὼς προείρηται· ἔπειτα σβέσας οἴνῳ καὶ λεάνας ἐπίβαλλε ναρδοστάχυος < β', κρόκου πεφρυγμένου < β', πεπέρεως < α', καὶ συλλεάνας χρῶ. Ἁπλᾶ δὲ ἔστι ποιοῦντα πρὸς τοὺς πτίλους
20 καὶ πρὸς τὰ βεβρωμένα βλέφαρα ἀμόργη ἑψημένη, λύκιον ἰνδικόν, ἀρμένιον, ᾧ χρῶνται οἱ ζωγράφοι· σὺν ὕδατι γὰρ ἐγχριόμενον ἐκδαπανᾷ τὴν κακοχυμίαν καὶ αὔξει τὰς κατὰ φύσιν τρίχας. Ἰὸς σιδήρου ἐπὶ πολλὰς ἡμέρας ἐν ἡλίῳ λειωθεὶς μετ' οἴνου καὶ σμύρνης καὶ ἀναπλασθεὶς εἰς κολλύριον.
25 Σπόδιον ἀναληφθὲν κρομμύου χυλῷ.

---

[476] ἐλυ.
[477] T. πιτύα.   [477a] Im Text πρ. μι. σωσ.
[478] T. ἀγκαθίδας.
[479] T. -ῆς.   [479a] T. ὤπτα.

sches Steinsalz 2 Drachmen, Safran 2 Drachmen, Spieka-Nard 2 Drachmen, weissen Pfeffer 1 Drachme; gebrauche es als Pulver. Ein andres, Lidschminke der Weiber*, wirksam gegen zerfressene Lidwinkel und Mauserkrankheit der Lider: Spiessglanz, geröstet und ausgelöscht mit Frauenmilch, 13 Drachmen, Aloë, Myrrhe, Spieka-Nard 2 Drachmen, geröstete Gerstenkörner, fein zermahlen, 4 Drachmen; gebrauche es als Trockenpulver. Ein andres gegen Mauserkrankheit der Lider und Lidrandgeschwüre: Ochsenpfoten-Markfett, aus der rechten Vorderpfote, zerreibe mit Russ und gebrauche es. Den Russ aber stell' her auf folgende Weise: Ein Stück Papier zieh' in die Lampe als Docht, fülle sie mit Sesam-Öl, zünde sie an und halte oberhalb derselben eine glatte irdene oder Metall-Schale und fange den Russ auf und fege ihn allmählich zusammen mit einem Flederwisch und verreibe ihn mit dem Mark und gebrauche dies. Ein andres: Lab (geronnene Milch aus dem Magen) des Kalbes, aufgestrichen, wirkt ausgezeichnet. Ein andres, das des Sosandros, gegen rothe Lidrand-Entzündung und chronische Zustände; es wirkt auch gegen Karunkel-Geschwulst: Galmei, Spiessglanz, rohes Kupfer-Erz, rohes Vitriol-Erz, je 8 Drachmen; stampfe es klein und knete es mit Honig, und röste es, wie vorher beschrieben; dann lösche es mit Wein und nach dem Zerreiben setze hinzu Spieka-Nard 2 Drachmen, gerösteten Safran 2 Drachmen, Pfeffer 1 Drachme, und reibe es zusammen und gebrauche es. Es giebt auch einfache Mittel, welche gegen Mauserkrankheit und Geschwüre des Lidrandes wirken, nämlich gekochte Öl-Hefe, Catechu, Kupfer-Lasur, welche die Maler brauchen. Denn mit Wasser eingestrichen verzehrt dies die schlechten Säfte (der Stelle) und befördert das Wachsthum der natürlichen Haare. Eisen-Rost, für viele Tage in der Sonne verrieben mit Wein und Myrrhe und zum Collyr geformt. Metall-Asche, aufgenommen mit Zwiebel-Saft.

---

* Es verlohnt sich wohl, dies in moderner Form zu verschreiben, falls Salben nicht vertragen werden. (Rp. Stibii sulfur. nigr. 3,0; Myrrhae pulv. 1,0; carbonis pulv. 1,0. M. f. p. subtiliss.).

Περὶ ἀποστήματος ἐν ὀφθαλμοῖς· Δημοσθένους. πα΄.

Τὰ δὲ ἐπὶ τῶν βλεφάρων ἀποστήματα θεραπευτέον, τὰ μὲν ἐντὸς ἀποκορυφοῦντα ἀποτομίᾳ καὶ ἐκθλίψει τοῦ ὑγροῦ. εἶτα ἐγχυματίζειν ἅλμῃ καὶ ἄνωθεν ἐπιτιθέντα ἔριον ὠοβραχὲς ἐπιδεῖν· τῇ δὲ ἑξῆς ἀποπυριᾶν καὶ μέλιτι ὑπαλείφειν καὶ τοῦ λοιποῦ τῷ σταλτικῷ κολλυρίῳ ἐγχυματίζειν. τὰ δὲ ἔξωθεν, μετὰ τὴν διαίρεσιν καὶ τὴν τοῦ ὑγροῦ κένωσιν ξύσματα ἐπιτιθέντα διὰ μέλιτος καὶ ἔριον ἐπιδεῖν. ὅσα δὲ τῶν ἀποστημάτων τὸν χόνδρον ἐλίπανε τοῦ βλεφάρου, εἰ μὲν ἔξωθεν γίγνοιτο, δυνατόν ἐστι ὠῷ καὶ μέλιτι καθαίροντας σαρκοῦν τῷ κεφαλικῷ ξηρῷ. εἰ δὲ ἐντὸς εἴη, ἐκστρέφοντας[480] τὸ βλέφαρον καὶ τὸ ἐψιλωμένον μέρος τοῦ χόνδρου περιξύσαντας[480] χαλκῷ λειοτάτῳ προσάπτεσθαι· καὶ ἄνωθεν τοῦ βλεφάρου ᾠὸν σὺν οἴνῳ καὶ ῥοδίνῳ ἀνακόψαντες ἐπιθήσομεν· τῇ δ᾿ ἑξῆς πυριάσαντας χαλκῷ λειοτάτῳ προσάπτεσθαι καὶ ἄνωθεν τοῦ βλεφάρου ᾠὸν ⟨ἐπιτιθέναι⟩[480a]· τῇ δὲ τρίτῃ τῷ μέλιτι ὑποχρίειν δεῖ τὸ βλέφαρον, καὶ μετὰ ταῦτα τῷ σταλτικῷ κολλυρίῳ χρῆσθαι.

Περὶ λιθιάσεως ἐν βλεφάροις. πβ΄.

Λιθίασιν ἐν βλεφάροις λέγουσιν, ὅταν ἐκστραφέντων τῶν βλεφάρων πώροις ὅμοια περὶ αὐτὰ ὑπάρχῃ λευκὰ καὶ τραχέα[481], ἰόνθοις παρεμφερῆ. θεραπεύειν δὲ ἐκστρέφοντα τὰ βλέφαρα καὶ σμιλίῳ στενῷ κατὰ τὴν κορυφὴν διαιροῦντα τὸ δέρμα, ἔπειτα ἐκγλύφειν[482] κυαθίσκῳ μηλωτρίδος[483] τὸν

---

[480] T. -ες. Ebenso Z. 15. [480a] fehlt im T. [481] T. τραχία.
[482] T. ἐκλ. [483] T. μηλο.

Cap. LXXXI. Über den Abscess an den Augen. Nach Demosthenes.

Die Abscesse an den Lidern muss man so behandeln: Diejenigen, welche nach der Innenfläche (des Lides) sich zuspitzen, mittelst des Abschneidens (der Spitze) und mittelst des Ausdrückens der Flüssigkeit. Dann träufle man Salz-Lake ein und lege oben eiweissgetränkte Wolle auf und verbinde. Am folgenden Tage muss man bähen und mit Honig einsalben und im übrigen das zusammenziehende Collyr* einträufeln. Was aber diejenigen betrifft, welche nach aussen (sich zuspitzen); so muss man nach der Trennung (der Haut) und der Entleerung des Eiters geschabte (Leinwand) mit Honig auflegen und Wolle und verbinden.

Was diejenigen Abscesse betrifft, welche den Lid-Knorpel cariös gemacht, so kann man, wenn (der Abscess) nach aussen sich bildet, mit Ei und Honig reinigen und mit dem trocknen Schädel- (Bruch-) Mittel wieder Fleisch anbilden. Wenn (der Abscess) aber innen sich befindet, so müssen wir das Lid umstülpen und den entblössten Theil des Knorpels ringsherum abschaben und feinstes Kupfer-Pulver auftragen, und auf die Aussenfläche des Lides ein zerschlagenes Ei mit Wein und Rosen-Öl auflegen. Am folgenden Tage bähen, feinstes Kupfer-Pulver auftragen und auf die Aussenfläche Ei (-Weiss) auflegen. Am dritten Tage müssen wir Honig unter das Lid streichen und danach das zusammenziehende Collyr gebrauchen.

Cap. LXXXII. Über Steinbildung in den Lidern.

Von Steinbildung in den Lidern spricht man, wenn nach Umstülpung der Lider an diesen tufsteinähnliche Bildungen von weisser Farbe und rauher Beschaffenheit sich zeigen, den Finnen (Mitessern) an Gestalt gleichend.

Behandeln muss man dies, indem man die Lider umdreht und mit einem schmalen Scalpell an dem Gipfel (der Bil-

---

* Collyrium adstringens, — noch in heutigen Pharmakopöen!

ἐγχεόμενον [484] ὄγκον. εἶτα χαλκῷ κεκαυμένῳ λείῳ προς
απτόμενον καὶ ᾠὸν σὺν οἴνῳ καὶ ῥοδίνῳ ἀναλαβόντα ἐρίῳ
ἐπιτιθέναι καὶ ἐπιδεῖν. καὶ τῇ ἑξῆς πυριάσαντα ὁμοίως θε
ραπεύειν, τῇ δὲ τρίτῃ μέλιτι ὑπαλείφειν. ἐπὶ δὲ τῶν ἔξωθεν
5 τοῖς βλεφάροις ἐπιφυομένων πώρων [485] μετὰ τὸ διελεῖν καὶ
ἐκγλύψαι [486] σπληνίον ἐπιτίθει τῆς τετραφαρμάκου.

Περὶ χαλαζίων. πγ'.

Χαλαζιᾶν δὲ λέγουσι τὰ βλέφαρα, ὅταν ἐκτραπέντων
αὐτῶν φαίνεταί τινα ὑπερέχοντα στρογγύλα διαφανῆ ὅμοια
10 χαλάζῃ· καὶ διαιρουμένων ὑγρὸν κενοῦται ὅμοιον τῷ λευκῷ
τοῦ ᾠοῦ. θεραπεύειν δὲ ἐκστρέφοντα τὰ βλέφαρα καὶ διαι
ροῦντα σμιλίῳ· καὶ τὸ ὑγρὸν ἐκκρίνοντα προστρίβειν τῷ
ὑποκειμένῳ ξηρῷ· χαλκοῦ κεκαυμένου < β', λεπίδος < α',
σανδαράχης < α', ἰοῦ, ἁλὸς ἀμμωνιακοῦ ⟨ἀνὰ⟩ [487] < γ', κρό
15 κου < γ', σμύρνης ὀβολοὺς β'· λείοις χρῶ. γίγνεται δὲ ἐνί
οτε καὶ ἔξωθεν τῶν βλεφάρων χαλάζια ὑπόσκληρα, κυάμοις
ὅμοια. τούτων εἴ τις βιαιότερον ἅπτοιτο, ἀλγηδόνας συν
τόνους ἐπιφέρει, ποτὲ δὲ καὶ ἔκλυσιν. θεραπευτέον δὲ αὐτὰ
διαιροῦντα τὸ δέρμα κατὰ κορυφὴν καὶ μηλωτρίδος [488] κυα
20 θίσκῳ ἐκγλύφοντα· ῥᾳδίως δὲ ὑγιάζεται μέλιτος [489] καὶ ξυσ
μάτων ἐπιθέσει, καὶ πυριάσει. εἰ δὲ φαρμάκοις βούλει θερα
πεύειν τὰ χαλάζια, τούτοις χρῶ· συκῆς ἀγρίας ὀλύνθους
ἑψήσας κατάπλασσε ἢ τὰ τῆς συκῆς φύλλα. Ἄλλο ἔγχρισμα
κάλλιστον· γύρεως [490] σιτίνης Γο γ', θείου ἀπύρου Γο α',

---

[484] T. ἐχ. Zu ἐγχεόμενον vgl. ὑγρῶν παρέγχυσις.
[485] T. πόρ.
[486] T. ἐγγ.
[487] fehlt im T.
[488] T. μηλο.
[489] T. -ι.
[490] T. πύρεως.

dung) die (Binde-) Haut durchtrennt, dann mit dem Löffel der
Ohrsonde die (wie) hineingegossene Geschwulst herausgräbt;
hierauf geglühtes Kupfer-Pulver aufträgt und Wolle, getränkt
mit Eiweiss nebst Wein und Rosen-Öl, auflegt und verbindet.
Am folgenden Tage mache man nach einer Bähung dieselbe
Behandlung, am dritten streiche man Honig ein. Bei den an
der Aussenfläche der Lider aufwachsenden Steinchen soll man
nach Trennung (der Oberfläche) und nach dem Ausgraben des
Steinchens ein Bäusschen mit dem Viermittel-Pflaster auflegen.

Cap. LXXXIII. Über die Hagelkörner.

Man sagt, dass die Lider an Hagelkörnern leiden, wenn
nach ihrer Umstülpung gewisse rundliche, durchscheinende
Erhebungen sichtbar werden, ähnlich einem Hagelkorn; und wenn
man sie aufschneidet, entleert sich eine Flüssigkeit, ähnlich dem
Eiweiss.

Behandeln muss man sie, indem man die Lider umdreht
und die Hagelkörner mit dem Scalpell aufritzt; und die Flüssigkeit entleeren und dann das folgende Trocken-Mittel einreiben: Geglühtes Kupfer 2 Drachmen, Hammerschlag 1 Drachme,
Sandarak (Schwefel-Arsen) 1 Drachme, Grünspan, Ammonsches Steinsalz je 3 Drachmen, Safran 3 Drachmen, Myrrhe 2
Obolen. Gebrauche es als Pulver.

Bisweilen entstehen auch an der Aussenfläche der Lider
härtliche Hagelkörner, den Bohnen ähnlich. Wenn Einer diese
etwas gewaltsam anpackt, so verursacht er (dem Kranken)
heftige Schmerzen, gelegentlich sogar auch Ohnmacht. Behandeln muss man diese, indem man die Haut an ihrer Spitze
durchtrennt und sie mit dem Löffel der Öhrsonde ausgräbt.
Leicht aber pflegt (der Kranke) zu genesen durch Auflegen von
Charpie und Honig und durch Bähung.

Wenn man aber (nur) mit Heilmitteln die Hagelkörner behandeln will, so muss man die folgenden gebrauchen: Man
koche die Früchte des wilden Feigenbaums und lege sie auf,
oder die Blätter des Feigenbaums. Eine andre vortreffliche

ὕδατι συλλεάνας ἀνάπλασσε τροχίσκους καὶ χρῶ. ποιεῖ καὶ τὰ πρὸς κριθὰς ἀναγεγραμμένα.

Περὶ κριθῆς ἤτοι ποσθίας. πδ´.

Κριθὴν καλοῦσιν ἤτοι ποσθίαν, ὅταν ἐπὶ τῶν βλεφάρων
5 ἔξωθεν[491] πρὸς ταῖς βλεφαρίσιν μάλιστα ὑπόπυόν τι γένηται
τὸ σχῆμα κριθῇ ὅμοιον. θεραπεύεται δὲ ῥαδίως πυρῆνι μήλης τεθερμασμένῳ πυριωμένη. καὶ κηρῷ λευκῷ θερμῷ πυ-
ριάσας διαφορήσεις. ἢ μυίας τὴν κεφαλὴν ἀποβαλὼν τῷ
λοιπῷ σώματι παράτριβε τὴν κριθήν. ἢ χαλβάνην μαλάξας
10 καὶ νίτρον βραχὺ προσπλέκων ἐπιτίθει· ἢ κηρῷ μεμαλαγ-
μένῳ μίσυ ὠμὸν βραχὺ συναναμαλάξας ἐπιτίθει. ποιεῖ δὲ
καὶ σῦκα ξηρὰ ἐψηθέντα μετ᾽ οἰνομέλιτος καὶ λεανθέντα σὺν
ὀλίγῃ χαλβάνῃ· ἢ σαγαπηνὸν σὺν ὄξει λεάνας κατάχριε.
ποιεῖ καὶ πρὸς χαλάζια. πυριατέον δὲ τὸν τόπον καὶ σπόγγῳ
15 καὶ ἄρτῳ θερμῷ· μετὰ δὲ τὴν ἔκκρισιν τοῦ ὑγροῦ μέλιτι
χριστέον, εἶτα τοῖς πρὸς τὰ ἕλκη κολλυρίοις.

Περὶ γαγγλίων, ἀθερωμάτων, στεατωμάτων, μελικηρίδων ἐν βλεφάροις. πε´.

Γίνεταί τισιν ἔξωθεν τῶν βλεφάρων καὶ ταῦτα τὰ πάθη.
20 θεραπεύεται δὲ τὰ μὲν γαγγλία* κηρωταῖς καὶ μαλάγ-
μασι τοῖς ῥηθησομένοις πρὸς τὰ γαγγλία, καὶ ὕδατος θερμοῦ
καταντλήσει. νεύρου γάρ ἐστι συστροφὴ τὸ γαγγλίον. αἱ

---

[491] T. πρὸς ταῖς βλ. ἔξωθεν.

* In den ärztl. Texten, im Thes. l. gr. und bei Gorr. γαγγλίον, in neueren kleinen Wörterbüchern (Rost, Suhle und Schneidewin) γάγγλιον.

Salbe: Weizenmehl 3 Unzen, natürlichen Schwefel 1 Unze, reibe mit Wasser zusammen und forme daraus Kügelchen und gebrauche sie. Wirksam sind auch die Recepte gegen das Gerstenkorn.

Cap. LXXXIV. Über das Gerstenkorn oder Vorhäutchen.

Gerstenkorn oder Vorhäutchen nennt man den Zustand, wo auf den Lidern aussen hauptsächlich nahe den Wimpern ein kleiner Abscess entsteht, an Gestalt einem Gerstenkorn ähnlich. Geheilt wird es leicht durch Bähung mit dem erwärmten Sondenknopf. Auch durch Bähung mit warmem weissem Wachs wird man es leicht zertheilen. Oder reisse einer Fliege den Kopf ab und reibe mit dem übrigen Körper derselben das Gerstenkorn ein*. Oder erweiche Galban-Harz, füge ein wenig Natron hinzu und lege es auf. Oder knete zu gekneteten Wachs ein wenig rohes Vitriol-Erz hinzu und lege das auf. Wirksam sind auch getrocknete Feigen, gekocht mit Honigwein und verrieben mit einem wenig Galban. Oder zerreibe Sagapen-Harz mit Essig und streiche dies auf. Das wirkt auch gegen Hagelkörner. Man bähe auch die Stelle mit dem Schwamm und heisser Brodkrume. Nach der Entleerung der Flüssigkeit muss man mit Honig salben, dann mit den gegen die Geschwüre benutzten Collyrien.

Cap. LXXXV. Über Sehnen-Knoten, Grützbeutel, Talggeschwülste, Honiggeschwülste an den Lidern.

Bei manchen Menschen bilden sich an der Aussenfläche der Lider auch diese Leiden. Behandelt werden die Sehnen-Knoten mit Wachs-Salben und denjenigen Pflastern, die ich gegen Sehnen-Knoten (i. A.) noch anführen werde, und durch Spülung mit warmem Wasser. Das Ganglion ist eine (umschriebene) Anschwellung einer Sehne. Aber die Honiggeschwülste

---

* Solche Vorschriften finden sich schon im Papyrus Ebers.

δὲ μελικηρίδες καὶ τὰ μικρὰ στεατώματα καὶ ἀθερώματα θε-
ραπεύεταί ποτε καυστικοῦ φαρμάκου κατὰ κορυφῆς ἐπιθέσει,
ἕως εἰς βάθος ἐσχαρωθῇ⁴⁹² τὸ ἐπικείμενον δέρμα· εἶτα μετὰ
τὴν ἔκπτωσιν τῆς ἐσχάρας ἐκγλυφομένου⁴⁹²ᵃ τῷ κυαθίσκῳ
5 τῆς μηλωτρίδος⁴⁹³ τοῦ χιτῶνος τοῦ περιέχοντος τὸ ὑγρόν.
εἰ δὲ μὴ δύνηται ἐξαιρεθῆναι ὁ χιτών, ἐκτήκειν αὐτὸν τῷ
ὑποκειμένῳ σηπτῷ φαρμάκῳ· σανδαράκης < β΄, ἀρσενικοῦ
< α΄, λεπίδος χαλκοῦ < α΄, ἐλλεβόρου μέλανος < α΄, ἐλατη-
ρίου < β΄, χάρτου κεκαυμένου ὡς τεφρῶσαι⁴⁹⁴ [< β΄]⁴⁹⁵·
10 χρῶ μετὰ ῥοδίνου. τὰ δὲ ὑπερμεγέθη χειρουργίᾳ θεραπεύεται,
ὥςπερ τὰ ἐν τῷ λοιπῷ σώματι, ἐκ βάσεως ἀφαιρούμενα σὺν
τῷ περιέχοντι τὸ ὑγρὸν χιτῶνι· εἶτα ῥαφῇ ἀγκτηρισθέντα⁴⁹⁶
τὰ χείλη τοῦ δέρματος θεραπευέσθω, ὡς ἐπὶ τῶν
ἀναρραπτομένων. φυλακτέον δὲ μὴ πλατὺ ταινίδιον⁴⁹⁷ ἀφαι-
15 ρεῖν τοῦ δέρματος ἐν τῇ χειρουργίᾳ, ἵνα μὴ λαγόφθαλμοι
γένωνται.

Περὶ κιρσῶν ἐν βλεφάροις καὶ κακοήθων
ἐπιφύσεων. πς΄.

Τοὺς⁴⁹⁸ δὲ ἐπὶ τῶν βλεφάρων κιρσοὺς μὴ θεράπευε· εἰσὶ
20 γὰρ κακοήθεις. μηδὲ μὴν τὰ ἐπιφυόμενα τοῖς βλεφάροις ὀχθώδη καὶ ἐπώδυνα καὶ ὑπέρυθρα⁴⁹⁹ καὶ ἐν ταῖς παραπιέσεσι
τῶν δακτύλων εἰς ἑαυτὰ συντρέχοντα· ἔστι γὰρ καὶ ταῦτα
κακοήθη καὶ ἀθεράπευτα.

Περὶ αἰγίλωπος· Σεβήρου. κζ΄.

25 Ὁ αἰγίλωψ ἀποστημάτιόν ἐστι πλησίον τοῦ μεγάλου κανθοῦ γιγνόμενον· δυσίατον δέ ἐστι τὸ πάθος διὰ τὴν τῶν

---

⁴⁹² T. ἠσχαρωθῇ. ⁴⁹²ᵃ T. ἐκλ. ⁴⁹³ T. μηλο. ⁴⁹⁴ ὥστε φρῶσαι.
⁴⁹⁵ fehlt im T. ⁴⁹⁶ T. -ριας. ⁴⁹⁷ T. τεν. ⁴⁹⁸ T. τά. ⁴⁹⁹ T. ἐπερρ.

und die kleinen Talggeschwülste und Grützgeschwülste werden gelegentlich behandelt durch Auftragen eines Ätzmittels auf den Gipfel der Geschwulst, bis in die Tiefe die darüber liegende Haut verschorft ist, und dann, nach dem Ausfallen des Brandschorfs, durch Herausgraben der Umhüllungshaut des flüssigen Inhalts mittelst des Löffels der Öhr-Sonde. Wenn man aber diese Haut nicht herausnehmen kann, muss man sie fortschmelzen durch das folgende Ätz-Mittel: Sandarak (Schwefel-Arsen) 2 Drachmen, Arsen 1 Drachme, Kupfer-Hammerschlag 1 Drachme, schwarzen Niesswurz 1 Drachme, Eselsgurke 2 Drachmen, zu Asche verbranntes Papier 2 Drachmen. Gebrauche es mit Rosen-Öl.

Aber die übergrossen (Bildungen derart) behandelt man mit der Operation, wie auch die in dem übrigen Körper, indem man sie mit der Wurzel fortnimmt sammt der Umhüllungshaut der Ansammlung; dann soll man mit der Naht die Lippen der Haut (-Wunde) verschnüren und nachbehandeln, wie bei der Empornähung. Nur muss man sich in Acht nehmen, nicht einen zu breiten Hautstreifen fortzunehmen bei der Operation, damit nicht Hasen-Auge sich bildet.

Cap. LXXXVI. Über Krampfader-Geschwülste auf den Lidern und über bösartige Gewächse der letzteren.

Die Krampfader-Geschwülste auf den Lidern soll man nicht behandeln (operiren); denn sie sind bösartig. Vollends nicht diejenigen Gewächse auf den Lidern, welche hügelig und schmerzhaft und roth sind und beim Fingerdruck nachgeben. Denn auch diese sind bösartig und unheilbar.

Cap. LXXXVII. Über Aegilops. Nach Severus.

Aegilops ist ein Abscess, der nahe dem grossen Augenwinkel sich bildet. Schwer heilbar ist das Übel, da wegen der Dünne der betroffenen Theile der darunter liegende Knochen cariös wird; wegen der benachbarten Lage bringt es zuweilen

σωμάτων λεπτότητα λιπαινομένου τοῦ ὑποκειμένου ὀστοῦ,
τῇ δὲ ἐγγύτητι τῆς θέσεως καὶ αὐτῷ τῷ ὀφθαλμῷ τὴν βλάβην ἐκπέμπει ἐνίοτε, διὰ τοῦ φυσικοῦ κατὰ τὸν κανθὸν
μικροῦ τρηματίου. ἀρχομένης τοίνυν τῆς φλεγμονῆς εὐθὺς
5 ἐν τῇ πρώτῃ τῶν ἡμερῶν πειρατέον αὐτὴν ἀποκρούεσθαι
ἐπιχρίοντας⁵⁰⁰ μόνον τὸν φλεγμαίνοντα τόπον τῷ Ἀντωνίνῳ
κολλυρίῳ ἤ τινι ἑτέρῳ τῶν σφόδρα ἀποκρουομένων καὶ ναρ-
κούντων· εἴωθε γὰρ τὸ ἐπίχρισμα διασκορπίζειν τὸ συρρυέν.
εἰ δὲ ἐπιμένοι τὰ τῆς φλεγμονῆς, πειρατέον αὐτὴν θεραπεύειν
10 ὁμοίως ταῖς ἄλλαις φλεγμοναῖς, τοῖς διαφορητικοῖς φαρμάκοις,
ὅσα χωρὶς δήξεως ἐνεργεῖ. συμπάσχει τε γὰρ ὁ ὀφθαλμὸς ἐπὶ
τοῖς δριμέσιν αὐτό τε τὸ πεπονθὸς μόριον αὔξεται φλεγμαῖνον.
ἡμεῖς δὲ ἐπὶ τῶν μήπω μεταβληθεισῶν φλεγμονῶν τῇ βαρ-
βάρῳ* ἢ τῇ λεαίνῃ ἢ τῇ Ἀθηνᾷ ἢ τῇ δι᾽ ἰτέων ἢ τῇ δι᾽ ὀξε-
15 λαίου ἐμπλάστρῳ χρώμενοι διαφοροῦμεν καὶ ὑποξηραίνομεν
τὸ ἀπόστημα. Ἀσκληπιάδης δὲ φάρμακα πρὸς αἰγίλωπας
ἔγραψε τοιαῦτα· ἠλεκέβρας χυλοῦ, ἥν τινες⁵⁰⁰ᵃ ἀνδράχνην ἀγρίαν
καλοῦσιν ἢ μικρὸν ἀείζωον, στρύχνου χυλοῦ⁵⁰¹ ἀνὰ Γο ϛ´,
λιβάνου < η´, χαλβάνης Γο ϛ´, μαστίχης Γο γ´· λεάνας τὸν⁵⁰²
20 λίβανον ἕψε καί, ὅταν διαλυθῇ, τὴν χαλβάνην προμεμαλαγ-
μένην ἐπίβαλε, τὴν δὲ μαστίχην παραυτίκα⁵⁰³. Ἄλλο· λιβάνου < η´, σμύρνης < η´, λαδάνου < α´, κηροῦ < η´, στυπτηρίας σχιστῆς < δ´, ἀφρονίτρου < δ´, πυτίας⁵⁰⁴ λαγωοῦ < δ´·
κόπτε τὸ φάρμακον καὶ μάλασσε τοῦ ἰρίνου μύρου ὑποστάθμῃ.

25   Εἰ δὲ νικηθέντων τῶν διαφορούντων φαρμάκων πυοποι-
ήσει ἡ φλεγμονή, διαιρεῖν χρὴ ὅτι τάχιστα καὶ κενώσαντα
τὸ ὑγρὸν χρῆσθαι τοῖς ὑπογεγραμμένοις· βδελλίου,⁵⁰⁴ᵃ σμύρνης,
λαδάνου, ἀφρονίτρου, κολοφωνίας ἀνὰ < δ´, κηροῦ < ι´, ἰρίνου
μύρου τὸ ἀρκοῦν· ἄλλοι, ἀντὶ τῆς κολοφωνίας⁵⁰⁵, φύλλα ἐλαίας
30 λεῖα ⟨λαβόντες⟩⁵⁰⁵ᵃ μετὰ ἀξουγγίου καταπλάσσουσι⁵⁰⁵ᵇ τὸν⁵⁰⁶

---

500 T. -ες.   500ᵃ T. οἵ τινες.   501 T. -όν.
502 T. τό.   503 Corn. improbamus (= παραιτούμεθα).
504 T. πιτύας.   504ᵃ T. βδελίου.   505 vielleicht τῆς διὰ.
505ᵃ fehlt im Text.   505ᵇ κατάπλαττε.
506 T. τήν.

* Aus Erdpech (Asphalt). S. Gorr. S. 72.

auch dem Auge selber Verderben, durch das natürliche Löchlein am Augenwinkel*.

Wenn nun die heftige Entzündung anhebt, so muss man sogleich an dem ersten der Tage versuchen, dieselbe zurückzutreiben, indem man lediglich die entzündete Stelle bestreicht mit dem Antoninischen Collyr oder einem andren der stark zurücktreibenden und betäubenden. Denn diese Salbung pflegt die Ansammlung zu zerstreuen. Wenn aber der Zustand der heftigen Entzündung (länger) verharrt, muss man versuchen, sie zu behandeln wie die andren heftigen Entzündungen, mit allen denjenigen zertheilenden Mitteln, welche wirksam sind, ohne zu reizen. Denn einerseits wird der Augapfel in Mitleidenschaft gezogen bei der Anwendung der scharfen Mittel, und andrerseits geräth der leidende Theil selbst in stärkere Entzündung. Ich selber aber pflege bei denjenigen Entzündungen, die noch nicht ganz (in Eiterung) übergegangen sind, das Barbaren- oder Löwin- oder Athene- oder Weiden- oder Essig-Öl-Pflaster anzuwenden und dadurch den Abscess zu zertheilen und zu vertrocknen. Asklepiades aber hat folgende Arzneien gegen Aegilops verschrieben: Vom Saft der Lock-Pflanze (Illecebra), welche Einige auch als wilden Portulak oder kleines Hauslaub bezeichnen, vom Saft des Nachtschattens je 6 Unzen, Weihrauch 8 Drachmen, Galban-Harz 6 Unzen, Mastix 3 Unzen; koche es, nach Zerpulverung des Weihrauchs; füge den Mastix sogleich hinzu, das vorher geknetete Galban-Harz aber erst, wenn die Masse flüssig geworden. Ein andres. Weihrauch 8 Drachmen, Myrrhe 6 Drachme, Fichten-Harz 1 Drachme, Wachs 8 Drachmen, Faser-Alaun 4 Drachmen, Natron-Schaum 4 Drachmen, Hasen-Lab 4 Drachmen. Zerkleinere das Mittel und knete es mit dem Bodensatz der Lilien-Salbe.

Wenn aber die zertheilenden Mittel unwirksam geblieben, und die Entzündung in Eiterung übergehen will; so muss man ungesäumt aufschneiden, den Eiter entleeren, und die folgende Vorschrift gebrauchen: Bdellium-Harz, Myrrhe, Fichten-Harz,

---

* Sehr richtig. („Punctum lacrimale inferius" ist gemeint.)

αἰγίλωπα· ῥύπος μασχαλῶν προβάτων μετὰ ἀξουγγίου ὁμοίως· ἢ
ἐλλεβόρου μέλανος ⁵⁰⁷ ῥίζαν βρέξας ἐπιτίθει· ἢ περδίκιον βο-
τάνην κατάπλασσε· ἢ ἄλευρον ὀρόβινον σὺν μέλιτι ⟨ἢ⟩⁵⁰⁸
σποδὸν⁵⁰⁹ ἀμπελίνων ξύλων σὺν ὄξει φυράσας ἐπίθες. στα-
5 φίδα ἀγρίαν, ἀμμωνιακὸν θυμίαμα σὺν μέλιτι ἐπίθες, ἢ
στυπτηρίαν σχιστὴν σὺν τερεβινθίνῃ ὡς σπληνίον ἐπίθες.
εἰ δὲ καὶ πρὸς τὸν κανθὸν ῥέψῃ, πρὸς δὲ τὴν ἐπιφάνειαν
μηδόλως ὁρμήσῃ, τὸ τηνικαῦτα φλεβοτόμῳ ἢ πτερυγοτόμῳ
τὸ μέσον σῶμα τοῦ κανθοῦ διελεῖν χρὴ καὶ σάρκα χρηστὴν
10 ἐκ τοῦ βάθους φύειν, εἶτα αὐτὴν τὴν φυομένην σάρκα ὑπο-
ξηραίνειν· τοῦτο δὲ γίγνεται, ἐὰν μηδόλως τὰ λιπαίνοντα
τοῖς τόποις προςενέγκωμεν. ὅθεν δὴ ἐπὶ τῆς ἀρχῆς μετὰ τὴν
ἀναστόμωσιν φακῇ⁵⁰⁹ᵃ ἐφθῇ ἢ σιδίοις μετὰ μέλιτος χρῆσθαι.
ἀνακαθαρθέντος δὲ τοῦ τόπου καὶ φυομένης ἤδη τῆς σαρκὸς
15 ὕελον⁵¹⁰ λειώσαντες χνοωδέστατα ἐπιπάττομεν ξηρόν, καὶ
τούτῳ προςμένομεν ἕως παντελοῦς ἀποθεραπείας· θαυμάσιον
γάρ ἐστι τὸ βοήθημα καὶ μετὰ τῆς ἐνεργείας οὐδὲ ἀνεξέ-
ταστόν ἐστι τῷ λόγῳ. καὶ ἡ σχιστὴ δὲ στυπτηρία λειοτάτη
γενομένη καὶ τερεβινθίνῃ⁵¹⁰ᵃ ὀλίγῃ ἀναληφθεῖσα, ὡς ἐμπλαστρῶ-
20 δες γενέσθαι, καθαίρει καὶ σαρκοῖ καὶ ἐπουλοῖ ἀσφαλῶς. δεῖ
δὲ καὶ τῇ κοιλότητι τοῦ ἕλκους ἐνθεῖναι τοῦ φαρμάκου καὶ
ἔξωθεν σπληνίον μικρὸν ἐξ αὐτοῦ ἐπιθεῖναι. ἡμεῖς μὲν οὖν
ταύτῃ τῇ ἀγωγῇ χρησάμενοι ἑτέρου βοηθήματος ἐπὶ τῶν
προσφάτων αἰγιλώπων⁵¹¹ οὐκ ἐδεήθημεν. τὰ δὲ ὑπὸ τῶν ἀρ-
25 χαίων γεγραμμένα πρὸς τὸ πάθος βοηθήματά ἐστι τοιαῦτα·
αἰγίλωπα θεραπεύειν, ἐφ' ὧν μὴ διὰ βάθος ἔφθαρται τὸ
ὀστέον· ἀνθεμίδος φύλλα μασηθέντα καὶ ἐπιτεθέντα· ἢ μα-
λάχης φύλλα μασησάμενος μεθ' ἁλῶν ἐπιτίθει. μετὰ δὲ τὸ
ἀναστομῶσαι αὐτῇ τῇ μαλάχῃ λείᾳ χρῶ μέχρι ἀπουλώσεως.
30 ἢ στρύχνον καὶ μάλιστα ἁλικάκαβον⁵¹¹ᵃ ἢ μύρτα μασησάμενος
ἐπιτίθει· ἢ οἰνάνθης⁵¹¹ᵇ ἢ μυωτίδος φύλλα⁵¹² ἢ αἰγίλωπος

---

⁵⁰⁷ T. -ου.   ⁵⁰⁸ fehlt im T.
⁵⁰⁹ T. -ων.   ⁵⁰⁹ᵃ T. xx.
⁵¹⁰ T. λλ. (Bei Späteren auch ὁ ὕελος. Vgl. oben S. 200, Z. 13.)
⁵¹⁰ᵃ T. -η-η.   ⁵¹¹ T. -όπ.   ⁵¹¹ᵃ T. ἅλικα κάβον.
⁵¹¹ᵇ T. ου.   ⁵¹² T. ου.

Natron-Schaum, Colophonium, je 4 Drachmen, Wachs 10 Drachmen, Lilien-Crême soviel wie nöthig. Andre nehmen, an Stelle des Colophonium-Mittels, zerkleinerte Blätter des Ölbaums mit Fett und machen (damit) Umschläge auf den Aegilops. Achselschweissfett der Schafe mit gewöhnlichem Fett brauche in gleicher Weise. Oder weiche ein die Wurzel der schwarzen Niesswurz und lege sie auf. Oder mache Umschläge mit Rebhuhn-Kraut. Oder Erbsenmehl mit Honig, oder Asche von Rebstöcken knete mit Essig und lege dies auf. Läusekraut, Ammon'sches Räucherwerk mit Honig lege auf; oder Faser-Alaun mit Terpentin lege auf als Bäuschchen.

Wenn es aber gegen den Augenwinkel sich hinzieht, gegen die äussere Haut aber nicht vordringt; dann muss man mit der Lanzette oder dem Flügelfell-Messer den mittleren Theil des Winkels aufschneiden und gesundes Fleisch aus der Tiefe wachsen lassen, aber danach das wachsende Fleisch selber austrocknen. Das geschieht, wenn wir fettige Stoffe gar nicht an die Stelle bringen. Deshalb müssen wir im Anfang nach der Eröffnung gekochtes Linsenmehl oder Granatäpfelschalen mit Honig anwenden.

Wenn aber die Stelle gereinigt ist und schon das Fleisch wächst, so streuen wir ganz feingepulverten Glas-Staub trocken auf und dabei bleiben wir bis zur vollständigen Ausheilung. Wunderbar ist das Mittel und neben seiner augenscheinlichen Wirkung auch bewährt nach der Theorie. Auch Faser-Alaun, fein gepulvert und mit einem wenig Terpentin eingerührt, bis zu Pflaster-Consistenz, reinigt, schafft Fleisch, vernarbt in sicherer Weise. Man muss aber auch in den Hohlraum des Geschwürs etwas von dem Arzneimittel einbringen und aussen ein kleines Bäuschchen mit demselben auflegen.

Ich habe bei dieser Therapie ein andres Mittel gegen frischen Aegilops nicht benöthigt. Aber die von den Alten gegen dieses Leiden aufgezeichneten Arzneimittel sind die folgenden. Den Aegilops zu heilen, falls noch nicht in der Tiefe der Knochen cariös geworden: Kamillen-Blätter gekaut und aufgelegt. Oder Malven-Blätter, gekaut, lege mit Salz auf. Aber

τοῦ ἐν σίτοις χύλισμα ποιεῖ[513] σὺν ἀλεύρῳ σιτανίῳ καταπλασσόμενον· ἀρνογλώσσου φύλλα μασηθέντα καὶ ἐπιτεθέντα· λιβανωτὸς καὶ περιστερᾶς κόπρος διαμίγνυται καὶ ἐπιτίθεται καὶ λιθοῦται καὶ προςμένει μέχρι ἀπουλώσεως.
5 Ἄλλο· πρόπολιν, τερεβινθίνην καὶ λιβανωτὸν ἴσα σπληνίον ποιήσας χρῶ. ποιεῖ καὶ τὸ δι' ὀρόβων ξήριον μετὰ μέλιτος. χολὴν χοίρου ὑπὲρ καπνὸν ξηράνας λείου[514] ⟨καὶ⟩ ἐπιτίθει τῷ ἡλκωμένῳ αἰγίλωπι. Ἄλλο· λιβανωτὸν λεάνας ἀναλάμβανε πίσσῃ ὑγρᾷ καὶ ποιήσας ἔμπλαστρον[515] ἐπιτίθει. τοὺς
10 μὲν γὰρ ἀρχομένους ἀφανεῖς ποιεῖ, τοὺς δὲ ἤδη ῥαγέντας ὑγιάζει ἐντιθέμενον τῷ ἕλκει καὶ ἄνωθεν ἐπιπλασσόμενον. Πρὸς αἰγίλωπας πεπειραμένον καὶ πρὸς χοιράδας· κρίνου ῥίζαν νεαρὰν λειώσας, ὡς ἐμπλαστρῶδες γενέσθαι, οὕτω γὰρ γίγνεται λειουμένη, καὶ ἐπιτιθεμένη* αὐτῷ ῥήσσει[516] αὐτὸν
15 καὶ ἀνακαθαίρει αὐτὸν καὶ ἀπουλοῖ ἕως τέλους.

Περὶ καύσεως αἰγίλωπος. πη'.

Ἐφ' ὧν δὲ χρονίσαν τὸ πάθος ἐλίπανε τὸ ὀστέον ἢ πρὸς τὸν κανθὸν ἐσυριγγώθη ἀπουλωθείσης τῆς ἐπιφανείας, τρίγωνον τὴν ἀφαίρεσιν τῆς ἐπικειμένης σαρκὸς ποιησάμενοι,
20 τὸ στενὸν μέρος τῆς διαιρέσεως περὶ τὸν κανθὸν ἁρμόσαντες, εἶτα σπόγγον ἐπιθέντες τῷ ὀφθαλμῷ καυτήρια πεπυρωμένα ἐπιτίθεμεν τῇ διαιρέσει, μέχρις ὀστέον εἰς λεπίδος ἀπόστασιν

---

[513] T. χυλίσματι.
[514] T. -οι.
[515] T. -ιον.
[516] T. ῥήσει αὐτὸ κ. ἀ. αὐτό.

* Constr. Wechsel.

nach der Eröffnung brauche die Malve für sich als Pulver bis zur Vernarbung. Oder gewöhnlichen Nachtschatten oder den betäubenden Nachtschatten oder Myrten kaue und lege auf. Auch das Laub der Waldrebe oder des Mäusekrauts oder der Saft des im Getreide wachsenden Windhafers wirkt gut, mit Weizenmehl aufgelegt. Schafzungen-Blätter, gekaut und aufgelegt. Weihrauch und Taubendreck wird gemischt und aufgelegt, und wird hart und haftet bis zur Vernarbung. Ein andres. Bienen-Harz, Terpentin, Weihrauch zu gleichen Theilen, mache eine Compresse davon und gebrauche dies. Es wirkt auch das Streupulver aus Erbsenmehl mit Honig. Ferkel-Galle trockne über Rauch, zerreibe sie und lege sie auf den geschwürigen Aegilops. Ein andres. Weihrauch zerreibe, verrühre ihn in flüssigem Theer, mache daraus ein Pflaster und lege es auf. Den beginnenden Aegilops bringt es zum Verschwinden, den aufgebrochenen zum Gesunden, wenn es in das Geschwür eingebracht und äusserlich oben aufgelegt wird. Ein erprobtes Mittel gegen Aegilops und Scropheln. Frische Lilien-Wurzel zerreibe zur Pflaster-Consistenz, denn diese erlangt sie beim Zerreiben; und aufgelegt, bringt sie das Übel zum Aufbruch und reinigt dasselbe und vernarbt es bis zum Ende.

Cap. LXXXVIII. Über das Brennen des Aegilops.

Bei denjenigen Kranken, bei denen das Übel chronisch geworden und den Knochen cariös gemacht oder gegen den Augenwinkel hin eine Fistel* gebildet hat, während die äussere Haut vernarbt ist, vollführen wir eine dreieckige Ausschneidung des darüberliegenden Fleisches, indem wir die Spitze der Ausschneidung dem Augen-Winkel anschliessen; dann legen wir einen Schwamm auf das Auge und bringen ein glühendes Eisen auf den Ausschnitt und brennen bis zum Knochen, um eine Schuppe desselben zum Abfall zu bringen. Und (brennen) auch die Seitentheile in dem Hohlraum des Geschwürs

---

* Das ist unsre Thränensackfistel.

ἀποκαίοντες· καὶ τὰ πλάγια μέρη ἐν τῇ κοιλότητι τοῦ ἕλκους
καὶ μάλιστα τὰ ἄνω· κατανοοῦντι γάρ σοι μετὰ τὴν προςαγω-
γὴν τοῦ πρώτου καυτῆρος φανήσεται τρημάτιον λεπτότατον
ἄνωθεν, ἐκ τῶν πλαγίων παραπέμπον⁵¹⁷ τῷ ἕλκει τὸ ὑγρὸν
ὥςπερ δάκρυον· ὅθεν χρὴ τὸ καυτήριον κατὰ ⟨τοῦ⟩ τρηματίου
ἐρείδειν ἰσχυρῶς. αὐτάρκους δὲ τῆς καύσεως γεγενημένης, τῇ
φακῇ ἐφθῇ σὺν τῷ μέλιτι χρώμεθα. ἐκπεσούσης δὲ τῆς ἐσχάρας καὶ καθαρθέντος ποσῶς τοῦ ἕλκους, στυπτηρίαν σχιστὴν
λειώσαντες καὶ ἀναλαβόντες ὑγρᾷ τερεβινθίνῃ ὀλίγῃ, ὡς ἐμπλαστρῶδες γενέσθαι, ἐντίθεμεν τῇ κοιλότητι τοῦ ἕλκους καὶ
σπληνίον ἐξ αὐτοῦ ποιήσαντες ἐπιτίθεμεν τῇ ἐπιφανείᾳ⁵¹⁸
τοῦ ἕλκους· τάχιστα γὰρ ἀνακαθαίρει καὶ ἐπουλοῖ. καλῶς
πάνυ σαρκοῖ καὶ ὕελος λειοτάτῃ ἐπιπασσομένη· χρῶ, πε-
πείραται.

Περὶ ἀγχίλωπος. πθ´.

Περὶ τὸν προρρηθέντα τόπον, ἔνθα ὁ αἰγίλωψ⁵¹⁹ γίγνεται, συνίσταται ἀργὸν ὑγρὸν μελιτῶδες ἢ ἀθερῶδες, περιεχόμενον ὡς τὸ πολὺ χιτῶνι, ἀνώδυνον, κατὰ βραχὺ τὴν
αὔξησιν λαμβάνον.⁵¹⁷ θεραπεύεται δὲ χειρουργίᾳ, ὥςπερ καὶ τὰ
λοιπὰ περὶ τὸ ἄλλο σῶμα ἀθερώματα, διαιρουμένης τῆς
ἐπιφανείας καὶ ὑποδερομένου⁵²⁰ καὶ κομιζομένου τοῦ περιέχοντος τὸ ὑγρὸν ὑμένος ἐκ βάσεως. μετὰ δὲ τὴν αὐτοῦ
ἀναίρεσιν πρὸς τὴν ἀσφαλῆ θεραπείαν, ἵνα μὴ παλιγγενεσία⁵²¹
τοῦ πάθους γένηται, καυτηρίοις πεπυρακτωμένοις ἐσχαροῦμεν
τὸν τόπον. κἄπειτα θεραπεύομεν τῇ φακῇ μετὰ τοῦ μέλιτος. ἀποπεσούσης δὲ τῆς ἐσχάρας χρώμεθα, ὡς προείρηται,
τῇ στυπτηρίᾳ μετὰ τῆς τερεβινθίνης μέχρις ἀπουλώσεως.

---

517 T. -ων.

518 T. κοιλότητι. Man könnte auch einfach hier die Worte des T. τῇ
κοιλότητι τοῦ ἕλκους streichen, da diese vom Schreiber irrig wiederholt
seien, indem sein Auge von ἐντίθ. zu ἐπιτίθ. abirrte.

519 T. οψ.   520 T. -ρουμ.

521 T. πάλιν γενεσία.

und besonders die oberen. Denn wenn man genau zusieht*, nach der Anwendung des ersten Glüheisens; so erscheint einem schon ein sehr feines Löchelchen, welches schräg von innen oben her dem Geschwür Flüssigkeit zuleitet, wie eine Thräne. Deshalb muss man das Glüheisen kräftig gegen das Löchelchen stemmen. Wenn wir eine hinreichende Brennung ausgeführt, gebrauchen wir gekochtes Bohnen-Mehl mit Honig. Wenn aber der Brandschorf ausgefallen, und das Geschwür einigermassen gereinigt ist; so pulvern wir Faser-Alaun und rühren ihn ein in einem wenig flüssigen Terpentins, bis Salben-Consistenz eintritt, und bringen das ein in den Hohlraum des Geschwürs und verfertigen eine Compresse daraus und legen die letztere auf die Oberfläche des Geschwürs. Denn das pflegt am raschesten Verheilung und Vernarbung zu bewirken. Sehr schön pflegt auch Aufstreuen feinsten Glaspulvers Fleisch anzubilden. Wende es an, es ist bewährt.

Cap. LXXXIX. Vom Anchilops.

An dem vorher erwähnten Ort, wo der Aegilops entsteht, bildet sich eine träge Ansammlung von Honigseim-Dicke oder grützartiger Beschaffenheit, gewöhnlich von einer Umhüllungshaut umgeben, schmerzlos, allmählich sich vergrössernd**. Behandelt wird es mittelst einer Operation, wie auch sonst die Grützbeutel im übrigen Körper, indem man die Cutis einschneidet; und abpräparirt und radical herausnimmt die Umhüllungshaut, welche die Ansammlung umgiebt. Nach der Entfernung derselben pflegen wir, zu grösserer Sicherheit in der Behandlung, damit nicht eine Wiederbildung (Recidiv) des Leidens eintrete, mit dem glühenden Eisen die Stelle zu verschorfen. Danach behandeln wir mit Bohnen-Mehl nebst Honig. Wenn aber der Brandschorf abgefallen ist, gebrauchen wir, wie vorher erwähnt, Alaun mit Terpentin bis zur vollständigen Vernarbung.

---

* Gute Beobachtung.

** Das ist in unsrem Jahrhundert — Dacryocystoblennostasis benannt worden. Sonst wird bei den Griechen als Anchilops bezeichnet der Aegilops vor dem Aufbruch.

Περὶ ῥοιάδων ὀφθαλμῶν. ς'.

Ῥοιάδες ὀφθαλμοὶ λέγονται, ὅταν ἐξ ἑλκώσεως, ἢ πτερυγίου ἀφαιρέσεως, ἢ ἐγκανθίδος ἐκ βάσεως, ὁ κανθὸς ὅλος ἀρθῇ καὶ στέγειν μὴ δύνηται τὸ ἐπιφερόμενον δάκρυον, ἀλλὰ κατὰ τῶν μήλων ῥέῃ. συμβαίνει[522] δὲ τοῦτο ἐνίοτε καὶ ἐπὶ τῶν κακῶς θεραπευομένων αἰγιλώπων.[522a] λέγονται δὲ ῥοιάδες καὶ οἱ διὰ τοὺς συνεχεῖς ῥευματισμοὺς τῶν ὀφθαλμῶν δακρυρροοῦντες ἀεί. θεραπευτέον δὲ τοὺς τὸν κανθὸν ἐκ βάσεως[522b] ἀφαιρεθέντας παραπτομένους φαρμάκῳ δυναμένῳ πυκνοῦν τοὺς τόπους καὶ στερεοῦν, οἷόν ἐστι τὸ τέφριον[523] λεγόμενον. εἰ δὲ τύλος εἴη, προερεθίζειν δεῖ διά τινος δριμυτέρου φαρμάκου. καὶ χειρουργίαις δὲ θεραπευτέον. περιθέντες γὰρ ἐκμαγεῖον τῷ τραχήλῳ[523a] καὶ περισφίγξαντες σημειοῦνται* τὸ περὶ τὴν ῥῖνα ἀγγεῖον. εἶτα διαιροῦσι τὸ ἀγγεῖον σμιλίῳ τριγώνῳ[524], εἶτα σπόγγον τῷ ὀφθαλμῷ περιθέντες ἐπερείδουσι καυτήριον τῷ τόπῳ, οὐκ ἄχρι ὀστέου, ἀλλὰ τὸ δέρμα καὶ τὴν διαίρεσιν φλογίζοντες. ἔστω δὲ τὸ καυτήριον τρίγωνον. μετὰ δὲ ταῦτα φακῷ μετὰ μέλιτος χρῶνται. καθαρῶν δὲ γενομένων τῶν ἑλκῶν ἐν διαστολῇ τηροῦσι τὸν ὀφθαλμόν, ἕως σαρκὶ καθαρᾷ πληρωθῇ ὁ κανθός, ἵνα μὴ σύμφυσις γένηται. καλῶς δὲ ποιεῖ ἐπ' αὐτῶν ἡ στυπτηρία μετὰ τερεβινθίνης. τοὺς δὲ ὑπὸ χρονίου[525] ὀφθαλμίας δακρύοντας ἢ ὑγραινομένους ὀφθαλμοὺς[526] θεραπεύειν πρὸ μὲν πάντων ὑδροποσίᾳ καὶ ὀλιγοσιτίᾳ ἐνέχοντας καὶ γυμνασίοις καὶ περιπάτοις, τρίψει τε τῆς κεφαλῆς καὶ ξυρήσει καὶ ψυχροῦ καταχύσει, διαίτῃ τε εὐχυμωτάτῃ καὶ παχυνούσῃ χρῆσθαι, ὑπαλείφειν δὲ τοὺς ὀφθαλμοὺς τοῖς μᾶλλον ἐμπλάσσουσι καὶ ψύχουσι καὶ στύφουσι φαρμάκοις. . . .

---

[522] T. συμβαίη.   [522a] T. -όπ.   [522b] T. βάθους.
[523] T. τέφρον.   [523a] T. -νλ.
[524] T. διγόνῳ. (Corn. irrig binangulari.)
[525] ὑποχρονίους.   [526] T. -ός.

* Durch die ungewöhnliche dritte Person Plur. scheint Aëtius zu bezeichnen, dass er diese Operation nicht ausführt.

Cap. XC. Von den thränenden Augen.

Als Augen-Thränen bezeichnet man den Zustand, wo in Folge einer Geschwürsbildung, oder der radicalen Abtragung eines Flügelfells, oder einer Karunkel-Geschwulst, der ganze innere Augen-Winkel fortgenommen ist, und die zuströmenden Thränen nicht mehr bergen kann, indem vielmehr diese über die Wange herabfliessen. Es erfolgt dies auch gelegentlich bei schlecht behandeltem Aegilops. Thränenträufler heissen aber auch diejenigen, welche durch hartnäckige Flüsse der Augen immer in Thränen schwimmen. Behandeln muss man diejenigen, denen der Augenwinkel radical ausgeschnitten ist, durch Auflegen eines Heilmittels, welches den Ort zu verdichten und zu befestigen im Stande ist, z. B. das sogenannte Aschmittel. Sollte aber eine Schwiele bestehen, so muss man vorher reizen durch ein schärferes Heilmittel. Auch durch Operation muss man das Übel behandeln. Sie legen ein Handtuch um den Hals des Kranken und schnüren es zu und markiren sich die Vene an der Nase. Dann trennen sie die Vene mit einem dreikantigem Messer, hierauf legen sie einen (feuchten) Schwamm rings über das Auge und drücken das Glüheisen auf die Stelle, nicht bis zum Knochen, sondern nur die Cutis und die Trennungsstelle versengend. Es muss aber das Glüheisen dreieckig sein. Hierauf gebrauchen sie Bohnen-Mehl mit Honig. Wenn aber die Geschwüre rein geworden, lassen sie das Auge offen halten, bis der Winkel mit reinem Fleisch sich gefüllt hat, damit nicht Verwachsung erfolge. Gut wirkt hierbei auch Alaun mit Terpentin. Aber die von chronischer Augen-Entzündung thränenden oder feuchten Augen behandle man vor Allem durch beharrliches Wassertrinken und Verringern der Speise und durch Gymnastik und Spazierengehen und Massage des Kopfes und Scheeren und kalte Übergiessung desselben und durch gesunde und dickmachende Lebensweise; in's Auge aber streiche man verstopfende und abkühlende und zusammenziehende Heilmittel.

Den Rest des Kapitels, der nur Recepte enthält, will ich dem geneigten Leser ersparen; ebenso die folgenden Kapitel über das Brennen und Schinden der Kopfhaut und die Gefäss-Zerschneidung — gegen Augenfluss, was Aëtius selber als **barbarisch** bezeichnet; und endlich noch die ungeheure Sammlung von Collyrien und andren örtlichen Augen-Mitteln, womit Aëtius das siebente Buch beschliesst. Diese Theile sind nicht nothwendig; das bisherige ist genügend, um von der griechischen Augenheilkunde uns eine klare Vorstellung zu gewähren.

www.ingramcontent.com/pod-product-compliance
Lightning Source LLC
Chambersburg PA
CBHW020823230426
43666CB00007B/1080